普通高等教育“十四五”规划教材

生物化学与分子生物学

主编　王珂佳　郝丽敏　张　瑞

北　京
冶　金　工　业　出　版　社
2022

内 容 提 要

本书共 15 章，分别对蛋白质的结构与功能、核酸的结构与功能、酶、维生素、糖代谢、脂类代谢、氨基酸代谢、核苷酸代谢、水和无机盐代谢生物氧化、遗传信息的复制与传递、蛋白质的生物合成、重组 DNA 技术及基因诊断和基因治疗进行了系统的论述，每部分内容都包括学习目标、知识内容、知识链接、本章小结、思考题等。

本书可作为高等院校化学、生物、医学等专业的教材，也可供相关工程技术人员和科研人员参考。

图书在版编目(CIP)数据

生物化学与分子生物学/王珂佳等主编．—北京：冶金工业出版社，2022.1

普通高等教育“十四五”规划教材

ISBN 978-7-5024-9036-2

Ⅰ.①生… Ⅱ.①王… Ⅲ.①生物化学—高等学校—教材 ②分子生物学—高等学校—教材 Ⅳ.①Q5 ②Q7

中国版本图书馆 CIP 数据核字(2022)第 014634 号

生物化学与分子生物学

出版发行	冶金工业出版社	**电　　话**	(010)64027926
地　　址	北京市东城区嵩祝院北巷 39 号	**邮　　编**	100009
网　　址	www. mip1953. com	**电子信箱**	service@ mip1953. com

责任编辑 俞跃春 刘林烨 美术编辑 彭子赫 版式设计 郑小利

责任校对 石 静 责任印制 李玉山

三河市双峰印刷装订有限公司印刷

2022 年 1 月第 1 版，2022 年 1 月第 1 次印刷

787mm×1092mm 1/16；15 印张；361 千字；230 页

定价 49.00 元

投稿电话 (010)64027932 投稿信箱 tougao@cnmip. com. cn

营销中心电话 (010)64044283

冶金工业出版社天猫旗舰店 yjgycbs. tmall. com

(本书如有印装质量问题，本社营销中心负责退换)

前　言

生物化学与分子生物学是目前生命科学研究领域的热门学科，重点培养和训练学生生物化学与分子生物学的基础理论、研究方法和实验技能，从分子水平研究生命的现象，揭示生命现象的本质。分子生物学近年来发展迅速，学科交叉和渗透不断加强，已成为当代生命科学发展的主流，在今后相当一段时间内，它将是生命科学乃至自然科学领域内的核心科学之一。

本书加强了生物大分子（如糖、脂类、蛋白质、核酸、酶等）在现代科学方面的研究与应用，详细阐述了物质代谢、DNA 的生物合成、RNA 的生物合成及蛋白质的生物合成方面的内容；同时也介绍了生物化学与分子生物学研究的发展前景和前瞻技术等。

本书力求做到内容少而精，理论联系实际，反映生物化学的最新进展及其在现代高等化学教育中的地位与作用，其主要特点如下：

（1）本书着力进行课程体系的优化改革和教材体系的建设创新，科学整合课程、淡化学科意识、实现整体优化、注重系统科学、保证点面结合。同时坚持“三基五性”的教材编写原则，三基是指基本知识、基本理论、基本技能，五性是指思想性、科学性、创新性、启发性、先进性，确保教材质量。

（2）为配合教学改革需要、减轻学生负担，本书力求文字精练、压缩字数，注重提高内容质量。

（3）本书内容逻辑严密，条理清晰，开篇即说明本章内容重点；书中增加知识链接，提高趣味性，扩展知识面；章末配有本章小结，及时总结内容，便于提纲挈领；附有思考题，边学边练，促进知识理解和运用。

本书由贵州轻工职业技术学院王珂佳、重庆航天职业技术学院郝丽敏、云南农业大学张瑞担任主编，全书由王珂佳、郝丽敏、张瑞统编定稿。同时，在编写过程中，参阅了有关文献，这里向文献作者表示衷心的感谢！

由于编者水平所限，书中不妥之处，恳请广大读者批评指正。

编　者

2021 年 7 月

目　　录

0 绪　论

0.1　生物化学与分子生物学发展简史

近代生物化学的研究始于18世纪，主要从欧洲开始，19世纪已取得许多进展，如发现某些代谢过程，成功获得血红蛋白结晶，发现细胞色素，从无机物合成尿素等。1903年，德国化学家C. A. Neuberg首次使用“生物化学”这一名词，从而使该学科成为一个独立的学科得以迅速发展。现在，生物化学已成为生命科学领域的基础学科和带头学科，其原理和技术已应用于生命科学领域的各学科中，医学领域的各学科无不广泛地应用到生物化学的理论。

我国古代劳动人民对生物化学的发展做出了重要的贡献，在酶学、营养学、医药等方面都有不少创造和发明。

(1) 酶学方面：公元前21世纪，我国劳动人民已掌握了酿酒技术。相传夏禹时期的仪狄发明了酿酒。公元前12世纪，已能制酱。上述例子表明，我国劳动人民早在4000多年前就已学会了利用生物体内一类很重要的活性物质——酶，这显然是酶学的萌芽时期。

(2) 营养学方面：《黄帝内经·素问》记载“五谷为养，五畜为益，五果为助，五菜为充”，将食物分为4大类，分别以“养”“助”“益”“充”表明营养价值。这在近代营养学中也是配制平衡膳食的原则。

(3) 医药方面：东晋时期，葛洪著《肘后备急方》中载有用海藻酒治疗瘿病（地方性甲状腺肿）的方法；而欧洲直到公元1170年才有用海藻及海绵的灰分治疗此病的记载。唐代，“药王”孙思邈首先用富含维生素A的猪肝治疗“雀目”（夜盲）。

0.1.1　叙述生物化学阶段

18世纪中叶至20世纪初是生物化学的初期阶段，生物化学主要研究生物体的物质组成及结构，描述其组成成分的理化性质及在体内的含量和分布。19世纪，德国化学家J. V. Liebig提出了著名的“燃烧”学说，指出动物通过呼吸获得氧（O_2），氧化分解摄入的食物获得能量；还将食物分为糖、脂质和蛋白质三大类主要成分，同时提出了物质在体内可进行合成和分解两种化学过程。19世纪40年代，德国植物学家M. J. Schleiden和动物学家T. Schwann提出了细胞学说，认为细胞是一切生命体的基本结构单位，是进行化学反应的场所。1926年，J. B. Sumner第一个成功制备了脲酶结晶，首次证明酶是蛋白质，终于揭开了“酶的化学本质是蛋白质”的事实。20世纪初，德国化学家H. E. Fischer证明了蛋白质是多肽，并采用化学方法合成了二肽、三肽及多肽（含18个氨基酸）；发现了酶的特异性，验证了他早在1894年提出的酶催化作用的“锁钥学说”；合成了糖及嘌呤。因为生物化学做出的卓越贡献，他被誉为“生物化学的创始人”，于1902年获得第二届诺贝尔化学奖。

0.1.2 动态生物化学阶段

从20世纪20年代开始，生物化学进入了一个蓬勃发展的阶段，开始认识体内各种分子的代谢变化，进入动态生物化学阶段。20世纪30年代末，由于同位素示踪技术的应用，科学家详细阐明了无氧时葡萄糖的分解途径——糖酵解的酶促反应顺序。G. Embden和O. Meyerhof（获诺贝尔奖，1922年）对此贡献巨大。1926年，O. H. Warburg（获诺贝尔奖，1931年）发现了呼吸作用关键酶——细胞色素氧化酶。1932年，H. A. Krebs和K. Henseleit发现了尿素循环反应途径。1937年，H. A. Krebs又揭示了三羧酸循环机制，他于1953年获得诺贝尔奖。1941年，F. A. Lipmann（获诺贝尔奖，1953年）发现辅酶A及其作为中间体在代谢中的重要作用，并提出了生物能过程中的ATP循环学说。在此阶段，体内各种主要物质代谢转变的酶催化途径已基本研究清楚。

知识链接

1957年，美国科学家Arthur Kornberg首次在大肠杆菌中发现DNA聚合酶，这种酶被称为修复聚合酶，又称DNA聚合酶Ⅰ（DNA polymemse Ⅰ，Pol Ⅰ），并因此与其导师共享了1959年的诺贝尔生理学或医学奖。Kornberg家族是“科学之家”，妻子是他的实验助手，两个儿子科研成绩斐然。次子Thomas Bill Kornberg是旧金山加州大学生物化学教授，长子Roger David Kornberg更是由于其在真核生物转录酶结构研究中的卓越成绩获得了2006年诺贝尔化学奖。

0.1.3 分子生物学阶段

自20世纪50年代开始，新方法和新技术的应用使生物化学研究产生飞跃，开始研究DNA、RNA、蛋白质等生物分子的结构与功能关系，从分子水平上阐明生命现象，此即分子生物学阶段，产生了许多标志性进展。1944年，O. T. Avery与其同事通过肺炎双球菌转化实验，直接证明DNA是遗传的物质基础，揭示了基因的本质。1949年和1950年，F. Sanger（获诺贝尔奖，1958年、1980年）和P. Edman分别发明了蛋白质测序方法，F. Sanger还于1977年发明了双脱氧链终止法测定核酸序列。1951年，L. Pauling（获诺贝尔奖，1954年）和R. B. Corey采用X射线衍射技术发现了蛋白质的α-螺旋结构。1953年，J. D. Watson和F. H. Cick建立DNA双螺旋结构模型（获诺贝尔奖，1962年）。1957年，Arthur Komberg在大肠杆菌中发现DNA聚合酶，因此获1959年诺贝尔生理学或医学奖。1968年，F. H. Crick提出了遗传信息传递的中心法则。1964年，R. W. Holley、H. G. Khorana和M. W. Nirenberg阐明遗传密码及其在蛋白质合成中的作用（获诺贝尔奖，1968年）。1973年，P. Berg、H. Boyer和S. Cohen首次在体外将重组DNA分子形成无性繁殖系——DNA“克隆”（获诺贝尔奖，1980年）。1985年，K. Mullis发明了DNA体外扩增技术——聚合酶链反应（获诺贝尔奖，1993年）。1997年，克隆羊多莉诞生。1998年，A. Z. Fire和C. C. Mello（获诺贝尔奖，2006年）发现RNA干扰机制。2003年，人类基因组计划宣布，人类基因组序列图绘制成功。基因组学、蛋白质组学等新理论相继诞生。生物芯片技术随之面世，针对核酸、蛋白质的分析速度大为提升。分子生物学进入了飞速发展阶段。

0.2　当代生物化学与分子生物研究的主要内容

0.2.1　生物分子的结构与功能

组成生物个体的化学成分，包括无机物、有机小分子和生物大分子。体内生物大分子的种类繁多，结构复杂，但其结构有一定的规律性，都是由基本结构单位按一定顺序和方式连接而形成的多聚体（polymer）。核酸、蛋白质、多糖、蛋白聚糖和复合脂质等是体内重要的生物大分子，它们都是由各自基本组成单位构成的多聚体。生物大分子的重要特征之一是具有信息功能，由此也称之为生物信息分子。

对生物大分子的研究，除了确定其一级结构（基本组成单位的种类，排列顺序和方式）外，更重要的是研究其空间结构及其与功能的关系。分子结构是功能的基础，而功能则是结构的体现。生物大分子的功能还需通过分子之间的相互识别和相互作用而实现。例如，蛋白质与蛋白质的相互作用在细胞信号转导中起重要作用；蛋白质与蛋白质、蛋白质与核酸、核酸与核酸的相互作用在基因表达调控中发挥着决定性作用。由此可见，分子结构、分子识别和分子的相互作用是执行生物信息分子功能的基本要素，而这一领域的研究是当今生物化学的热点之一。

0.2.2　物质代谢及其调节

生命体不同于无生命体的基本特征是新陈代谢。每个个体一刻不停地与外环境进行物质交换，摄入养料排出废物，以维持体内环境的相对稳定，从而延续生命。据估计，以60岁年龄计算，一个人在一生中与环境进行着大量的物质交换，约相当于6×10^4kg水，1×10^4kg糖类，600kg蛋白质以及1000kg脂质。因此，正常的物质代谢是正常生命过程的必要条件，若物质代谢发生紊乱则可以引起疾病。目前对生物体内的主要物质代谢途径已基本清楚，但仍有众多的问题有待探讨。例如，物质代谢中的绝大多数化学反应是由酶催化的，酶的结构和酶量的变化对物质代谢的调节起着重要作用。物质代谢有序性调节的分子机制尚需进一步阐明。此外，细胞信息的传递参与多种物质代谢及与相关的生长、增殖、分化等生命过程的调节。细胞信息传递的机制及网络也是现代生物化学研究的重要课题。

0.2.3　基因信息传递及其调控

基因信息传递涉及遗传、变异、生长、分化等诸多生命过程，也与遗传病、恶性肿瘤、心血管病等多种疾病的发病机制有关。因此，基因信息的研究在生命科学中的作用越显重要。关于基因信息的研究，不仅包括DNA的结构与功能，更重要的是对DNA复制、基因转录、蛋白质生物合成等基因信息传递过程的机制及基因表达的时空规律进行研究。目前，基因表达调控主要集中在细胞信号转导研究、转录因子研究和RNA剪辑研究三个方面。DNA重组、转基因、基因敲除、新基因克隆、人类基因组及功能基因组研究等的发展，将大大推动这一领域的研究进程。

1 蛋白质的结构与功能

【学习目标】

（1）掌握蛋白质元素组成特点，多肽链的基本组成单位。
（2）掌握肽键与肽链的概念。
（3）掌握蛋白质一级结构与空间结构概念。
（4）熟悉蛋白质结构与功能的关系。
（5）熟悉 20 种氨基酸的缩写符号及主要特点。
（6）熟悉蛋白质的重要理化性质。

蛋白质是生命活动最主要的载体，更是功能执行者。因此，蛋白质是生物体内最重要的生物大分子之一。蛋白质是一类由 20 种 α- 氨基酸通过肽键互相连接而成的高分子含氮有机化合物。它们具有特定的空间构象和生物学活性，是生物体的基本组成成分。机体蛋白质分布广泛，几乎所有的器官和组织都含有蛋白质，约占人体固体成分的 45%。蛋白质种类繁多，人体的蛋白质种类高达 10 万种以上，是构成人体特异形态、结构和生命活动的最基本物质基础，蛋白质功能复杂多样，一切生命活动都是通过蛋白质来实现的。

1.1 蛋白质的分子组成

1.1.1 蛋白质的元素组成

尽管蛋白质的种类繁多，结构各异，但其元素组成相似，主要有（质量分数）碳（50%~55%）、氢（6%~7%）、氧（19%~24%）、氮（13%~19%）和硫（0~4%），有些蛋白质含有少量的磷或金属元素铁、铜、锌、锰、钴、钼等，个别蛋白质还含有碘。

各种蛋白质的含氮量很接近，平均约为 16%，动植物组织内的含氮物质以蛋白质为主，所以只要测出生物样品中的含氮量，就可推算出样品中蛋白质的含量。其计算公式为：

$$\text{每克样品中含氮克数} \times 100 \times 6.25 = 100\text{g 样品中蛋白质含量}(\%) \qquad (1\text{-}1)$$

1.1.2 蛋白质的基本组成单位——氨基酸

人体内所有蛋白质都是由 20 种氨基酸（Amino Acid）组成的，蛋白质经过酸、碱或酶的作用，最终的水解产物都是氨基酸。因此氨基酸是组成蛋白质的基本单位，但不同蛋白质的各种氨基酸的含量与排列顺序不同。

1.1.2.1 氨基酸的结构通式

组成人体蛋白质的 20 种氨基酸虽然结构各不相同，但它们之间有共性即分子中的氨基（$—NH_2$）或亚氨基（$=NH$）都连接在与羧基（—COOH）相邻的 α-碳原子上。除了脯氨酸为α-亚氨基酸外，均属于α-氨基酸，即在连接羧基的α-碳原子上还有一个氨基。氨基酸的结构通式如图 1-1 所示，其中 R 为氨基酸的侧链基团。

蛋白质除甘氨酸（R＝H）外，其他氨基酸与α-碳原子相连的四个原子或基团各不相同，即α-碳原子为不对称碳原子（又称手性碳原子），存在 L-型和 D-型两种异构体，如图 1-2 所示，目前已知天然蛋白质中的氨基酸都是 L-氨基酸。生物界中也有 D-氨基酸，大都存在于某些细胞产生的抗生素和个别植物的生物碱中，组成细菌细胞壁的肽聚糖含有 D-谷氨酸和 D-丙氨酸。

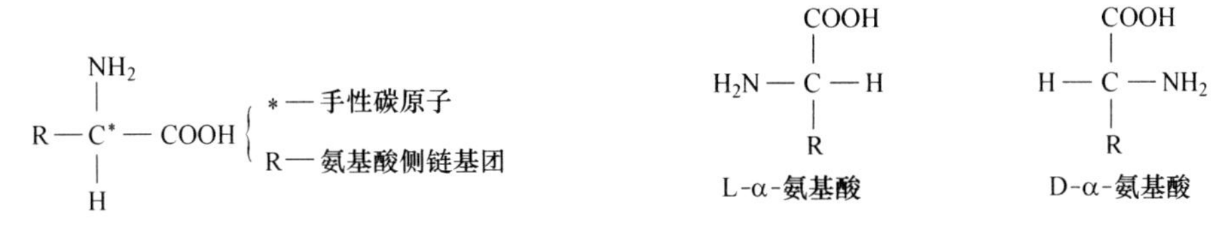

图 1-1 氨基酸的结构通式　　图 1-2 D-谷氨酸和 D-丙氨酸

1.1.2.2 氨基酸的分类

自然界存在的氨基酸约 300 余种，但组成人体蛋白质分子的氨基酸只有 20 种。氨基酸的分类方法有多种，常按氨基酸 R 侧链结构与性质的不同将 20 种氨基酸分为四类，见表 1-1。

表 1-1 氨基酸的分类

名称		缩写	相对分子质量	等电点	结构式
非极性疏水性氨基酸	甘氨酸 Glycine	Gly（G）	75.05	5.97	$H-CH(NH_2)-COOH$
	丙氨酸 Alanine	Ala（A）	89.06	6.00	$CH_3-CH(NH_2)-COOH$
	缬氨酸 Valine	Val（V）	117.09	5.96	$(CH_3)_2CH-CH(NH_2)-COOH$
	亮氨酸 Leucine	Leu（L）	131.11	5.98	$(CH_3)_2CH-CH_2-CH(NH_2)-COOH$
	甲硫氨酸（蛋氨酸）Methionine	Met（M）	149.15	5.74	$CH_3-S-CH_2-CH_2-CH(NH_2)-COOH$
	异亮氨酸 Isoleucine	Ile（I）	131.11	6.02	$CH_3-CH_2-CH(CH_3)-CH(NH_2)-COOH$
	脯氨酸 Proline	Pro（P）	115.13	6.30	$H_2C<(CH_2-CH(COOH))(CH_2-NH)$（环状）
	苯丙氨酸 Phenylalanine	Phe（F）	165.09	5.48	$C_6H_5-CH_2-CH(NH_2)-COOH$
	色氨酸 Tryptophan	Trp（W）	204.22	5.89	$C_8H_5NH-CH_2-CH(NH_2)-COOH$

续表 1-1

类别	名称	缩写	相对分子质量	等电点	结构式
极性中性氨基酸	丝氨酸 Serine	Ser（S）	105.06	5.68	$CH_2(OH)-CH(NH_2)-COOH$
	苏氨酸 Threonine	Thr（T）	119.08	5.60	$CH_3-CH(OH)-CH(NH_2)-COOH$
	天冬酰胺 Asparagine	Asn（N）	132.12	5.41	$H_2N-C(=O)-CH_2-CH(NH_2)-COOH$
	谷氨酰胺 Glutamine	Gln（Q）	146.15	5.65	$H_2N-C(=O)-CH_2-CH_2-CH(NH_2)-COOH$
	酪氨酸 Tyrosine	Tyr（Y）	181.09	5.66	$HO-C_6H_4-CH_2-CH(NH_2)-COOH$
	半胱氨酸 Cysteine	Cys（C）	121.12	5.07	$CH_2(SH)-CH(NH_2)-COOH$
酸性氨基酸	天冬氨酸 Aspartic acid	Asp（D）	133.60	2.77	$HOOC-CH_2-CH(NH_2)-COOH$
	谷氨酸 Glutamic acid	Glu（E）	147.08	3.22	$HOOC-CH_2-CH_2-CH(NH_2)-COOH$
碱性氨基酸	赖氨酸 Lysine	Lys（K）	146.13	9.74	$H_2N-(CH_2)_3-CH_2-CH(NH_2)-COOH$
	精氨酸 Arginine	Arg（R）	174.14	10.76	$H_2N-C(=NH)-NH-(CH_2)_2-CH_2-CH(NH_2)-COOH$
	组氨酸 Histidine	His（H）	155.16	7.59	（咪唑环，N、NH）$-CH_2-CH(NH_2)-COOH$

（1）非极性侧链氨基酸：侧链含有烃基，吲哚环或甲硫基等非极性基团，包括 9 种氨基酸。

（2）非电离极性侧链氨基酸：侧链含有酰胺基、巯基或羟基等极性基团，这些基团有亲水性，但在中性水溶液中不电离，包括 6 种氨基酸。其中，酚羟基和巯基在碱性溶液中可以电离出 H^+ 而带负电荷。

（3）酸性侧链氨基酸：侧链上的羧基在水溶液中能解离出 H^+ 而带负电荷，包括谷氨酸和天冬氨酸。

（4）碱性侧链氨基酸：侧链上的氨基、胍基或咪唑基在水溶液中能结合 H^+ 而带正电荷，包括赖氨酸、精氨酸和组氨酸。

1.1.2.3 氨基酸的理化性质

A 氨基酸的两性解离和等电点

氨基酸分子中既含有碱性的α-氨基又含有酸性的α-羧基，可在酸性溶液中与质子（H^+）结合成带正电荷的阳离子（—NH_3^+），也可在碱性溶液中与OH^-结合，失去质子变成带负电荷的阴离子（—COO^-）。因此，氨基酸是一种两性电解质，具有两性解离的特性。氨基酸的解离方式取决于其所处溶液的酸碱度，在某 pH 值溶液中，氨基酸解离成阳离子和阴离子的趋势及程度相等，成为兼性离子，呈电中性，此时溶液的 pH 值称为该氨基酸的等电点（Isoelectric Point，pI）。当氨基酸所处溶液的 pH 值小于 pI 值时，氨基酸带正电荷，在电场中向负极移动；相反，当 pH 值大于 pI 值时，氨基酸带负电荷，在电场中向正极移动。在一定 pH 值范围内，氨基酸溶液的 pH 值离 pI 值越远，氨基酸所带的净电荷越多。氨基酸解离情况如图 1-3 所示。

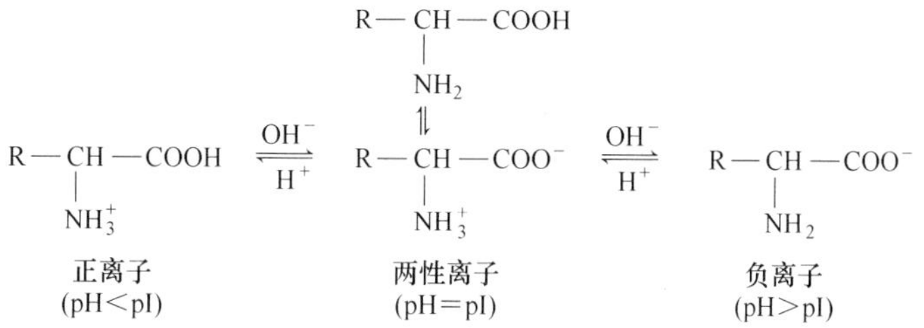

$$R-CH(NH_2)-COOH \rightleftharpoons R-CH(NH_3^+)-COO^-$$

$$\underset{\text{正离子 (pH<pI)}}{R-CH(NH_3^+)-COOH} \underset{H^+}{\overset{OH^-}{\rightleftharpoons}} \underset{\text{两性离子 (pH=pI)}}{R-CH(NH_3^+)-COO^-} \underset{H^+}{\overset{OH^-}{\rightleftharpoons}} \underset{\text{负离子 (pH>pI)}}{R-CH(NH_2)-COO^-}$$

图 1-3 氨基酸解离情况

B 氨基酸的紫外吸收性质

根据氨基酸的吸收光谱，含有共轭双键的酪氨酸和色氨酸对紫外光有吸收作用，它们在 280nm 波长处有最大吸收峰，其中以色氨酸吸收紫外光能力最强，如图 1-4 所示。大多数蛋白质含有酪氨酸和色氨酸残基，所以测定蛋白质溶液 280nm 的光吸收值，是分析溶液中蛋白质含量的快速而简便的方法。

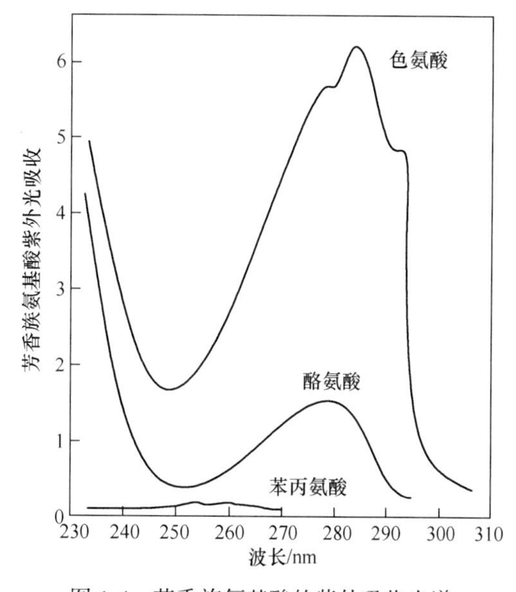

图 1-4 芳香族氨基酸的紫外吸收光谱

C 茚三酮反应

氨基酸与茚三酮水合物共加热，引起氨基酸氧化脱氨、脱羧反应，茚三酮水合物被还原，其还原物可与氨基酸加热分解产生的氨结合，再与另一分子茚三酮缩合成为蓝紫色化合物。利用茚三酮显色可定性或定量测定各种氨基酸。

1.1.3 蛋白质分子中氨基酸的连接方式

1.1.3.1 肽键

蛋白质分子中氨基酸之间是通过一个氨基酸的 α-羧基与另一个氨基酸的 α-氨基脱水缩合形成肽键（或称酰胺键）相连的，肽键为共价键，是蛋白质分子中的主键，如图 1-5 所示。

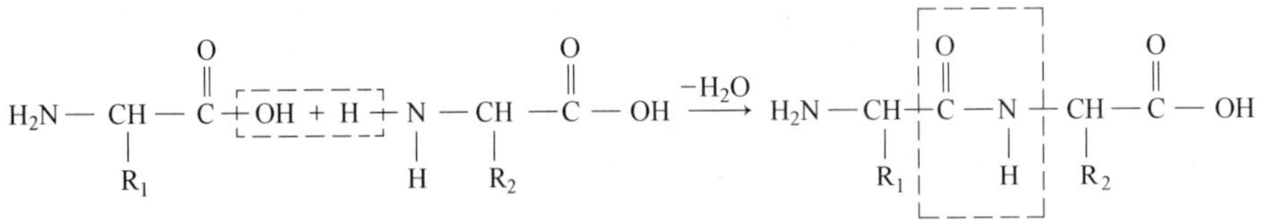

$$H_2N-\underset{R_1}{\underset{|}{CH}}-\overset{O}{\overset{\|}{C}}-OH + H-\underset{H}{\underset{|}{N}}-\underset{R_2}{\underset{|}{CH}}-\overset{O}{\overset{\|}{C}}-OH \xrightarrow{-H_2O} H_2N-\underset{R_1}{\underset{|}{CH}}-\overset{O}{\overset{\|}{C}}-\underset{H}{\underset{|}{N}}-\underset{R_2}{\underset{|}{CH}}-\overset{O}{\overset{\|}{C}}-OH$$

图 1-5 肽键的生成

1.1.3.2 肽键平面

X 射线衍射分析法证实肽键中的 C—N 键长为 0. 132nm，介于 C—N 单键（0. 149nm）和 C═N 双键（0. 127nm）之间，因此，具有部分双键性质，不能自由旋转。肽键中的 C、O、N、H 四个原子和与它相邻的两个 α-碳原子总是处在同一个平面上（$C\alpha_1$—CO—NH—$C\alpha_2$），该平面称为肽键平面或肽单元。蛋白质多肽链的主链骨架是由许多重复的肽单元连接而成，而肽键平面中与 α-碳原子相连的单键可以自由旋转，这样肽键平面可以围绕 Cα 旋转、卷曲、折叠。相邻两个肽键平面的夹角取决于碳原子两侧单键旋转角度。这就是以肽键平面为基本单位的自由旋转形成空间结构的基础，如图 1-6 所示。

$$-\overset{O}{\overset{\|}{C}}-\underset{H}{\underset{|}{N}}- \rightleftharpoons -\overset{O^-}{\overset{|}{C}}=\underset{H}{\underset{|}{N^+}}-$$

肽键结构互变

$$C\alpha \overset{0.151nm}{—} \overset{O}{\overset{\|}{C}} \overset{0.132nm}{—} \underset{H}{\underset{|}{N}} \overset{0.146nm}{—} C\alpha$$

伸展肽键中各键键长

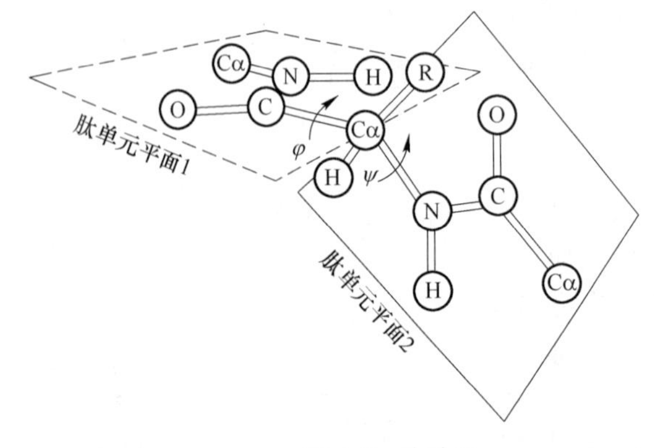

图 1-6 肽单元

1.1.3.3 肽

氨基酸通过肽键连接起来的化合物称为肽（Peptide）。由两个氨基酸缩合成的肽为二肽，三个氨基酸缩合成三肽。以此类推，一般由 10 个以下的氨基酸缩合成的肽称为寡肽，10 个以上氨基酸形成的肽为多肽。多肽分子中的氨基酸相互衔接，形成长链，称为多肽链。多肽链中氨基酸分子因脱水缩合而基团不全，被称为氨基酸残基。多肽链两端有游离的α-氨基和 α-羧基，分别称为氨基末端（N-端）和羧基末端（C-端）。在书写多肽链时，通常把 N-端氨基酸残基写在左边，C-端氨基酸残基写在右边，从左至右依次将各氨基酸的中文或英文缩写符号列出。

蛋白质就是由许多氨基酸残基组成的多肽链。一般而论，蛋白质通常含 50 个氨基酸以上，多肽则为 50 个氨基酸以下。多肽链如图 1-7 所示。

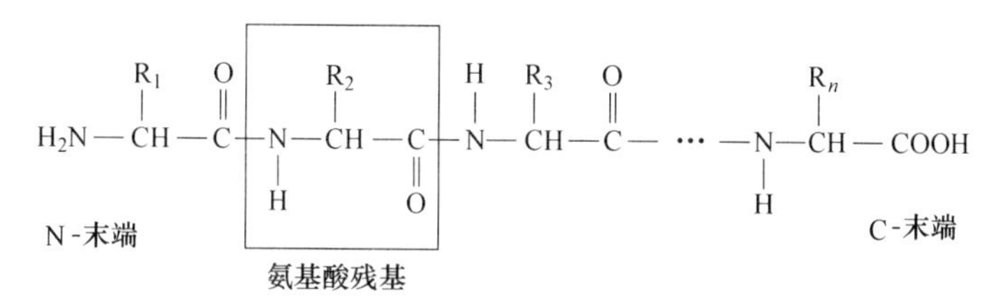

图 1-7 多肽链

每条多肽链中的氨基酸残基的顺序编号都从 N-端开始，肽的命名也是从 N-端开始指向 C-端。也可用中文或英文代号来表示，如图 1-8 所示。

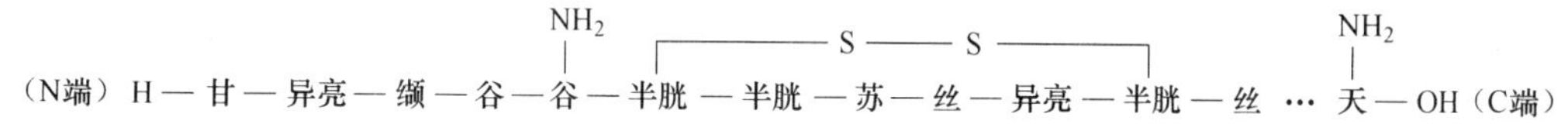

（N端）H — 甘 — 异亮 — 缬 — 谷 — 谷 — 半胱 — 半胱 — 苏 — 丝 — 异亮 — 半胱 — 丝 … 天 — OH（C端）

图 1-8 多肽链的简写

1.1.3.4 生物活性肽

生物体内具有重要生理功能的游离肽称为生物活性肽。例如谷胱甘肽（GSH，见图 1-9），GSH 分子中半胱氨酸残基的—SH 具有还原性，自身被氧化成氧化型谷胱甘肽（GSSG），从而保护体内蛋白质或酶分子中的巯基不被氧化而处于活性状态；它还具有亲核特性，能与外源性的致癌剂或药物等毒物结合，保护核酸或蛋白质免受毒物损害。临床常用 GSH 作为解毒、抗辐射或治疗肝病的药物。

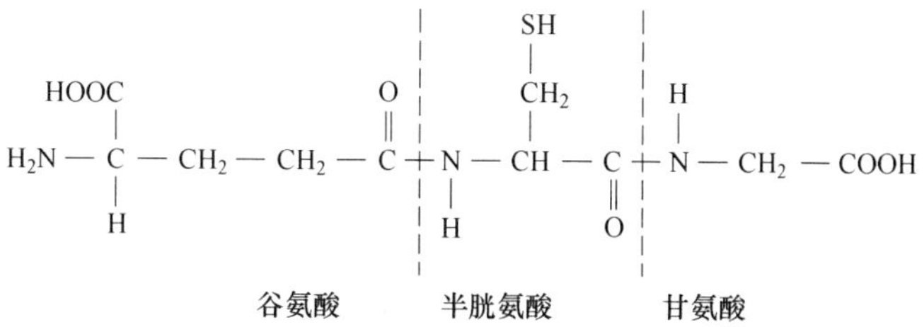

谷氨酸 半胱氨酸 甘氨酸

图 1-9 谷胱甘肽的化学结构

体内还有许多肽类激素，如催产素（9 肽）、加压素（9 肽）、促甲状腺素释放素（3

肽）等，以及在神经传导中起信号转导作用的脑啡肽（5 肽）、强啡肽（17 肽）、P 物质等，都是重要的生物活性肽。

1.2 蛋白质的分子结构

蛋白质分子是由许多氨基酸通过肽键相连形成的生物大分子。人体内具有生理功能的蛋白质大都是有序结构，每种蛋白质都有其一定的氨基酸种类、组成百分比、氨基酸排列顺序以及肽链空间的特定排布位置。因此，由氨基酸排列顺序及肽链的空间排布等所构成的蛋白质分子结构，才真正体现蛋白质的个性，是每种蛋白质具有独特生理功能的结构基础。

1952 年，丹麦科学家 L. Linderstom 建议将蛋白质复杂的分子结构分成四个层次，即一级、二级、三级、四级结构，后三者统称为高级结构或空间构象。蛋白质的空间构象涵盖了蛋白质分子中的每一原子在三维空间的相对位置，它们是蛋白质特有性质和功能的结构基础。但并非所有的蛋白质都有四级结构，由一条肽链形成的蛋白质只有一级、二级和三级结构，由两条或两条以上肽链形成的蛋白质才有四级结构。

1.2.1 蛋白质的一级结构

蛋白质的一级结构是指蛋白质多肽链中从 N-端到 C-端氨基酸残基的排列顺序。肽键是其主要的化学键，蛋白质分子中氨基酸的排列顺序是由遗传信息决定的。一级结构是蛋白质分子的基本结构，它决定蛋白质的空间结构，而蛋白质的生物学功能又依赖其空间结构。例如胰岛素的一级结构是由 A 链（21 肽）和 B 链（30 肽）通过二硫键连接而成，有些蛋白质含有二硫键（—S—S—），它是两个半胱氨酸残基的巯基（—SH）脱氢形成的共价键。结构中共有三个二硫键，如图 1-10 所示，其中链内二硫键有一个、链间二硫键有两个。

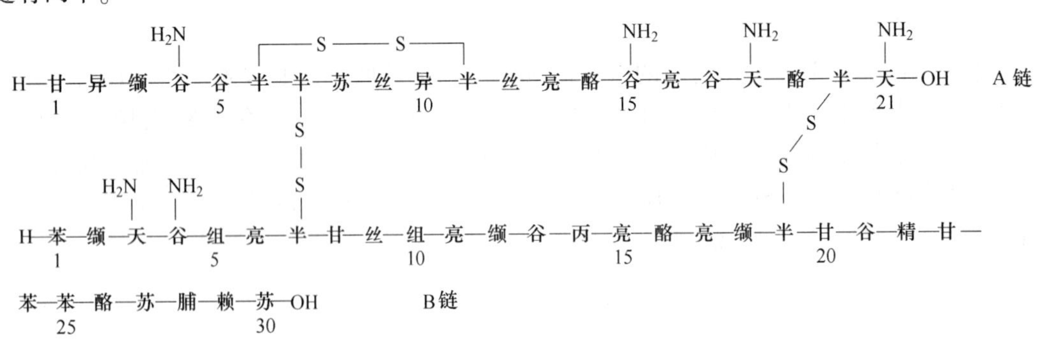

图 1-10 牛胰岛素的一级结构

目前已知一级结构的蛋白质数量已相当可观，并且还以更快的速度增加。国际互联网有若干重要的蛋白质数据库（Updated Protein Database），例如 EMBL（European Molecular Biology Laboratory Date Library）、Genbank（Genetic Sequence Databank）和 PIR（Protein Identification Resource Sequence Database）等，收集了大量最新的蛋白质一级结构及其他资料，为蛋白质的结构与功能的深入研究提供了便利。

知识链接

Frederick Sanger 对蛋白质序列测定的贡献

蛋白质一级结构对于了解蛋白质完整结构、作用机制以及与其有类似功能蛋白质的相互关系，显得十分重要。Frederick Sanger 于 1953 年首次测定了胰岛素氨基酸的序列，这对于阐明胰岛素的生物合成和发挥生理功能的形式很重要。随后用这一方法原理，数以万计的不同种系蛋白质氨基酸序列被揭晓。胰岛素由胰腺的胰岛β细胞合成，刚合成时为一条无活性的单链，称为胰岛素原（proinsulin），含有 86 个氨基酸残基和 3 对链内二硫键。在胰岛β细胞中，胰岛素原在氨基酸残基第 30 和 31、65 和 66 之间经蛋白酶水解产生 2 个分子，含 35 个氨基酸残基的 C-肽和含 A、B 两链的具有生物活性的胰岛素。Sanger 为建立蛋白质和核酸的序列测定技术做出了重大贡献，分别于 1958 年和 1980 年两度获得诺贝尔化学奖。

1.2.2　蛋白质的空间结构

1.2.2.1　蛋白质的二级结构

A　α-螺旋

α-螺旋（α-helix）是指多肽链的主链骨架在空间构象中围绕中心轴形成紧密而有规律的螺旋结构，即形成具有周期性规则的构象，如图 1-11 所示。

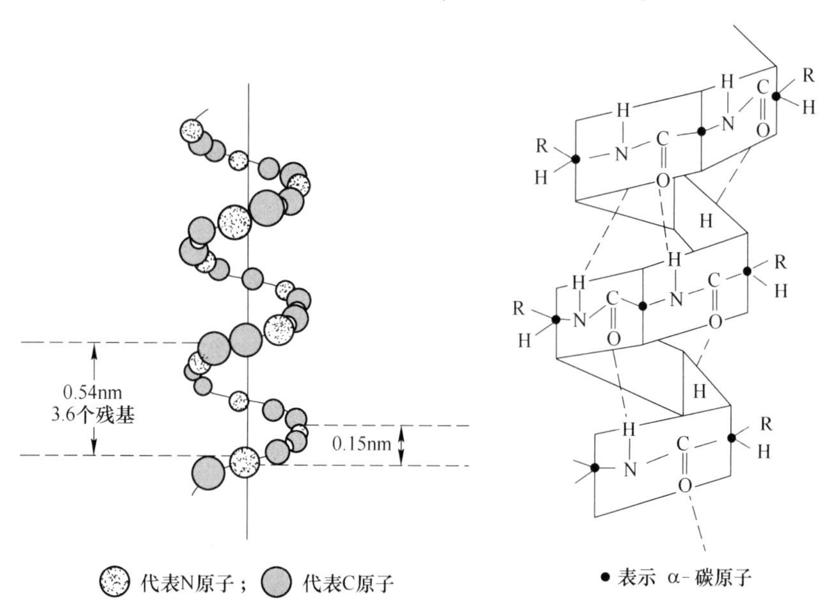

图 1-11　蛋白质分子中的 α-螺旋

α-螺旋的结构特点如下：

（1）多肽链顺时针走向，一般为右手螺旋式上升。

（2）螺旋旋转一圈包含 3.6 个氨基酸残基，每一个氨基酸残基上升高度为 0.15nm，螺旋每上升一圈的高度即螺距为0.54nm。

（3）α-螺旋的每个肽键的N—H和第四个肽键的羰基氧形成氢键，氢键的方向几乎与中心轴平行。肽链中的全部肽键都参与氢键的形成，氢键方向与螺旋的长轴平行，以保证α-螺旋纵向稳定。

（4）各氨基酸残基的R侧链均伸向螺旋外侧。

影响α-螺旋形成及稳定的主要因素是氨基酸侧链的大小、形状及所带的电荷性质。例如，较大的R侧链（异亮氨酸、苯丙氨酸等）集中的区域产生位阻，妨碍α-螺旋的形成；酸性或碱性氨基酸集中的区域由于同种电荷相互排斥，不利于α-螺旋的形成；脯氨酸和甘氨酸存在时也不易形成α-螺旋。

B　β-折叠

β-折叠（β-pleated sheet）是蛋白质多肽主链的一种比较伸展、呈锯齿状的肽链结构，如图1-12所示。其结构特点如下。

（1）多肽链呈伸展状态，相邻肽键平面之间折叠成锯齿状的结构，肽链中各氨基酸的R基团伸向锯齿的外侧。

（2）两段以上的β-折叠结构平行排布，它们之间靠链间氢键相连，形成β-片层或β-折叠层结构。氢键的方向与折叠的长轴垂直，是维持该构象的主要次级键。

（3）相邻两段肽链的走向相同即为顺向平行，反之为逆向平行，后者较为稳定。

（4）R基团交错位于锯齿状结构的上方和下方。

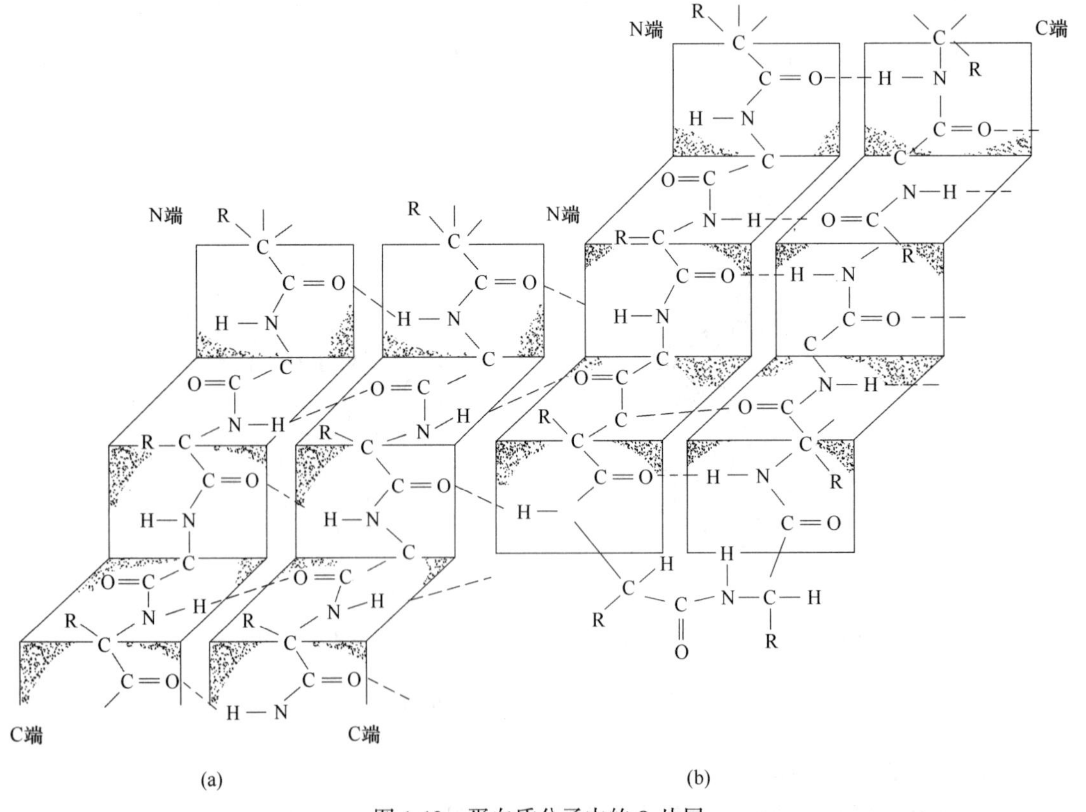

图1-12　蛋白质分子中的β-片层

（a）顺向平行；（b）逆向平行

C β-转角

β-转角（β-turn）又称β-回折，通常由四个氨基酸残基构成，由第1个残基的羰基氧与第4个残基的氨基氢形成氢键，使多肽链形成180°的回折。β-转角可使肽链的走向发生改变。脯氨酸常出现在β-转角中，如图1-13所示。

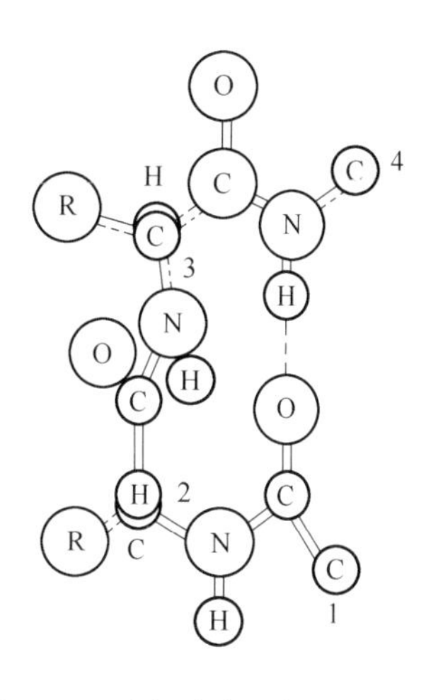

图1-13 蛋白质分子中的β-转角

D 无规卷曲

无规卷曲（random coil）为多肽链中除以上几种比较规则的构象外，其余没有确定规律性的那部分肽链的二级结构构象。

各种蛋白质一级结构相异，不同区段形成的二级结构也不同，例如丝心蛋白主要由β-折叠形成，肌红蛋白中有75%的α-螺旋而无β-折叠，伴刀豆蛋白中有59%的β-折叠而无α-螺旋。

1.2.2.2 蛋白质的三级结构

A 三级结构

蛋白质三级结构（tertiary structure）是指肽链中所有原子在三维空间的排布位置，包括多肽链主链及R侧链构象。即在蛋白质分子二级结构基础上，多肽链进一步折叠、盘曲和缠绕形成的结构。

具有三级结构形式的蛋白质多肽链具有以下特点：

（1）稳定蛋白质三级结构的化学键和作用力是各种次级键，主要有疏水键、氢键、离子键与范德华力等（见图1-14），其中以疏水键最为重要。但在某些蛋白质分子中，二硫键在维系构象稳定方面也起重要作用。除二硫键外，所有的次级键都是非共价键，键能很弱。

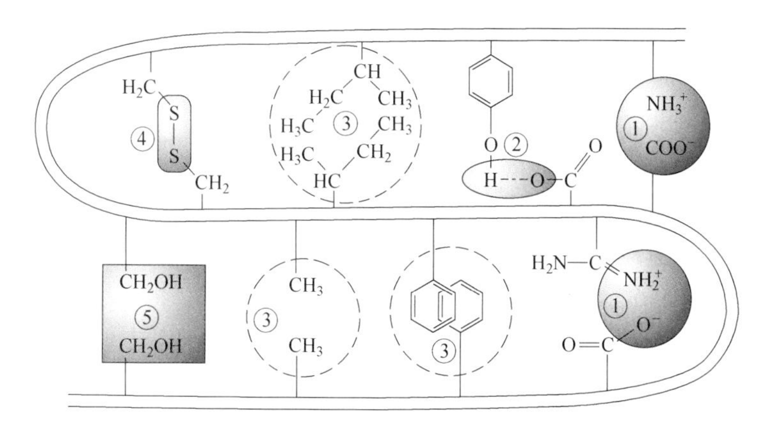

图1-14 维系蛋白质三级结构的主要化学键

①—离子键；②—氢键；③—疏水键；④—二硫键；⑤—范德华力

（2）在盘曲、折叠所形成的特殊空间构象中，疏水基团多聚积在分子内部，亲水基团则多分布在分子表面。

（3）经过多肽链的盘曲、折叠，在分子表面或局部可形成能发挥生物学功能的特殊区域，称为结构域。例如肌红蛋白球状分子中，有一个“口袋”状空隙，可嵌入一个血红素分子，它是结合氧的部位。

（4）盘曲、折叠的多肽链分子在空间可形成棒状、纤维状或球状。

由一条肽链组成的蛋白质只要具有完整的三级结构即具有生物学活性，例如核糖核酸酶能水解 RNA，肌红蛋白具有储存 O_2的功能。这类蛋白质的最高级结构是三级结构，三级结构对于蛋白质分子形状、理化性质及其功能活性的形成起重要作用。只有一条多肽链的蛋白质只有形成三级结构才具有生物学功能，三级结构一旦破坏，生物学活性便丧失。

B 结构域

分子量较大的蛋白质可折叠形成多个结构较为紧密且稳定、能独立行使其功能的区域，称为结构域（structural domain）。一般每个结构域由 100~300 个氨基酸残基组成，有独特的空间结构，并承担不同的生物学功能。结构域与分子整体以共价键相连，一般难以分离，这是它与蛋白质亚基的区别。

1.2.2.3 蛋白质的四级结构

有些蛋白质分子是由两条或两条以上具有独立三级结构的多肽链，通过非共价键相互缔合而成，其形成的结构称为蛋白质的四级结构。其中，每一条具有三级结构的多肽链称为亚基或亚单位。蛋白质四级结构是指亚基间的空间排布及其相互作用，亚基之间无共价键，稳定因素是氢键、盐键、疏水键及范德华力。具有四级结构的蛋白质分子中，亚基的种类、数目和亚基间的缔合方式各有不同。如正常成人血红蛋白由两个 α-亚基和两个 β-亚基通过八对盐键连接组成，即为 $\alpha_2\beta_2$，任何一个亚基单独存在时均无生物学功能。不同的蛋白质有不同的构象，如图 1-15 所示。

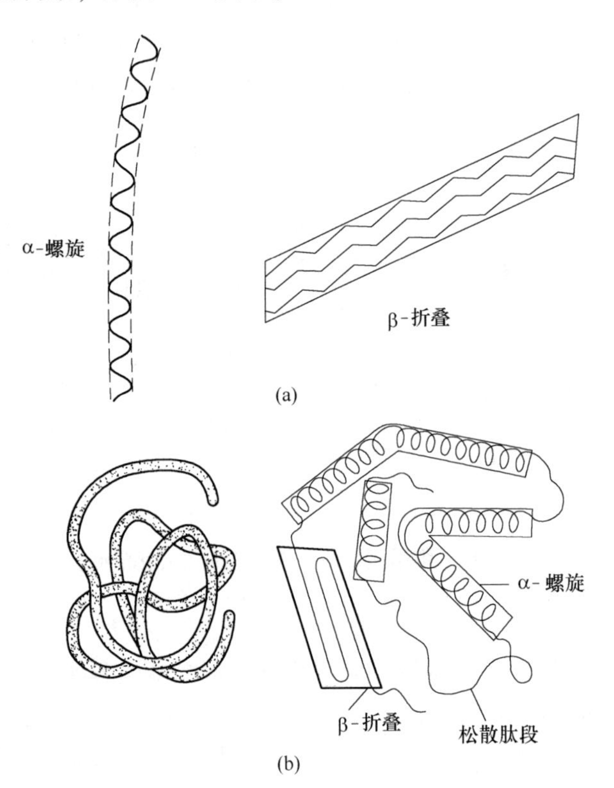

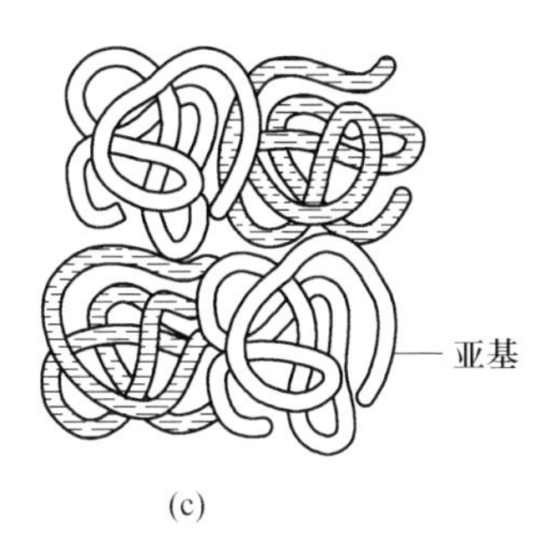

(c)

图 1-15 蛋白质分子的构象

(a) 蛋白质二级结构；(b) 蛋白质三级结构；(c) 蛋白质四级结构

1.2.3 蛋白质结构与功能的关系

蛋白质特定的构象和功能是由其一级结构所决定的。多肽链中氨基酸的排列顺序，决定了该肽链的折叠、盘曲方式，即决定了蛋白质的空间结构，进而显示特定的功能。

1.2.3.1 蛋白质一级结构与功能的关系

A 相似的结构表现出相似的功能

例如，垂体前叶分泌的促肾上腺皮质激素（ACTH）和促黑激素（α-MSH、β-MSH）共有一段相同的氨基酸序列，如图 1-16 所示。因此，ACTH 也有促进皮下黑色素生成的作用，只不过作用较弱。又如神经垂体释放的催产素和加压素都是 9 肽，其中仅有两个氨基酸不同，其余七个是相同的，如图 1-17 所示。因此，催产素和加压素的生理功能有相似之处，即催产素兼有加压素样作用，而加压素也兼有催产素样作用。

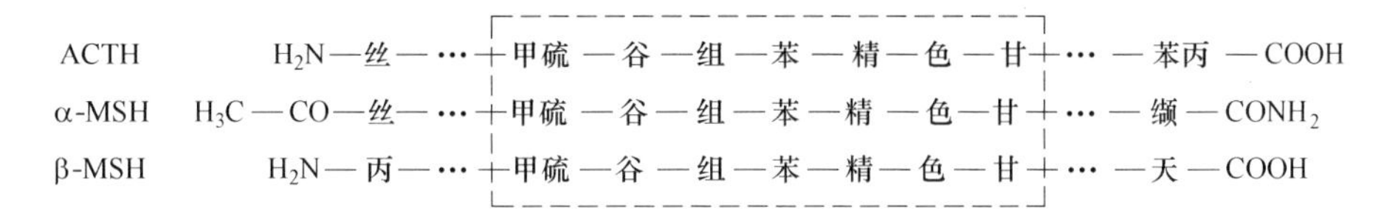

图 1-16 ACTH、α-MSH 和 β-MSH 一级结构比较

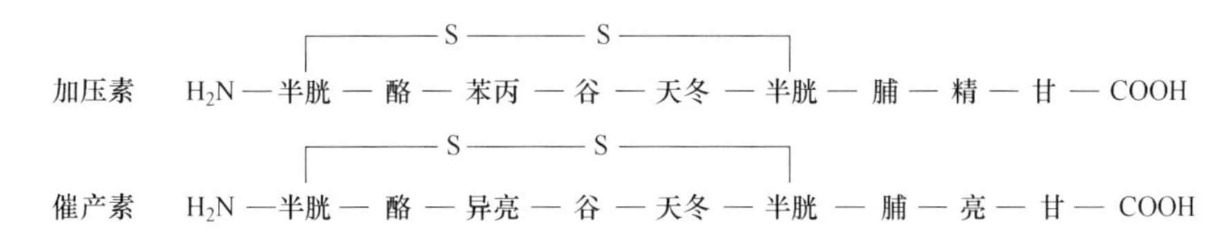

图 1-17 加压素和催产素一级结构比较

B 不同的结构具有不同的功能

上述催产素和加压素，尽管有相似的结构，从而有相似的功能，但它们的结构毕竟不完全相同，因而生理功能就有很大差别。催产素对子宫平滑肌的收缩作用远比加压素强，而对血管壁的加压效应和抗利尿作用只有加压素的 1%左右。因此，催产素和加压素这两

种生理活性物质是说明“相似的结构表现出相似的功能”“不同的结构具有不同的功能”的典型例子，充分体现了蛋白质一级结构与功能的关系。

C 一级结构变化与分子病

分子病是指由于基因（DNA）的突变，导致其编码的蛋白质分子的氨基酸序列异常而引起的遗传性疾病。例如，镰状细胞贫血患者的血红蛋白，其 β-亚基的第 6 位氨基酸残基由正常的谷氨酸变成了缬氨酸（见表 1-2），仅此一个氨基酸之差，就导致了血红蛋白分子空间构象和功能的变化，继而造成红细胞形态由正常的双凹圆盘变为镰刀形（见图 1-18），这种镰状细胞在通过毛细血管时极易破碎，产生溶血性贫血。可见，血红蛋白正常的一级结构对其发挥正常的生理功能多么重要。现已发现多种遗传性疾病都是由于基因突变、表型蛋白质特定的一级结构及空间构象发生改变和功能丧失所致。

表 1-2 正常人与镰状细胞贫血患者血红蛋白遗传信息的比较

正常人	DNA	TGT GGG CTT CTT TTT
	mRNA	ACA CCC GAA GAA AAA
	HbA（β-亚基）	N 端…苏-脯-谷-谷-赖…
镰状细胞贫血患者	DNA	TGT GGG CAT CTT TTT
	mRNA	ACA CCC GUA GAA AAA
	HbS（β-亚基）	N 端…苏-脯-缬-谷-赖…

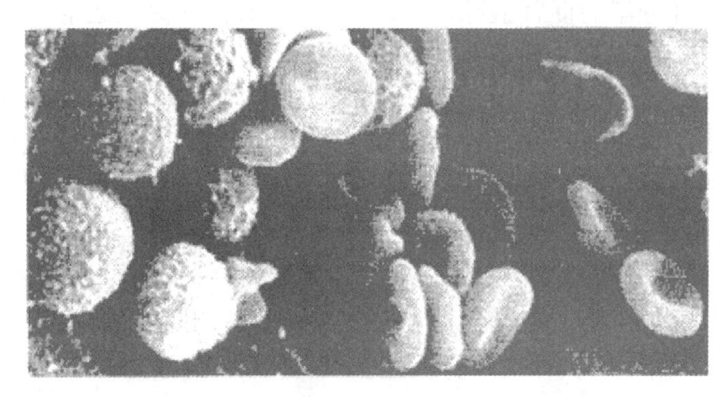

图 1-18 正常红细胞与镰状细胞的显微形态

1.2.3.2 蛋白质的空间构象与功能的关系

蛋白质分子一级结构决定其空间构象，而蛋白质分子具有的特定空间构象与其发挥特定的生理功能有着直接的关系。例如，蛋白质的一级结构不变，而空间构象发生改变也可导致其功能的变化。

A 蛋白质构象与酶活性

牛核糖核酸酶是由 124 个氨基酸残基组成的单链蛋白质，分子内四个二硫键和次级键（氢键、疏水键、离子键等）共同维系其空间结构的稳定。用尿素（破坏氢键）和 β-巯基乙醇（破坏二硫键）处理牛核糖核酸酶，使其二级、三级结构遭到破坏，但不影响肽键，此时该酶活性丧失殆尽。当用透析方法去除尿素和 β-巯基乙醇后，松散的多肽链可重新卷曲折叠，巯基氧化又形成二硫键，恢复酶的天然构象，此时酶又逐渐恢复原有的活性，如图 1-19 所示。这充分证明，核糖核酸酶的催化活性依赖其完整的空间构象。

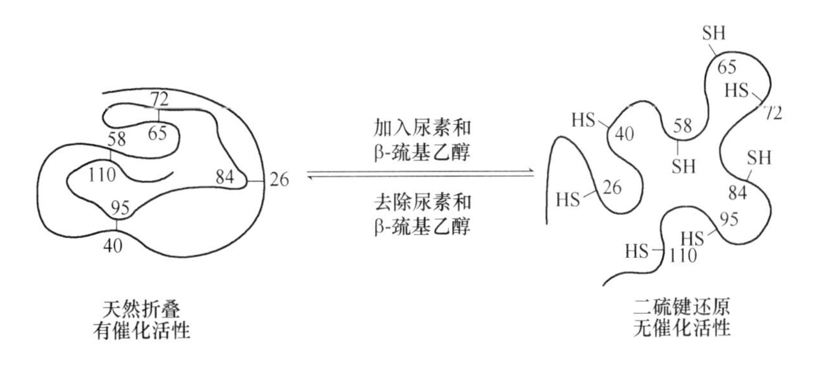

图1-19　牛核糖核酸酶空间结构与功能的关系

B　蛋白质构象与别构效应

蛋白质构象并非固定不变。生物体内某些小分子物质与蛋白质分子特定部位作用，使其构象改变而生物学功能也随之改变，这种现象称为别构效应（Alostrice Effect）或变构效应。

血红蛋白（Hemoglobin，Hb）是最早发现具有别构效应的一种蛋白质，其主要功能为运输氧和二氧化碳。Hb的运氧功能是通过构象变化来完成的，Hb是由两个α和两个β亚基组成的四聚体，每个亚基都含有一个血红素，每个血红素分子中含有的铁（Fe^{2+}）都能与1分子O_2结合，故每分子Hb可结合4分子O_2。Hb有两种可互变的天然构象，即紧密型（T型）和松弛型（R型）。T型结合氧的能力较弱，R型的氧亲和力比T型高数百倍。在肺部毛细血管，氧分压高，当Hb的一个α-亚基与1分子O_2结合后，使其相邻亚基的空间构象也随之改变，即触发Hb由T型转变为R型，与O_2的亲和力加强，易于与O_2结合。在组织的毛细血管，氧分压低，而CO_2和H^+的浓度高。当CO_2或H^+与HbO_2结合后，可使Hb由R型变为T型，从而促进HbO_2释放O_2，供组织利用。Hb的这种别构作用极有利于它在肺部与O_2结合及在周围组织释放O_2。Hb分子Fe^{2+}与O_2结合或脱氧过程中不发生电子得失现象，故不属于氧化还原反应。Hb即通过氧合、脱氧而完成运氧功能，其反应式为：

$$Hb + O_2 \underset{\text{脱氧}}{\overset{\text{氧合}}{\rightleftharpoons}} HbO_2 \tag{1-2}$$

C　蛋白质构象与疾病

生物体内蛋白质多肽链的正确折叠对其正确构象的形成和功能的发挥至关重要。若蛋白质发生错误折叠，尽管其一级结构不变，但蛋白质构象发生改变，仍可影响其功能，严重时可导致疾病的发生，人们将此类疾病称为蛋白质构象疾病。例如，有些蛋白质错误折叠后相互聚集，形成抗蛋白水解酶的淀粉样纤维沉淀，产生毒性而致病，这类疾病包括人纹状体脊髓变性病、阿尔茨海默病（Alzheimer Disease）、亨廷顿病（Huntington Disease）和疯牛病等。

知识链接

朊病毒蛋白构象与疾病

疯牛病由朊病毒蛋白（Prion Protein，PrP）引起。朊病毒蛋白存在两种结构形式：一种为正常细胞膜相关的细胞朊病毒蛋白（cellular PrP，PrPC）；另一种为朊病毒颗粒相关的羊瘙痒病朊粒蛋白（Scrapie Prion Protein，PrPsc）两者一级结构完全相同，但分子构象具有较大差异。在PrPC中，α-螺旋结构含量较高，而PrPsc中β-折叠结构含量较高。两者高级结构的不同使得它们在物理、化学性质以及生物学特性上产生很大差异。目前能区分这两种不同结构蛋白质的方法之一是根据它们对蛋白酶K抗性的差异。PrPsc能够抵抗该酶的消化，而PrPC则不能。疯牛病发病的分子机制是生理性PPC转变为病理性PrPsc，导致生物化学性质改变。PrPsc水溶性差，对蛋白酶不敏感，构象不稳定，易形成聚集状态，当在中枢神经细胞中堆积时，最终破坏神经细胞。根据脑部受破坏的区域不同，发病的症状也不同，如果感染小脑，则会引起运动功能的损害，导致共济失调；如果感染大脑皮质，则会引起语言、记忆力及行为能力的下降。

1.3　蛋白质的理化性质

蛋白质是由氨基酸组成的高分子化合物，其理化性质一部分与氨基酸相似，例如两性电离、等电点、紫外吸收、呈色反应等，也有一部分又不同于氨基酸，例如胶体性质、变性等。

1.3.1　蛋白质的两性电离和等电点

蛋白质分子中可解离基团除肽链两端的游离氨基和羧基外，侧链上还有很多可解离的基团，例如羧基、氨基、胍基和咪唑基等，在不同的pH值条件下，可解离为正离子或负离子，故蛋白质是两性电解质。其解离状态如图1-20所示。

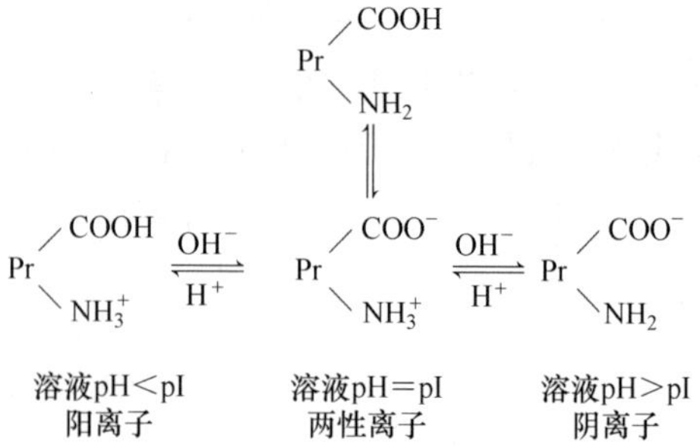

$$Pr\begin{matrix}COOH\\NH_2\end{matrix}$$

$$\updownarrow$$

$$Pr\begin{matrix}COOH\\NH_3^+\end{matrix} \underset{H^+}{\overset{OH^-}{\rightleftharpoons}} Pr\begin{matrix}COO^-\\NH_3^+\end{matrix} \underset{H^+}{\overset{OH^-}{\rightleftharpoons}} Pr\begin{matrix}COO^-\\NH_2\end{matrix}$$

溶液pH<pI　阳离子　　溶液pH=pI　两性离子　　溶液pH>pI　阴离子

图1-20　蛋白质的两性电离与等电点

蛋白质在溶液中的带电状态主要取决于溶液的pH值。当蛋白质处于某pH值溶液时，蛋白质所带正负电荷数相等，净电荷等于零，蛋白质为兼性离子，此时溶液的pH值称为该蛋白质的等电点（pI）。低于pI值的pH值环境，蛋白质带正电荷；高于pI值的pH值环境，蛋白质带负电荷。体内各种蛋白质的等电点不同，但大多数接近于pH=5.0。所以在人体体液pH=7.4的环境下，大多数蛋白质解离成阴离子。少数蛋白质含碱性氨基酸较多，其等电点偏于碱性，被称为碱性蛋白质，例如鱼精蛋白、组蛋白等。也有少量蛋白质含酸性氨基酸较多，其等电点偏于酸性，被称为酸性蛋白质，如胃蛋白酶和丝蛋白等。

蛋白质正、负离子在电场中分别向阴、阳两极移动，溶液中带电的颗粒在电场中向电性相反的电极移动的现象称为电泳。在相同 pH 值溶液中，由于各种氨基酸所带电荷的性质和数量不同，蛋白质分子大小和形状不同，因此，它们在电场中的移动速度也有差别，利用此性质可对蛋白质进行分离和检测。

1.3.2　蛋白质的胶体性质

蛋白质的分子量一般在 1 万～10 万，分子量最大者可达数千万，球状蛋白质的颗粒大小已达到胶粒 1～100nm，故蛋白质有胶体性质。蛋白质溶液黏度大，溶液中蛋白质分子扩散速度慢。

存在于溶液内的蛋白质大多能溶于水或稀盐溶液。蛋白质分子中的亲水基团多位于颗粒表面（如 $—NH_3^+$、$—COO^-$、—OH、—SH），与周围的水分子产生水合作用，在蛋白质分子周围形成一个较稳定的水化层。同时，蛋白质分子在一定 pH 值溶液中带有相同电荷，同种电荷相互排斥，使蛋白质之间彼此不能相聚沉淀。因此，蛋白质分子表面的水化层和电荷成为维持蛋白质分子亲水胶体颗粒的两个稳定因素，当二者受到破坏时，蛋白质极易从溶液中析出，如图 1-21 所示。

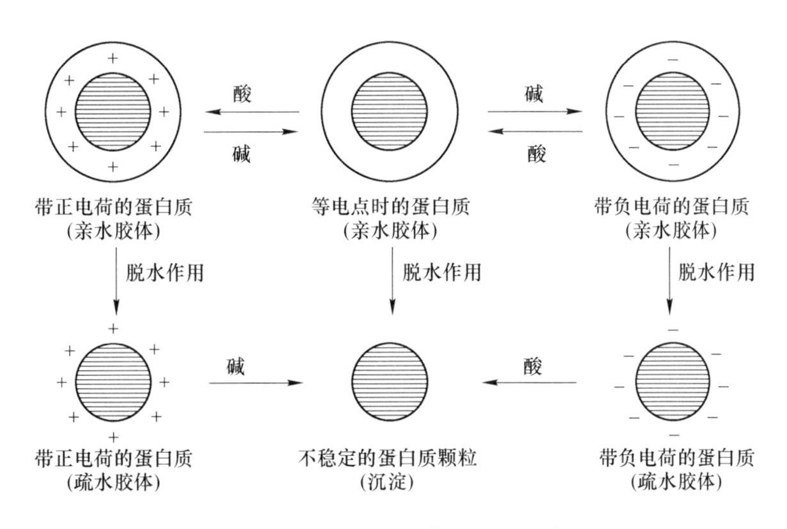

图 1-21　蛋白质胶体颗粒的沉淀

与小分子物质比较，蛋白质分子颗粒大，不能透过半透膜，在分离及纯化蛋白质过程中，可利用蛋白质的这一性质，将混有小分子杂质的蛋白质溶液放于半透膜制成的囊内，置于流动水或适宜的缓冲液中，小分子杂质皆易从囊中透出，囊内保留了纯化的蛋白质，这种方法称为透析（dialysis）。透析示意图如图 1-22 所示。

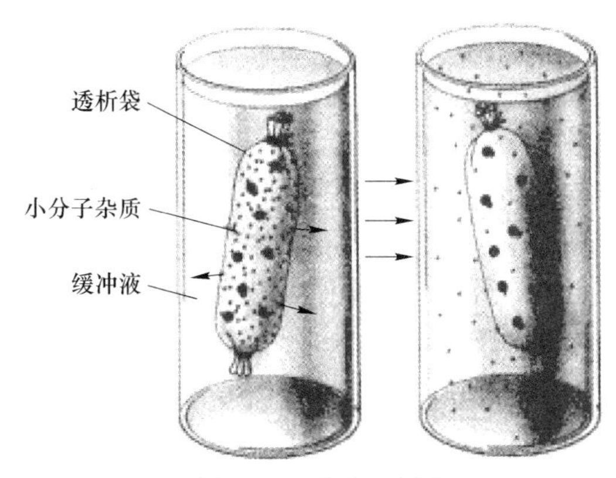

图 1-22　透析示意图

蛋白质不能透过半透膜的性质对维持生物体内体液平衡起着重要作用。例如，血浆中蛋白质不能透过毛细血管壁，所形成的胶体渗透压有利于组织水分的回流，当血浆蛋白质含量降低时（如急性肾小球肾炎、慢性肝炎等），血浆胶体渗透压降低，组织中水分回流障碍，而发生水肿。

1.3.3 蛋白质的变性

蛋白质的二级结构以氢键维系局部主链构象稳定，三、四级结构主要依赖于氨基酸残基侧链之间的相互作用，从而保持蛋白的天然构象。从但在某些物理和化学因素作用下，其特定的空间构象被破坏，也即有序的空间结构变成无序的空间结构，从而导致其理化性质的改变和生物学活性的丧失（称为蛋白质变性）。一般认为，蛋白质的变性主要发生二硫键和非共价键的破坏，不涉及一级结构中氨基酸序列的改变。蛋白质变性后，其理化性质及生物学性质发生改变，例如溶解度降低黏度增加、结晶能力消失、生物学活性丧失，易被蛋白酶水解等。造成蛋白质变性的因素有多种，常见的有加热、乙醇等有机溶剂、强酸、强碱、重金属离子及生物碱试剂等。在临床医学领域，变性因素常被应用来清毒及灭菌。此外，为保存蛋白质制剂（如疫苗、抗体等）的有效，也必须考虑就止蛋白质变性，例如采用低温贮存等。

蛋白质变性后，疏水侧链暴露在外，肽链融汇相互缠绕继而聚集，因而从溶液中析出，这一现象被称为蛋白质沉淀。变性的蛋白质易于沉淀，有时蛋白质发生沉淀，但并不变性。

若蛋白质变性程度较轻，去除变性因素后，有些蛋白质仍可恢复成部分恢复其原有的构象和功能，称为复性。如图 1-23 所示，在核糖核酸酶 A 溶液中加入尿素和β-巯基乙醇，可解除其分子中的四对二硫键和氢键，使空间构象遭到破坏，丧失生物学活性。变性后如经透析方法去除尿素和 β-巯基乙醇，并设法使巯基氧化成二硫键，核糖核酸酶 A 又恢复其原有的构象，生物学活性也几乎全部重现，但是许多蛋白质变性后。空间构象被严重破坏，不能复原，称为不可逆性变性。

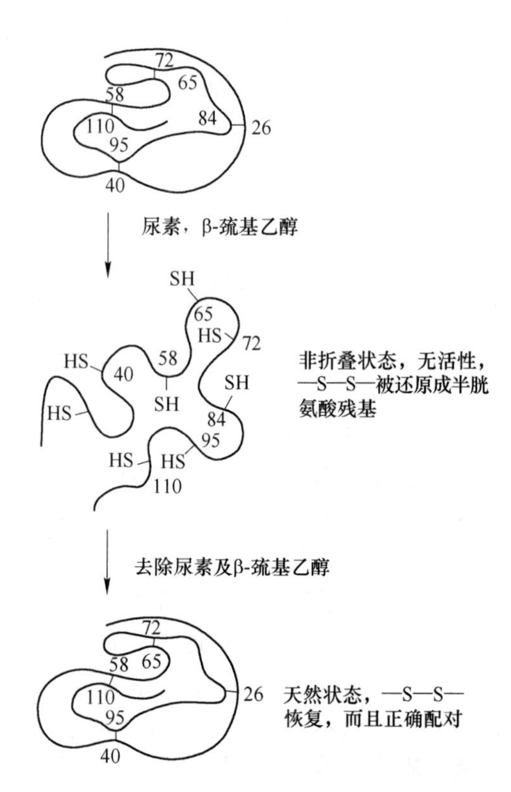

图 1-23 β-巯基乙醇及尿素对核糖核酸酶的作用

蛋白质变性作用具有实际意义，例如可根据蛋白质变性的特点，防止蛋白质类激素、酶、抗体、疫苗等活性蛋白质在提取、制备、运输和保存过程中变性，以保持其生物学活性；也可利用变性的原理，使用乙醇浸洗、紫外线照射、加热、高压蒸气等方法使细菌、病毒以及其他对人体有害的蛋白质迅速变性，以达到消毒灭菌的目的。

1.3.4 蛋白质的沉淀

蛋白质分子聚集而从溶液中析出的现象称为蛋白质沉淀。变性的蛋白质易于沉淀，但沉淀的蛋白质不一定变性。

蛋白质是亲水胶体，只要去除它的两个稳定因素——水化层和电荷，蛋白质即可沉淀，沉淀蛋白质的方法主要有：

（1）盐析法。蛋白质溶液中加入大量中性盐（如硫酸铵、硫酸钠、氯化钠等），破坏蛋白质的水化膜，中和其所带的电荷而使蛋白质从水溶液中沉淀析出，称为盐析（Salting Out）。盐析法一般不引起蛋白质变性是分离纯化蛋白质的常用方法。由于各种蛋白质的溶解度和pI值不同，故盐析时所需的pH值和盐浓度也不相同，则调节盐的浓度可将蛋白质分段沉淀。例如，血浆中的清蛋白在饱和硫酸铵溶液中可沉淀，而球蛋白则在半饱和硫酸铵溶液中就可沉淀。

（2）有机溶剂沉淀蛋白质。蛋白质溶液中加入一定量的极性有机溶剂（甲醇、乙醇或丙酮等）可分离沉淀蛋白质，有机溶剂对水的亲和力强于蛋白质分子，可脱去蛋白质胶粒上的水化层，同时改变溶液的介电常数，降低蛋白质的电离，使蛋白质沉淀。70%乙醇用于消毒就是应用这一原理。蛋白质在pI值时净电荷为零，沉淀效果更佳。在有机溶剂沉淀法中，如果控制在低温下操作并尽量缩短处理时间则可使变性速度减慢。

（3）重金属盐沉淀蛋白质。蛋白质在pH值高于pI值的溶液中带负电荷，可与重金属离子（如Cu^{2+}、Hg^{+}、Ag^{+}等）结合成不溶性的蛋白盐而沉淀，此法沉淀的蛋白质常是变性的。例如，临床上常给误服重金属盐中毒的患者口服大量乳制品或鸡蛋清来进行早期抢救，使生成不溶性的蛋白盐，然后催吐或洗胃使其排出。

（4）生物碱试剂沉淀蛋白质。苦味酸、钨酸、三氯乙酸等生物碱试剂能使蛋白质沉淀。蛋白质在pH值低于pI值的溶液中带正电荷，可与这些有机酸根结合成不溶性的蛋白盐沉淀。临床检验中常用三氯乙酸沉淀血液中的蛋白质，以制备无蛋白血滤液。

（5）加热凝固蛋白质。加热可使蛋白质变性沉淀，导致蛋白质分子内的次级键排列发生混乱，使本来处于分子外部的亲水基团和分子内部的疏水基团混杂排列，分子的水溶性降低，蛋白质出现凝固沉淀。临床上常常利用加热使病原微生物的蛋白质变性沉淀，以达到消毒的目的。

1.3.5 蛋白质的紫外线吸收与呈色反应

组成蛋白质的肽键及侧链上的某些基团对一定波长的光有特征性吸收，同时也可与某些试剂反应而呈色。这些常被用于蛋白质的定性及定量分析。

1.3.5.1 蛋白质的紫外光谱吸收特征

蛋白质在紫外光范围有两处吸收峰：一是280nm处有最大吸收值，这是由色氨酸残基、酪氨酸残基和苯丙氨酸残基中存在的共轭双键引起的；二是因肽键存在而引起的，在200~220nm处有一吸收峰。此两处吸收峰都可用于蛋白质的定量测定，但以前者为常用。

1.3.5.2 蛋白质的呈色反应

蛋白质分子中除大量存在的肽键外，其侧链上多种基团都各具特定的反应性能，故蛋白质分子具有多种呈色反应，其中以下列两种尤为重要。

A 双缩脲反应

在碱性条件下，蛋白质分子可与 Cu^{2+} 形成紫红色络合物。凡分子中含有两个以上—CO—NH—键的化合物都呈此反应，蛋白质分子中氨基酸以肽键相连，因此所有蛋白质都有双缩脲反应。反应产物在540m波长处的光密度值与蛋白质含量成正比，临床上用此反应测定血清蛋白质含量。

B 酚试剂反应

磷钼酸能与蛋白质中的色氨酸及酪氨酸残基反应生成蓝色化合物（钼蓝），在650nm波长处的光吸收值与蛋白质含量成正比，临床上用此反应测定血清黏蛋白含量。酚试剂反应检测蛋白质的灵敏度较双缩脲反应高100倍，常用于检测蛋白质含量低的生物样本。

1.4 蛋白质的分类

蛋白质的种类繁多、功能各异，通常按其分子形状、分子组成和功能进行分类。

1.4.1 按分子组成分类

根据蛋白质分子组成的不同，可分为单纯蛋白质和结合蛋白质。

1.4.1.1 单纯蛋白质

单纯蛋白质是指彻底水解后生成的产物全部为氨基酸的蛋白质。单纯蛋白质又可根据溶解度及来源分为清蛋白、球蛋白、谷蛋白、醇溶谷蛋白、精蛋白、组蛋白、硬蛋白等，见表1-3。

表1-3 单纯蛋白质按溶解度分类

蛋白质分类	举 例	溶 解 度
清蛋白	血清蛋白	溶于水和中性盐溶液；不溶于饱和硫酸铵溶液
球蛋白	免疫球蛋白、纤维蛋白原	不溶于水、半饱和硫酸铁溶液；溶于稀中性盐溶液
谷蛋白	麦谷蛋白	不溶于水、中性盐及乙醇；溶于稀酸、稀碱
醇溶谷蛋白	醇溶谷蛋白、醇溶玉米蛋白	不溶于水、中性盐溶液；溶于70%~80%的乙醇中
硬蛋白	角蛋白、胶原蛋白、弹性蛋白	不溶于水、稀中性盐、稀酸、稀碱和一般有机溶剂
组蛋白	胸腺组蛋白	溶于水、稀酸、稀碱；不溶于稀氨水
精蛋白	鱼精蛋白	溶于水、稀酸、稀碱、稀氨水

1.4.1.2 结合蛋白质

结合蛋白质是由蛋白质与其他非蛋白质组分组成的一类蛋白质，非蛋白部分称为辅基。根据辅基不同，可分为六类（见表1-4），结合蛋白质只有与辅基结合后才有生物活性。

表 1-4　结合蛋白质及辅基

结合蛋白质	辅　基	举　　例
金属蛋白	金属离子	铁蛋白、超氧化物歧化酶（SOD）
核蛋白	核酸	染色质蛋白、病毒核蛋白
色蛋白	色素	血红蛋白、黄素蛋白、细胞色素
糖蛋白	糖类	转铁蛋白、受体、免疫球蛋白
磷蛋白	磷酸	胃蛋白酶、染色质磷蛋白
脂蛋白	脂质	α-脂蛋白、β-脂蛋白

1.4.2　按分子形状分类

按分子形状分类蛋白质可分为如下。

（1）球状蛋白质。蛋白质分子形状基本呈球形或椭圆形，分子长短轴之比小于10。球状蛋白质多属有特定功能的蛋白质，例如酶、清蛋白、球蛋白、血红蛋白、肌红蛋白等。

（2）纤维状蛋白质。纤维状蛋白质是指蛋白质分子长短轴之比大于10，分子一般呈纤维状。纤维状蛋白质多为生物体组织结构材料，例如毛发中的角蛋白，皮肤和结缔组织中的胶原蛋白，肌腱、韧带中的弹性蛋白等。

1.4.3　按功能分类

在生物体内，有些蛋白质只参与细胞或组织器官的构成，起支持与保护作用，例如胶原蛋白、角蛋白、弹性蛋白等。而大多数蛋白质在代谢过程中主要发挥调控作用，即生物活性蛋白质。蛋白质的功能分类见表1-5。

表 1-5　蛋白质按功能分类

功能类别	举　　例
运输蛋白	血红蛋白、载脂蛋白、清蛋白
防御蛋白	血凝与纤溶蛋白、免疫球蛋白
运动蛋白	肌动蛋白、肌球蛋白
激素蛋白	胰岛素、甲状腺球蛋白
基因调节蛋白	阻遏蛋白、DNA结合蛋白
代谢调控蛋白	酶
结构蛋白	胶原蛋白、弹性蛋白、角蛋白

本 章 小 结

蛋白质是重要的生物大分子。其组成的基本单位为α-氨基酸（除甘氨酸外）。氨基酸通过肽键相连而成肽。

蛋白质一级结构是指蛋白质分子中氨基酸自N-端至C-端的排列顺序，即氨基酸序列；

二级结构是指蛋白质主链局部的空间结构，不涉及氨基酸残基侧链构象，主要为α-螺旋、β-折叠、β-转角和Ω环；三级结构是指多肽链主链和侧链的全部原子的空间排布位置；四级结构是指蛋白质亚基之间的聚合。

体内存在数万种蛋白质，各有其特定的结构和特殊的生物学功能。一级结构是空间构象的基础，也是功能的基础。

体内有一些肽可直接以肽的形成发挥生物学作用，称为生物活性肽。

蛋白质空间构象与功能有着密切关系。血红蛋白亚基与O_2结合可引起另一亚基构象变化，使之更易与O_2结合，所以血红蛋白的氧解离曲线呈“S”形。这种别构效应是蛋白质中普遍存在的功能调节方式之一。

蛋白质的空间构象发生改变，可导致其理性性质变化和生物活性的丧失。蛋白质发生变性后，只要其一级结构未遭破坏，可在一定条件下复性，恢复原有的空间构象和功能。

思考题

1-1 什么是蛋白质的一级、二级、三级和四级结构，什么是亚基，维系各级结构的化学键是什么？
1-2 什么是肽单元，蛋白质二级结构包括哪些类型？简述α-螺旋和β-折叠的结构特点。
1-3 蛋白质变性的概念、机制及其后果是什么？
1-4 以血红蛋白为例，简述蛋白质一级结构和空间结构与功能的关系。
1-5 维持蛋白质胶体溶液的稳定因素是什么，常用的沉淀蛋白质方法有哪些？

2 核酸的结构与功能

【学习目标】

(1) 掌握两类核酸的基本成分和基本单位的异同。
(2) 掌握 DNA 双螺旋结构模型的要点及 DNA 的功能。
(3) 掌握 RNA 的分类、各类 RNA 的结构特点与功能。
(4) 熟悉核酸的理化性质。
(5) 熟悉 DNA 的变性、复性及分子杂交的概念。
(6) 了解游离核苷酸的重要生物学功能。

核酸是以核苷酸为基本组成单位的生物大分子，具有复杂的空间结构和重要生物学功能。核酸可以分为脱氧核糖核苷酸（DNA）和核糖核酸（RNA）两类。DNA 存于细胞核和线粒体内，携带遗传信息，并通过复制的方式将遗传信息进行传代。细胞以及生物体的性状是这种遗传信息决定的。一般而言，RNA 是 DNA 的转录产物，参与遗传信息的复制和表达。RNA 存在于细胞质、细胞核和线粒体内。在某些病毒中，RNA 也可以作为遗传信息的载体。

2.1 核酸的分子组成及一级结构

2.1.1 核酸的基本成分

核酸由 C、H、O、N、P 五种元素组成，其中磷的含量（质量分数）相对恒定，平均为 9%~10%，因此可以通过测定生物样品中磷元素的含量来计算样品中核酸的含量。核酸的基本组成单位是核苷酸，核苷酸在核酸酶的作用下进一步水解为核苷和磷酸，核苷还可进一步水解生成碱基、戊糖，如图 2-1 所示。磷酸、戊糖和碱基称为核酸的基本成分。

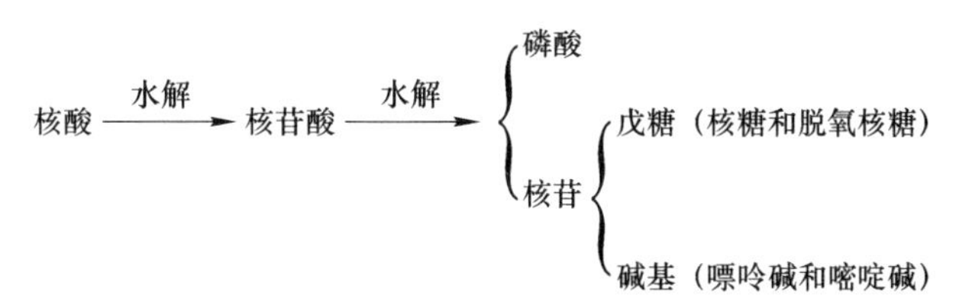

图 2-1 核酸的水解产物

2.1.1.1 碱基

核酸中的碱基是两类含氮杂环化合物，即嘌呤（Purine）和嘧啶（Pyrimidine）的衍生物。

A 嘌呤碱

嘌呤衍生物称为嘌呤碱，主要包括腺嘌呤（Adenine，A）和鸟嘌呤（Guanine，G），如图 2-2 所示。

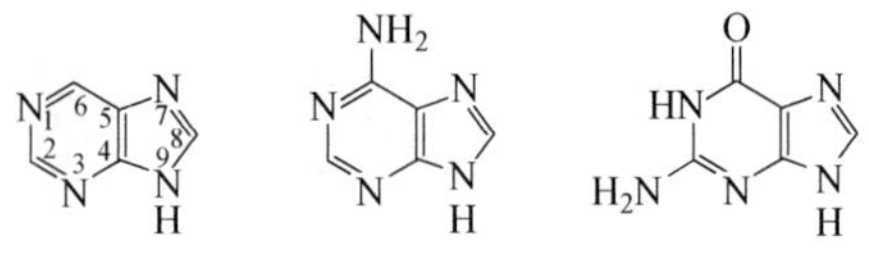

嘌呤（Pu） 腺嘌呤（A） 鸟嘌呤（G）

图 2-2 嘌呤碱结构

B 嘧啶碱

嘧啶衍生物称为嘧啶碱，主要包括胞嘧啶（Eytosine，C）、尿嘧啶（Uracil，U）和胸腺嘧啶（Thymnine，T），如图 2-3 所示。构成 DNA 的碱基有 A、G、C、T，而构成 RNA 的碱基有 A、G、C、U。

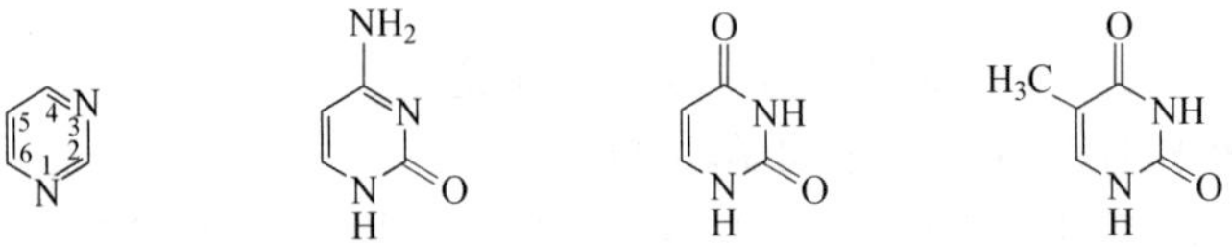

(a) (b) (c) (d)

图 2-3 嘧啶碱结构

（a）嘧啶（Py）；（b）胞嘧啶（C）；（c）尿嘧啶（U）；（d）胸腺嘧啶（T）

2.1.1.2 戊糖

戊糖是构成核苷酸的另一个基本组分。为了有别于碱基的原子，戊糖的碳原子标以 C-1′、C-2′、…、C-5′，如图 2-4 所示。戊糖有 β-D-核糖（β-D-ribuse）和 β-D-2′-脱氧核糖（β-D-2-dexyribose）之分。两者的差别仅在于 C-2′原子所连接的基团。核糖存在于 RNA 中，而脱氧核糖存在于 DNA 中，脱氧核糖的化学稳定性优于核糖。

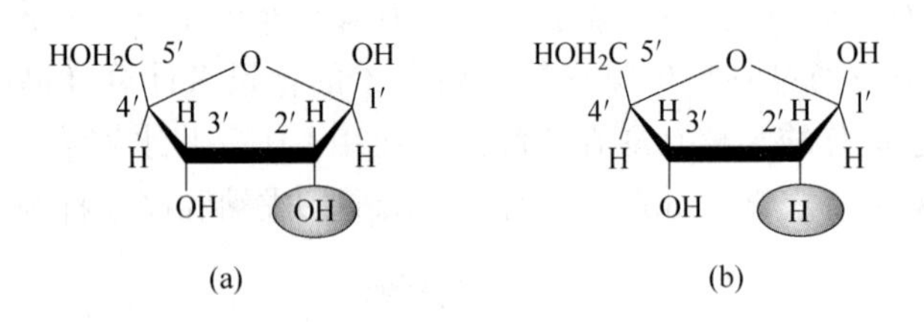

图 2-4 构成核苷酸的核糖和脱氧核糖的化学结构式

（a）β-D-核糖；（b）β-D-脱氧核糖

2.1.1.3 核苷

核苷是由戊糖与碱基之间通过糖苷键连接而成。糖苷键是由戊糖的第 1 位碳原子上的羟基与嘌呤环的第 9 位氮原子上的氢或嘧啶环上第 1 位氮原子上的氢脱水缩合而成。核糖与碱基生成的核苷有腺苷、鸟苷、胞苷、尿苷。脱氧核糖与碱基生成的脱氧核苷有脱氧腺苷、脱氧鸟苷、脱氧胞苷、脱氧胸苷。核苷结构如图 2-5 所示。

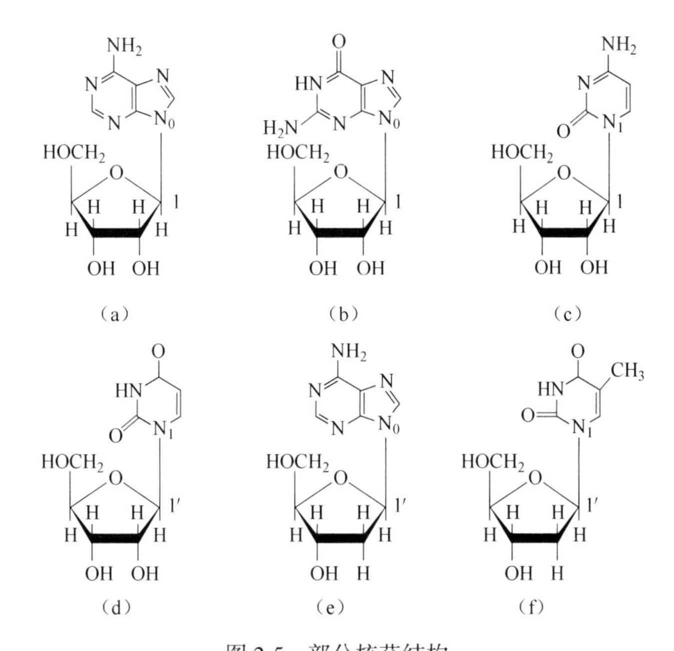

图 2-5　部分核苷结构

(a) 腺苷 (AR); (b) 鸟苷 (GR); (c) 胞苷 (CR); (d) 尿苷 (UR);
(e) 脱氧腺苷 (AdR); (f) 脱氧胸苷 (TdR)

2.1.2　核酸的基本结构单位——核苷酸

核苷酸（Nucleotide）是由磷酸与核苷中戊糖上的羟基脱水缩合以酯键连接构成。核糖的2′、3′、5′位碳原子上的羟基均可与磷酸脱水缩合以酯键相连生成核糖核苷酸，分别为2′-核糖核苷酸、3′-核糖核苷酸和5′-核糖核苷酸。而脱氧核糖的3′与5′位碳原子上羟基可与磷酸脱水缩合以酯键相连生成脱氧核苷酸，分别为3′-脱氧核苷酸和5′-脱氧核苷酸。生物体内多为5′-核苷酸。各种核苷酸的命名以其中的碱基和戊糖种类而定，如腺苷的磷酸酯称为腺苷酸，又称一磷酸腺苷（Adenosine Monophosphate，AMP）或腺苷一磷酸。脱氧胸苷的磷酸酯称为脱氧胸苷酸，又称一磷酸脱氧胸苷（Deoxythymidine Monophosphate，dTMP）或脱氧胸苷一磷酸。

核苷酸是核酸的基本组成单位，RNA 由核糖核苷酸组成，DNA 由脱氧核糖核苷酸组成。各种核苷酸的结构式如图 2-6 所示。

核苷酸的5′-磷酸基可再磷酸化，生成多磷酸核苷。含有一个磷酸基团的称为核苷一磷酸（Nucleoside Monophosphate，NMP）；有两个磷酸基团的称为核苷二磷酸（Nucleoside Diphosphate，NDP）；有三个磷酸基团的称为核苷三磷酸（Nucleoside Triphosphate，NTP）。NTP 在多种物质的合成中起活化或供能的作用，其中，ATP 在细胞的能量代谢中起重要作用。

ATP 和 GTP 可分别生成环腺苷酸（cAMP）和环鸟苷酸（cGMP），它们作为激素的第二信使，参与细胞内物质代谢和基因表达调控的过程，在跨膜细胞信号传递中起重要作用。多磷酸核苷及环化核苷酸的结构如图 2-7 所示。

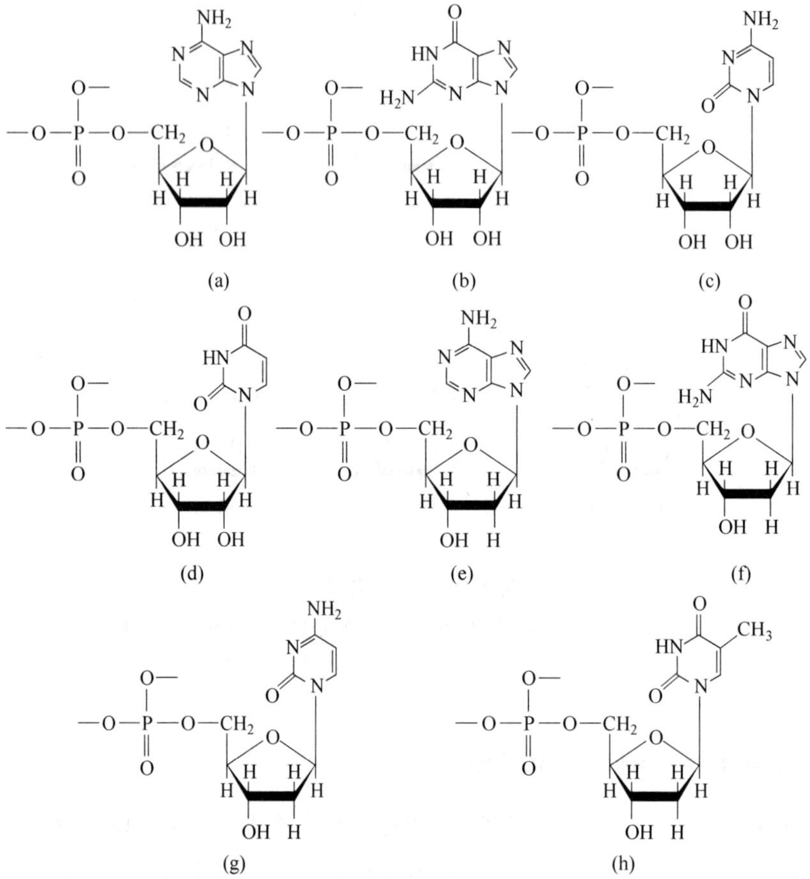

图 2-6　核苷酸的结构

(a) 腺苷酸(AMP)；(b) 鸟苷酸(GMP)；(c) 胞苷酸(CMP)；(d) 尿苷酸(UMP)；(e) 脱氧腺苷酸(dAMP)；(f) 脱氧鸟苷酸（dGMP)；(g) 脱氧胞苷酸（dCMP)；(h) 脱氧胸苷酸（dTMP)

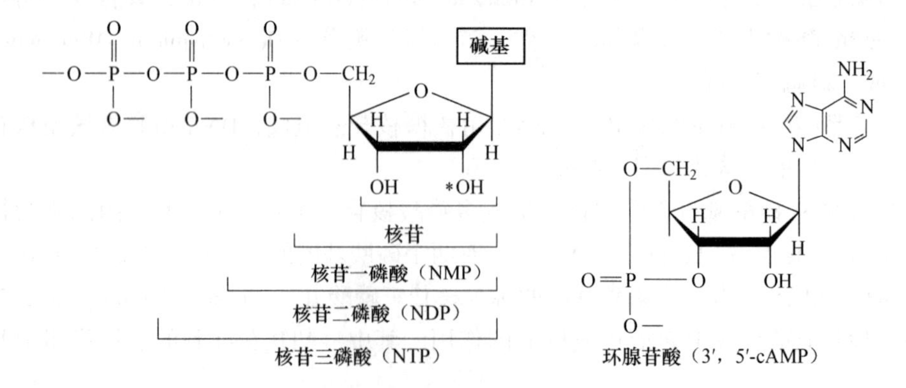

图 2-7　多磷酸核苷及环化核苷酸的结构

构成核酸的碱基、核苷以及核苷酸的名称及代号见表 2-1。

表 2-1 构成核酸的碱基、核苷与相应核苷酸的名称及代号

碱 基		核苷（Nucleoside）		核苷酸（Nuecleotide）	
RNA	腺嘌呤（A，Adenine）	核糖核苷	腺苷（Adenosine）	5′-核苷酸（NMP）	腺苷酸（AMP）
	鸟嘌呤（G，Guanine）		鸟苷（Guanoside）		鸟苷酸（GMP）
	胞嘧啶（C，Cytosine）		胞苷（Cytidine）		胞苷酸（CMP）
	尿嘧啶（U，Uracil）		尿苷（Uridine）		尿苷酸（UMP）
DNA	腺嘌呤（A，Adenine）	脱氧核苷	脱氧腺苷（Deoxyadenosine）	5′-脱氧核苷酸（dNMP）	脱氧腺苷酸（dAMP）
	鸟嘌呤（G，Guanine）		脱氧鸟苷（Deoxyguanosine）		脱氧鸟苷酸（dGMP）
	胞嘧啶（C，Cytosine）		脱氧胞苷（Deoxycytidine）		脱氧胞苷酸（dCMP）
	胸腺嘧啶（T，Tlhymine）		脱氧胸苷（Deoxythymidine）		脱氧胸苷酸（dTMP）

2.1.3 核酸的一级结构

核酸是由许多核苷酸通过磷酸二酯键连接而成的生物大分子。基于 DNA 链和 RNA 链的方向性，人们把 RNA 的核苷酸和 DNA 的脱氧核糖核苷酸从 5′-端至 3′-端的排列顺序定义为核酸的一级结构。由于核苷酸彼此之间的差别主要是碱基不同，因此核酸的一级结构又指其碱基排列顺序。由于生物遗传信息储存于 DNA 的碱基序列中，各种生物的 DNA 一级结构的分析对阐明 DNA 的结构和功能具有根本性意义。

核苷酸的连接具有严格的方向性，由前一位核苷酸的 3′-OH 与下一位核苷酸的 5′-磷酸基之间形成 3′,5′-磷酸二酯键，从而构成线性核苷酸链，如图 2-8（a）所示。核苷酸链的两个末端分别称为 5′-末端（含有游离磷酸基）和 3′-末端（含有游离羟基）。DNA 的书写方式可有多种，从繁到简如图 2-8（b）所示。DNA 和 RNA 的书写规则应从 5′-末端到 3′-末端，即按 5′→3′方向书写。

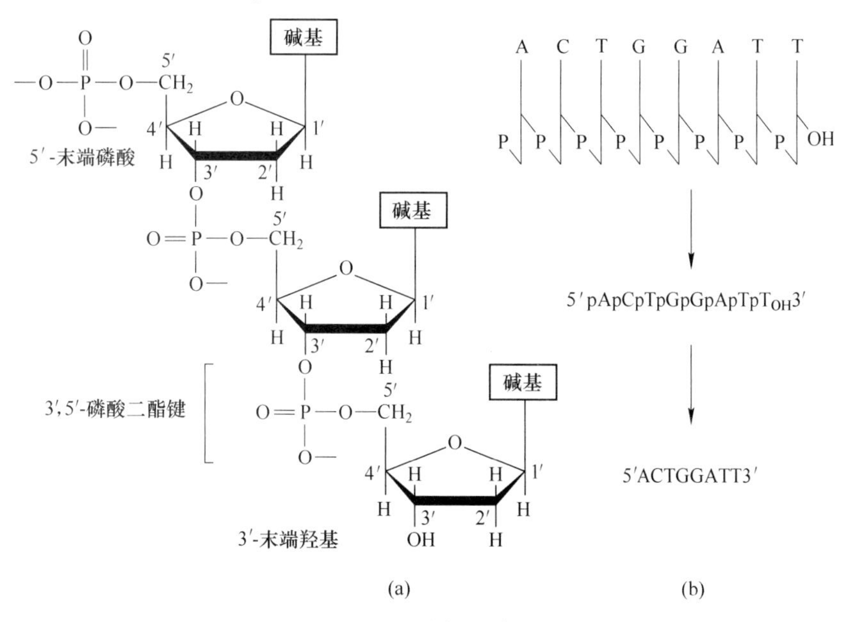

图 2-8 核酸一级结构及其书写方法

核酸分子的大小常用碱基数目或碱基对数目表示。

2.2 DNA的空间结构与功能

2.2.1 DNA的二级结构——双螺旋结构

2.2.1.1 DNA双螺旋结构的研究基础

20世纪40年代末，美国生物化学家E. Chargaff利用层析和紫外吸收光谱等技术研究了DNA的化学组分，并在1950年提出了有关DNA中四种碱基的Chargaff规则，即：

（1）不同生物个体的DNA，其碱基组成不同；

（2）同一个体的不同器官或不同组织的DNA具有相同的碱基组成；

（3）对于一个特定组织的DNA，其碱基组分不随其年龄、营养状态和环境而变化；

（4）对于一个特定的生物体，腺嘌呤（A）的摩尔数与胸腺嘧啶（T）的摩尔数相等，鸟嘌呤（G）的摩尔数与胞嘧啶（C）的摩尔数相等。

表2-2列举了几种生物体的DNA碱基组分的相对比例。Chargaff规则揭示了DNA的碱基之间存在着某种对应的关系，为碱基之间的互补配对关系奠定了基础。

表2-2　不同生物个体的DNA碱基组分（%）和相对比例

生物个体	A	G	C	T	A/T	G/C	G+C	嘌呤/嘧啶
大肠杆菌	26.0	24.9	25.2	23.9	1.09	0.99	50.1	1.04
结核杆菌	15.1	34.9	35.4	14.6	1.03	0.99	70.3	1.00
酵母	31.7	18.3	17.4	32.6	0.97	1.05	35.7	1.00
牛	29.0	21.2	21.2	28.7	1.01	1.00	42.4	1.01
猪	29.8	20.7	20.7	29.1	1.02	1.00	41.4	1.01
人	30.4	19.9	19.9	30.1	1.01	1.00	39.8	1.01

2.2.1.2 DNA双螺旋结构模型的要点

（1）DNA是反向平行双链结构。两条多聚脱氧核苷酸链围绕着同一个中心轴以右手螺旋方式盘旋成双螺旋结构。两条链中一条链是5′→3′走向，而另一条链是3′→5′走向，呈现反向平行的特征。双螺旋表面形成大沟和小沟，这些沟状结构是蛋白质识别DNA的碱基序列并发生相互作用的结构基础，如图2-9所示。

（2）反向平行的双链严格遵循碱基互补原则。DNA分子中一条链的碱基与另一条链处于同一平面的碱基通过氢键相结合，形成碱基对。由于碱基结构的不同，其形成氢键的能力不同，由此产生了固有的配对方式，即A-T配对，形成两个氢键；G-C配对，形成三个氢键。这种A与T，G与C的配对规律称之为碱基互补规则，如图2-9所示。每一碱基对的两个碱基称为互补碱基，同一DNA分子的两条脱氧核苷酸链称为互补链。

（3）由磷酸及脱氧核糖交替相连而成的亲水骨架位于螺旋的外侧，而疏水的碱基对则位于螺旋的内侧。各碱基平面与螺旋轴垂直，相邻碱基之间的堆积距离为0.34nm，螺旋旋转一圈为10.5个碱基对，螺距3.54nm，螺旋的直径为2.37nm。

（4）疏水力和氢键维系DNA双螺旋结构的稳定。DNA双链结构的稳定性在横向由两

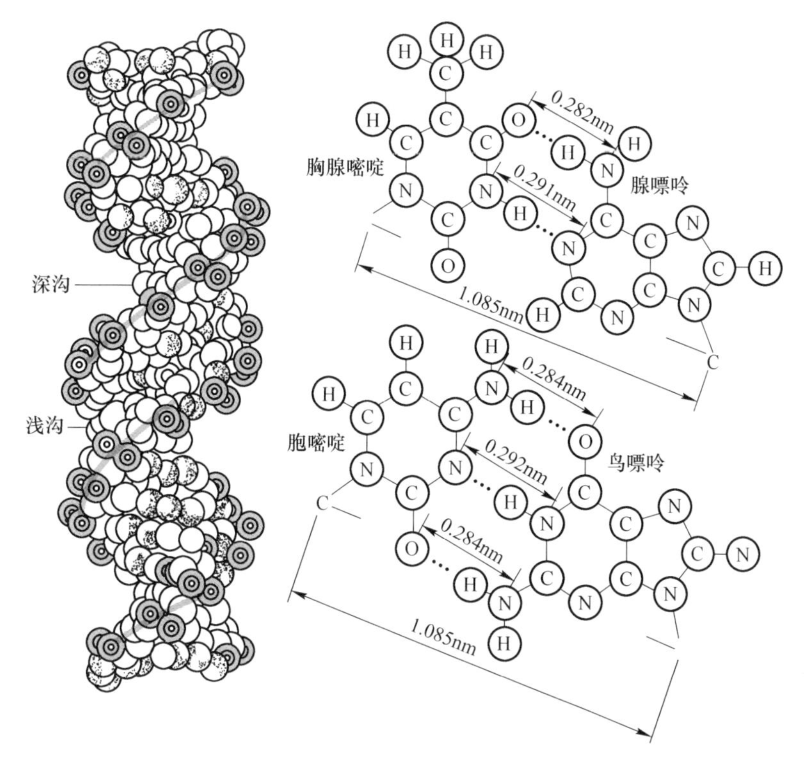

图 2-9 DNA 双螺旋结构示意图和碱基互补规则

条链互补碱基间的氢键维系，纵向则靠碱基平面间的疏水性堆积力维持，纵向的碱基堆积力对于双螺旋的稳定性更为重要。

知识链接

J. Watson 和 F. Crick

J. Watson 1950 年赴英国从事博士后研究。1951 年他第一次看到了由 R. Franklin 和 M. Wilkins 拍摄的 DNA 的 X 线衍射图像后，激发了研究核酸结构的兴趣。而后他在剑桥大学的卡文迪许实验室结识了 F. Crick，两人为揭示 DNA 空间结构的奥秘开始合作。当时 F. Crick 正在攻读博士学位，其课题是利用 X 线衍射研究蛋白质分子的结构。根据 R. Franklin 和 M. Wilkins 的高质量的 DNA 的 X 线衍射图像和前人的研究成果，他们于 1953 年提出了 DNA 双螺旋结构的模型。J. Watson、F. Crick 和 M. Wilkins 因而分享了 1962 年的诺贝尔（Nobel）生理学/医学奖，此前 R. Franklin 已不幸英年早逝。

2.2.2 DNA 的高级结构

天然存在的 DNA 是生物大分子，长度十分可观。因此，DNA 在形成双螺旋结构的基础上，在细胞内还要进一步的盘旋、折叠和压缩，形成了高度之谜的高级结构，才能容纳于细胞核内。

2.2.2.1　DNA 的超螺旋结构

在二级结构的基础上，DNA 双螺旋进一步扭曲或盘曲形成超螺旋结构。当盘绕方向与 DNA 双螺旋方向相同时，其超螺旋结构为正超螺旋；反之则为负超螺旋。

绝大部分原核生物的 DNA 都是共价封闭的环状双螺旋分子，在细胞内进一步盘绕，并形成类核结构，以保证其以较致密的形式存在于细胞内，如图 2-10 所示。

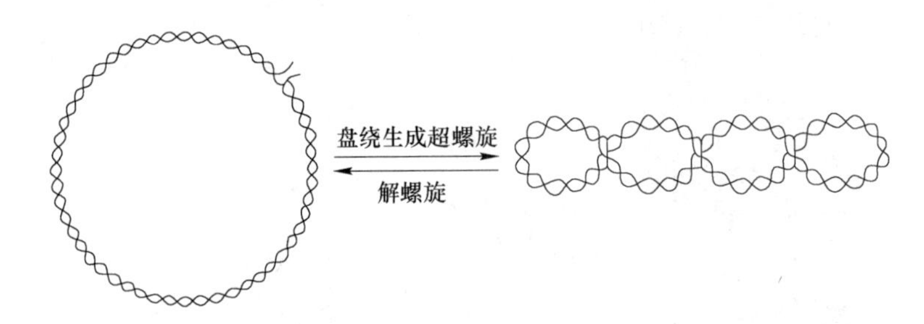

图 2-10　DNA 的超螺旋结构

2.2.2.2　DNA 在染色质中的组装

真核细胞染色质 DNA 是很长的线形双螺旋，在细胞周期的大部分时间里，细胞核内的 DNA 以松散的染色质形式存在。只有在细胞分裂期间，细胞核内的 DNA 才形成高度致密的染色体，DNA 缠绕在组蛋白的八聚体上形成核小体，核小体是染色质的基本组成单位。完整的核小体由两部分组成，即核心颗粒和连接区。核心颗粒是由组蛋白 H_2A、H_2B、H_3 和 H_4 各两分子组成的八聚体，长度约 146bp 的 DNA 双链在核心组蛋白上盘绕 1.75 圈，形成核小体的核心颗粒。连接区是由组蛋白 H_1 和长度在 0~50bp 之前不等的 DNA 双链相连接所构成。由核心颗粒和连接区构成的核小体彼此连成串珠状染色质纤维。

染色质纤维按照左手螺旋方式进一步螺旋化形成中空的线圈状螺线管。螺线管的每圈由 6 个核小体组成，染色质螺线管进一步卷曲，折叠形成染色单体。染色单体是由一条连续的 DNA 分子的长链，经过多层次盘旋、折叠而形成的。核小体结构及染色质螺线管如图 2-11 所示。

2.2.3　DNA 的功能

DNA 是生物遗传信息的载体。一方面，DNA 以自身遗传信息序列为模板进行自我复制，将遗传信息保守地传给后代，称为基因遗传；另一方面，DNA 将基因中的遗传信息通过转录过程传递给 RNA，再由 RNA 作为模板通过翻译指导合成各种蛋白质，称为基因表达（Gene Expression）。

DNA 的遗传信息是以基因的形式存在的。基因（Gene）是指 DNA 分子中的功能性片段，即能编码有功能的蛋白质或合成 RNA 所必需的完整序列，是核酸的功能单位。生物体的全部基因序列称为基因组（Genome），包含了所有编码 RNA 和蛋白质的编码序列及所有的非编码序列，也就是 DNA 分子的全序列。

DNA 储存生命活动的全部遗传信息。一方面，具有高度稳定性的特点，以保持生物体系遗传的相对稳定性；另一方面，又表现出高度复杂性的特点，它可以发生各种重组和突变，以适应环境的变迁，是物种世代繁衍和不断进化的物质基础。

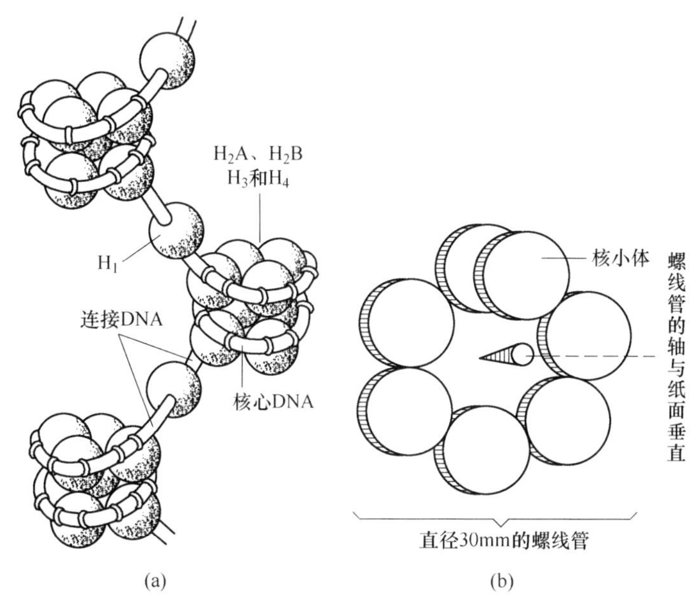

图 2-11 核小体及由其组成的染色质螺线管的横切面
（a）核小体；（b）横切面

2.3 RNA 的分子结构与功能

RNA 分子一般比 DNA 小得多，由数十个至数千个核苷酸组成。RNA 通常是以单链形式存在，但 RNA 的多核苷酸链可以回折，在碱基互补区（A 与 U 配对，C 与 G 配对）也可以形成局部短的双螺旋结构；而非互补区则膨出成环。局部双螺旋区域和环形成发卡结构，即 RNA 的二级结构。在二级结构的基础上，RNA 分子进一步卷曲折叠而形成三级结构。

RNA 在细胞核中合成，主要分布在胞浆中。它的主要作用是在 DNA 的遗传信息表达为蛋白质的氨基酸序列过程中发挥作用。根据结构和功能的不同，RNA 可分为三大类，分别为信使核糖核酸（messenger RNA，mRNA）；转运核糖核酸（transfer RNA，tRNA）；核糖体核糖核酸（ribosomal RNA，rRNA）。

2.3.1 mRNA

mRNA 可把核内 DNA 的碱基序列，按照碱基互补的原则，转录并转送至细胞质，作为指导蛋白质合成的模板，它相当于传递遗传信息的信使。mRNA 含量最少，约占 RNA 总量的 2%~5%，但作为不同蛋白质合成模板的 mRNA，种类却最多，其一级结构差异很大，这主要是由其转录的模板 DNA 的碱基序列和区段大小所决定的。

真核细胞的成熟 mRNA 是由其前体核不均一 RNA（hnRNA）加工而成的，真核细胞的 mRNA 在一级结构上还有不同于原核细胞的特点：

（1）真核生物的 mRNA 生成后，在细胞核内还要在 5′-末端加上一个“帽子”结构。

加帽过程就是在 mRNA 的 5′-末端加上一个甲基化的鸟嘌呤（即 m^7G）核苷，同时在原始转录产物的第一、第二个核苷酸的 C2′-羟基上也进行甲基化，如图 2-12 所示。“帽子”结构在 mRNA 作为模板翻译成蛋白质的过程中具有促进 mRNA 与核糖体结合、加速翻译起始速度的作用，同时也可以增强 mRNA 的稳定性。

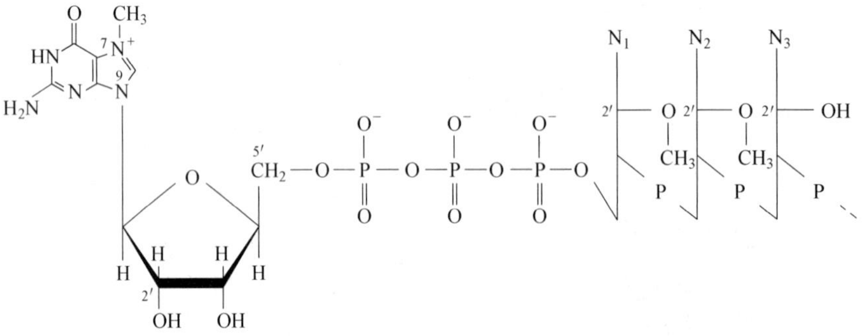

图 2-12 真核 mRNA 5′-末端的“帽子”结构

（2）真核生物的 mRNA 3′-末端有一段长度为 80~250 个碱基的多聚腺苷酸（多聚 A，polyA）尾巴。这个 polyA 不是从 DNA 转录而来的，而是转录后添加上去的。随着真核生物的 mRNA 存在时间的延长，polyA 尾巴慢慢变短。目前认为，这种 3′-多聚（A）尾结构和 5′-帽结构共同负责 mRNA 从细胞核向细胞质的转运，维持 mRNA 的稳定性以及翻译起始的调控。去除 3′-多聚（A）尾和 5′-帽结构可导致细胞内的 mRNA 的迅速被降解。有些原核生物 mRNA 的 3′-端也有这种多聚（A）尾结构，虽然它的长度较短，但是同样具有重要的生物学功能。

2.3.2 tRNA

tRNA 是细胞内分子量最小的 RNA，约占细胞总 RNA 的 15%左右。tRNA 的主要功能是选择性地把氨基酸转运到核糖体上，参与蛋白质的合成过程。任何细胞内至少有 50 余种不同的 tRNA，每种 tRNA 可转运某一特定的氨基酸。

2.3.2.1 tRNA 一级结构的特点

各种生物中 tRNA 的一级结构具有以下共同特点：

（1）核苷酸都在 74~95。

（2）含有较多的稀有碱基，一般每分子含 7~15 个稀有碱基，多数是 A、U、C、G 的甲基化衍生物，以及二氢尿嘧啶（DHU）、次黄嘌呤（I）等，还有稀有核苷如假尿嘧啶核苷（ψ）、胸嘧啶核糖核苷等，tRNA 分子中的稀有碱基均是转录后修饰而成的。常见稀有碱基或核苷的结构如图 2-13 所示。

（3）分子的 5′-末端多为 pG，而 3′-末端都是—CCA。

2.3.2.2 tRNA 具有特定的空间结构

所有 tRNA 分子的二级结构都有 4 个螺旋区、3 个环及 1 个额外环，呈三叶草形，如图 2-14（a）所示。其中各部分结构都和它的功能密切相关，能携带氨基酸的是氨基酸臂，在多肽链合成时，已被激活的氨基酸即连接在此氨基酸臂 3′-末端 CCA 的—OH 上。

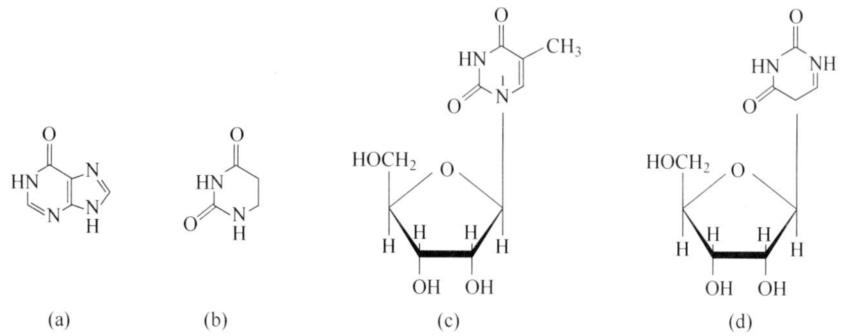

(a) (b) (c) (d)

图 2-13 一些稀有碱基和稀有核苷的结构式

(a) 次黄嘌呤；(b) 二氢尿嘧啶；(c) 胸嘧啶核苷；(d) 假尿嘧啶核苷

反密码环由 7 个核苷酸组成，其环中部的 3 个核苷酸组成反密码子，不同的 tRNA，其反密码子不同，它可与 mRNA 上密码子的碱基反向互补结合，在蛋白质合成中识别遗传密码，次黄嘌呤核苷酸常出现在反密码环中。

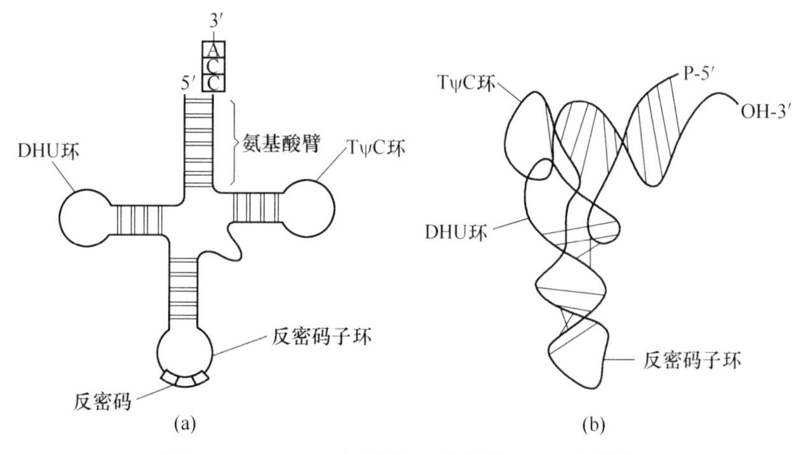

图 2-14 tRNA 二级结构三叶草模型和三级结构

所有 tRNA 分子都有明确的、相似的三级结构。tRNA 分子的三级结构均呈倒“L”字母形，其中 3′-末端含—CCA—OH 的氨基酸臂位于一端，另一端为反密码环，如图 2-14（b）所示。

2.3.3 rRNA

核糖体 RNA（ribosomal RNA，rRNA）是细胞中含量最多的 RNA，约占 RNA 总重量的 80%以上。rRNA 有确定的种类和保守的核苷酸序列，rRNA 与核糖体蛋白共同构成核糖体，它将蛋白质生物合成所需要的 mRNA、tRNA 以及多种蛋白质因子募集在一起为蛋白质生物合成提供了必需的场所。

原核细胞有三种 rRNA，依照分子量的大小分为 5S、16S 和 23S（S 是大分子物质在超速离心沉降中的沉降系数），它们与不同的核糖体蛋白结合分别形成了核糖体的大亚基（Large Subunit）和小亚基（Small Subunit）。核蛋白体的组成见表 2-3。真核细胞的四种 RNA 也利用相类似的方式构成了真核细胞核糖体的大亚基和小亚基。

表 2-3 核蛋白体的组成

<table>
<tr><th>核蛋白体</th><th colspan="2">原核细胞（以大肠杆菌为例）</th><th colspan="2">真核细胞（以小鼠肝为例）</th></tr>
<tr><td>小亚基</td><td colspan="2">30S</td><td colspan="2">40S</td></tr>
<tr><td>rRNA</td><td>16S</td><td>1542 个核苷酸</td><td>18S</td><td>1874 个核苷酸</td></tr>
<tr><td>蛋白质</td><td>21 种</td><td>占总重量的 40%</td><td>33 种</td><td>占总重量的 50%</td></tr>
<tr><td>大亚基</td><td colspan="2">50S</td><td colspan="2">60S</td></tr>
<tr><td rowspan="3">rRNA</td><td>23S</td><td>2940 个核苷酸</td><td>28S</td><td>4718 个核苷酸</td></tr>
<tr><td rowspan="2">5S</td><td rowspan="2">120 个核苷酸</td><td>5. 8S</td><td>160 个核苷酸</td></tr>
<tr><td>5S</td><td>120 个核苷酸</td></tr>
<tr><td>蛋白质</td><td>31 种</td><td>占总重量的 30%</td><td>49 种</td><td>占总重量的 35%</td></tr>
</table>

各种 rRNA 分子都由一条多核苷酸链构成，所含核苷酸数及排列顺序各不相同，各种 rRNA 有特定的二级结构，高分子的 rRNA 还可以形成三级结构。

2. 4 核酸的理化性质

2. 4. 1 核酸的一般理化性质

核酸是生物大分子，具有大分子的一般特性，包括黏度高、胶体特性、变性和复性等。

核酸分子中含有酸性的磷酸基及含氮碱基上的碱性基团，故为两性电解质，因磷酸基的酸性较强，所以核酸分子通常表现为酸性。各种核酸分子大小及所带电荷不同，故可用电泳和离子交换法来分离不同的核酸。

DNA 和 RNA 都是线性高分子，因此它们溶液的黏滞度极大，但是，RNA 的长度远小于 DNA，含有 RNA 的溶液的黏滞度也小得多。DNA 大分子在机械力的作用下易发生断裂，因此在提取基因组 DNA 时应该格外小心，避免破坏基因组 DNA 的完整性。

溶液中的核酸分子在引力场中可以沉淀。在超速离心形成的引力场中，不同构象的核酸分子（如环状、超螺旋和线性等）的沉降速率有很大差异。这是超速离心法提取和纯化不同构象核酸的理论基础。

在碱性溶液中，RNA 能在室温下被水解，DNA 则较稳定，此特性可用来测定 RNA 的碱基组成，也可利用此特性来除去 DNA 中混杂的 RNA，纯化 DNA。

由于核酸分子所含碱基中都有共轭双键，故都具有吸收紫外光的性质，其最大吸收峰在 260nm 处，这一特点常被用来对核酸进行定性、定量分析。

2. 4. 2 核酸的变性与复性

2. 4. 2. 1 变性

DNA 的变性（Denaturation）是指天然双螺旋 DNA 分子被解开成单链的过程。核酸变性时，碱基对之间的氢键断开，DNA 双螺旋松散，生成单链，DNA 的一级结构没有被破坏。核酸变性后，其在波长 260nm 的光吸收增强，称为增色效应。增色效应是因为双螺旋解开后，碱基的共轭双键更多地暴露所致，是监测 DNA 双链是否发生变性的一个最常用的指标。

能引起核酸变性的因素很多，如加热、化学处理（有机溶剂、酸、碱、尿素等），加热是最常用的变性方法之一。连续测定不同温度时的吸光度值，以温度对 260nm 吸光度值的关系作图，可得到一个特征性的曲线称为解链曲线，如图 2-15 所示。从曲线中看出，DNA 的热变性是爆发式的，只在很狭窄的温度范围之内完成。通常将解链曲线的中点，即紫外光吸收值达最大值 50%时的温度称为解链温度，又称为熔点（Melting Temperature，T_m）。一种 DNA 分子的 T_m 值与它的分子大小和所含碱基中的 G+C 比例相关，G+C 比例越高，T_m 值越高。

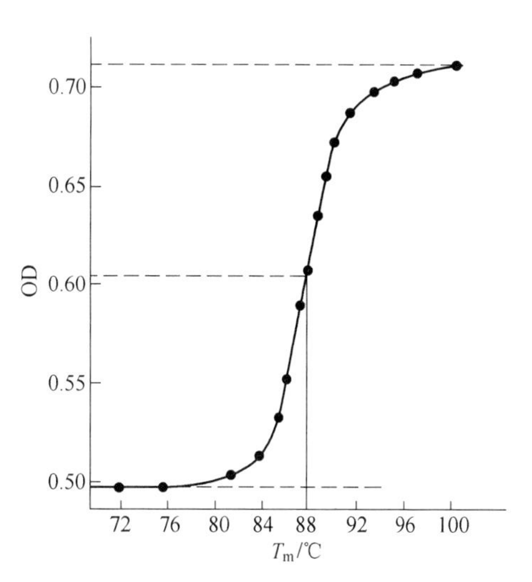

图 2-15　DNA 的解链曲线

2.4.2.2　复性

变性的 DNA 在适当的条件下，两条互补链可重新恢复天然的双螺旋结构，这一现象称为复性（Renaturation）。热变性的 DNA 经缓慢冷却后可复性，也称退火。实验证实，最适宜的复性温度是比 T_m 约低 25℃，这个温度又称为退火温度。DNA 复性是非常复杂的过程，影响复性的因素有很多，如 DNA 浓度、分子量及温度等。如果将热变性 DNA 骤然冷却至 4℃以下，DNA 不可能发生复性。这一特性被用来保持 DNA 的变性状态。

2.4.3　核酸的分子杂交

分子杂交技术是以核酸的变性与复性为基础的。如将不同来源的核酸变性后，放在一起进行复性，只要这些核酸分子的核苷酸序列含有可以形成碱基互补配对的片段，彼此之间就可以形成局部双链，形成所谓的杂交分子，这个过程称为核酸分子杂交（Hybridization）。形成的杂交分子可以是 DNA/DNA，RNA/RNA 或 DNA/RNA。

这一原理可以用来研究 DNA 分子中某一种基因的位置、鉴定两种核酸分子间的序列相似性、检测某些专一序列在待检样品中存在与否等。杂交技术是许多分子生物学技术的基础，在生物学和医学研究以及临床诊断中得到了广泛的应用。

本章小结

核酸有 DNA 和 RNA 之分，它们是由脱氧核糖核苷酸和核糖核苷酸为基本单位。

DNA 的一级结构是脱氧核糖核苷酸的排列顺序，DNA 携带的遗传信息来自于碱基排列的方式。DNA 是由两条反向平行的多聚核苷酸链组成，其二级结构是双螺旋。两条链上的碱基满足互补关系，即腺嘌呤与胸腺嘧啶形成两对氢键的碱基对；鸟嘌呤和胞嘧啶形成三对氢键的碱基对。具有双螺旋结构的 DNA 在细胞内还将进一步折叠成为超螺旋结构。

DNA 的生物功能是作为生物遗传信息复制的模板和基因转录的模板。

RNA 一般是 DNA 的转录产物。编码 RNA 是指 mRNA，它是细胞质中蛋白质合成的模板。真核细胞核中的 hnRNA 经过一系列的修饰后成为成熟的 mRNA。真核成熟 mRNA 含有 5′-帽结构、编码区和 3-多聚（A）尾结构。

非编码 RNA 主要有 tRNA、rRNA 和一些参与 RNA 剪接和修饰的小 RNA。tRNA 在蛋白质合成过程中作为氨基酸的载体，为新生多肽链提供合成底物。mRNA 密码子与 tRNA 的反密码子通过碱基互补关系相互识别。rRNA 与核糖体蛋白共同构成了核糖体，核糖体是蛋白质合成的场所。核糖体为 mRNA、tRNA 和肽链合成所需要的多种蛋台质因子提供结合位点和相互作用所需要的空间环境。

核酸有紫外吸收的特性，其最大吸收峰在 260nm。核酸在酸、碱或加热情况下可发生变性，即一条双链解离成为两条单链。在适当的条件下，热变性的两条互补单链可以重新结合成为双链，这称为复性。

思考题

2-1 核酸分为哪两大类，两大类核酸在化学组成上有什么异同？

2-2 DNA 双螺旋结构的要点是什么？

2-3 比较 tRNA、rRNA 和 mRNA 的结构和功能。

2-4 什么是核酸的变性，引起变性的因素有哪些，变性后的核酸有哪些变化？

3 酶

【学习目标】

（1）掌握酶的概念。

（2）掌握酶促反应的特点、酶的分子组成。

（3）掌握酶活性中心和必需基团。

（4）掌握酶原与酶原激活的概念，同工酶的概念。

（5）熟悉影响酶促反应速度的因素。

（6）了解酶的命名与分类。

（7）了解酶的催化作用机制、酶活性调节。

生物体内的新陈代谢过程是通过有序的、连续不断的、有条不紊地、各种各样的化学反应来体现。这些化学反应如果在体外进行，通常需要在高温、高压、强酸、强碱等剧烈条件下才能发生。而在生物体内，这些反应在极为温和的条件下就能高效和特异地进行，其原因是生物体内存在着一类极为重要的生物催化剂——酶（Enzyme）。酶是催化特定反应的蛋白质，是一种生物催化剂。酶能通过降低反应的活化能加快反应速率，但不改变反应的平衡点。酶具有催化效率高、专一性强、作用条件温和等特点。随着人们对酶分子的结构与功能、酶促反应动力学等研究的深入和发展，逐步形成了一个专门学科——酶学。酶学与医学的关系十分密切，人体的许多疾病与酶的异常密切相关，许多酶还被用于疾病的诊断和治疗。酶学研究不仅在医学领域具有重要意义，而且对科学实践、工农业生产实践亦影响深远。

3.1 酶的分子结构与功能

3.1.1 酶的分子组成

3.1.1.1 根据酶分子的化学组成分类

酶按其分子组成可分为单纯酶和缀合酶。水解后仅有氨基酸组分而无其他组分的酶称为单纯酶；缀合酶（亦称为结合酶）则是由蛋白质部分和非蛋白质部分共同组成。其中蛋白质部分称为酶蛋白，非蛋白质部分称为辅因子。酶蛋白主要决定酶促反应的特异性及其催化机制；辅因子主要决定酶促反应的类型。酶蛋白与辅因子结合在一起称为全酶，酶蛋白和辅因子单独存在时均无催化活性，只有全酶才具有催化作用。

辅因子按其与酶蛋白结合的紧密程度与作用特点不同可分为辅酶和辅基，辅酶多通过非共价键与酶蛋白相连，这种结合比较疏松，可以用透析或超滤的方法除去。辅基则与酶蛋白形成共价键，结合较为紧密，不易通过透析或超滤将其除去。在酶促反应中。辅基不能离开酶蛋白。

辅因子包括金属离子和小分子有机化合物。金属离子是最常见的辅因子。最常见的金属离子有 K^+、Na^+、Mg^{2+}、Ca^{2+}、Mn^{2+}、Zn^{2+}、Fe^{2+}、Fe^{3+}等，见表 3-1。

表 3-1　金属离子类辅酶

全　酶	辅　酶	全　酶	辅　酶
己糖激酶	Mg^{2+}	丙酮酸激酶	K^+
细胞色素氧化酶	Fe^{3+}/Fe^{2+}	质膜 ATP 酶	Na^+
过氧化酶	Fe^{3+}/Fe^{2+}	黄嘌呤氧化酶	Mo^{3+}
酪氨酸酶	Cu^{2+}/Cu^+	α-淀粉酶	Ca^{2+}
精氨酸酶	Mn^{2+}	羧基肽酶	Zn^{2+}

金属离子的作用包括：

（1）参与电子的传递；

（2）连接酶与底物，起桥梁作用；

（3）稳定酶的特定空间构象；

（4）中和阴离子，降低反应中的静电斥力等。

小分子有机化合物是一些化学性质稳定的物质，这类辅酶在酶促反应中主要起传递氢原子、电子或转移化学基团等作用。如 B 族维生素或其衍生物类的辅酶见表 3-2。

表 3-2　B 族维生素类辅酶

维生素	辅　酶	全　酶	辅酶作用
维生素 B_1	TPP（硫胺素焦磷酸）	α-酮酸脱氢酶	脱羧基
维生素 B_2	FMN（黄素单核苷酸） FAD（黄素腺嘌呤二核苷酸）	黄酶（黄素蛋白）	传递氢原子
维生素 B_6	磷酸吡哆醛	氨基酸转氨酶	转氨基
维生素 B_{12}	5′-甲基钴铵素，5′-脱氧腺苷钴胺素	甲基转移酶	转移甲基
维生素 PP	NAD^+（烟酰胺腺嘌呤二核苷酸） $NADP^+$（烟酰胺腺嘌呤二核苷酸磷酸）	脱氢酶	传递氢原子
泛酸	CoA（辅酶 A）	酰基转移酶	转移酰基
叶酸	FH_4（四氢叶酸）	一碳基团转移酶	转移一碳基团
生物素	生物素	羧化酶	传递 CO_2

在大多数情况下，一种酶蛋白只能与一种辅酶结合，组成一种全酶，催化一种或一类底物进行某种化学反应；而一种辅酶可以与不同的酶蛋白结合，组成多种全酶，分别对不同的底物起催化作用。因此，在酶促反应中，酶蛋白决定酶促反应的特异性，而辅因子决定催化反应的类型，即决定酶促反应中电子、原子或某些基团的转移等。

3.1.1.2　根据酶蛋白分子结构和分子大小分类

（1）单体酶。单体酶是只含有一条多肽链的酶。其相对分子质量较小，为 13000～35000 这类酶大多数是催化水解反应的酶，如溶菌酶、胰蛋白酶等。

（2）寡聚酶。寡聚酶是以非共价键相连的多亚基酶。其分子量从 35000 到几百万，如苹果酸脱氢酶、琥珀酸脱氢酶等。

（3）多酶体系。多酶体系是由几种催化功能不同的酶彼此嵌合形成的复合体。它有利于一系列反应的连续进行。其分子量较大，一般都在几百万以上，如丙酮酸脱氢酶复合体由 3 种酶组成。

3.1.2 酶的活性中心

酶分子中能与底物特异地结合并催化底物转变为产物的具有特定三维结构的区域称为酶的活性中心或酶的活性部位，如图 3-1 所示。辅酶和辅基往往是酶活性中心的组成成分。酶分子中有许多化学基团，但它们并非都与酶的活性有关，其中一些与酶的活性密切相关的基团称为酶的必需基团。常见的酶的必需基团有丝氨酸残基的羟基、组氨酸残基的咪唑基、半胱氨酸残基的巯基，以及酸性氨基酸残基的羧基等。有些必需基团位于酶的活性中心内，有些必需基团位于酶的活性中心外。酶活性中心内的必需基团可有结合基团和催化基团之分，前者的作用是识别与结合底物和辅酶，形成酶-底物过渡态复合物。后者的作用是影响底物中的某些化学键的稳定性，催化底物发生化学反应，进而转变成产物。酶活性中心外的必需基团虽然不直接参与催化作用，却为维持酶活性中心的空间构象和（或）作为调节剂的结合部位所必需。

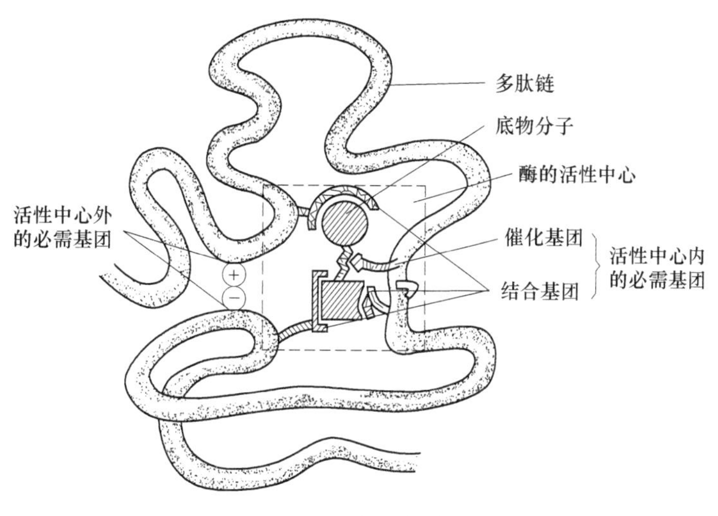

图 3-1 酶的活性中心

酶的活性中心是酶分子中具有三维结构的区域，或为裂缝，或为凹陷，且多为疏水环境。由于活性中心的形成是以酶蛋白分子特定的构象为基础的。因此，酶分子结构中其他部分的作用对于酶的催化来说，绝不是毫无意义的，它们为酶活性中心的形成提供了结构基础。

3.1.3 酶的几种特殊存在形式

3.1.3.1 *酶原与酶原激活*

有些酶在细胞内合成或初分泌时只是酶的无活性前体。在一定条件下，这些酶的前体被水解掉一个或几个特定的肽段，致使构象发生改变，表现出酶的活性。这种无活性的酶前体称为酶原。酶原在一定条件下转变为有活性酶的过程称为酶原激活。酶原激活实质上是酶的活性中心的形成或暴露的过程。例如，胰蛋白酶原从胰腺组织细胞合成分泌时并无活性，当随胰液进入小肠后，在 Ca^{2+} 存在下受肠激酶的作用，第 6 位赖氨酸残基与第 7 位异亮氨酸残基之间的肽键被切断，水解掉一个六肽，使分子构象发生改变，从而形成酶的活性中心，成为有催化活性的胰蛋白酶，如图 3-2 所示。酶原的激活说明了酶的特定催化作用是以其特定的结构为基础的。

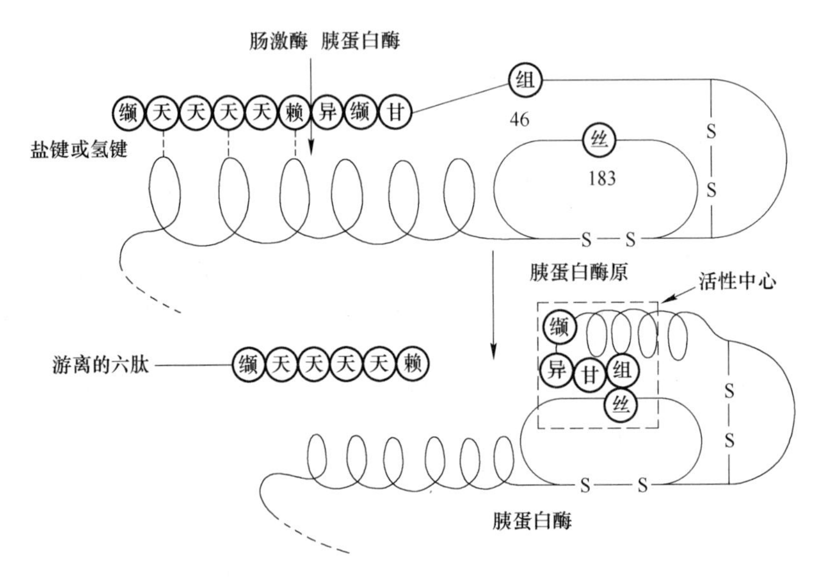

图 3-2 胰蛋白酶原的激活过程

酶原的激活具有重要的生理意义。一方面保证合成酶的细胞本身的蛋白质不受蛋白酶的水解破坏，另一方面保证合成的酶在特定部位或环境中发挥其生理作用。例如，胰腺细胞合成糜蛋白酶的作用是消化肠中的蛋白质，如在胰腺合成的糜蛋白酶即具活性，则胰腺本身的组织蛋白均会遭破坏，发生急性胰腺炎。又比如，血液中存在有凝血酶原，但却不会在血管中引起大量凝血，只有当出血时通过一定的机制将凝血酶原激活成凝血酶，使血液凝固，以防止大量出血。

3.1.3.2 同工酶

同工酶（Isoenzyme）是指催化相同的化学反应，而酶蛋白的分子结构、理化性质以及免疫学性质不同的一组酶。同工酶存在于同一种属或同一个体的不同组织或同一细胞的不同亚细胞结构中，对代谢调节有重要作用。

现已发现百余种酶具有同工酶，发现最早研究最多的同工酶是人和动物体内的乳酸脱氢酶（Lactate Dehydrogenase，LDH）。LDH 是四聚体酶，该酶的亚基有两型，即骨骼肌型（M 型）和心肌型（H 型）。这两型亚基以不同的比例组成五种同工酶（见图 3-3），即 LDH_1（H_4）、LDH_2（H_3M）、LDH_3（H_2M_2）、LDH_4（HM_3）、LDH_5（M_4）。由于分子结构上的差异，这五种同工酶具有不同的电泳速度（在电泳时，它们向正极的电泳速度从 LDH_1 到 LDH_5 递减），可借以鉴别这五种同工酶。

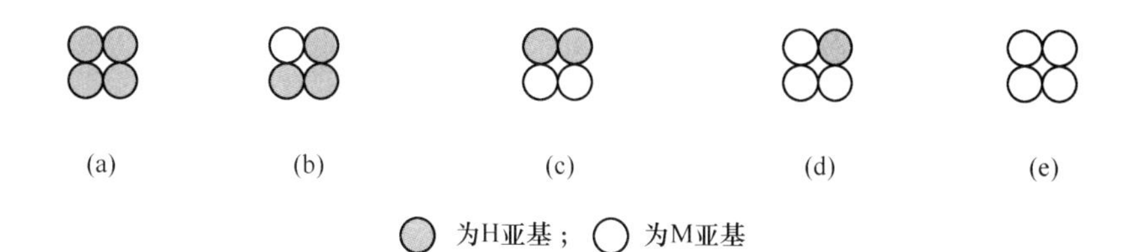

图 3-3 乳酸脱氢酶的同工酶

(a) LDH_1 (H_4)；(b) LDH_2 (H_3M)；(c) LDH_3 (H_2M_2)；(d) LDH_4 (HM_3)；(e) LDH_5 (M_4)

LDH 同工酶在不同组织器官中的含量和分布比例不同，从而形成各组织特有的同工酶谱，见表 3-3。近年来，同工酶的测定已应用于临床疾病的诊断。当某一组织发生病变时，可能使某种同工酶释放入血，导致血清同工酶谱的改变。如心肌富含 LDH_1，故当急性心肌梗死或心肌细胞损伤时，血清中 LDH_1 水平增高。

表 3-3 人体各组织 LDH 同工酶的分布

脏器或组织	占总活性的比例/%				
	LDH_1	LDH_2	LDH_3	LDH_4	LDH_5
心	67	29	4	<1	<1
肝	2	4	11	27	56
肾	52	28	16	4	<1
骨骼肌	4	7	21	27	41
红细胞	42	36	15	5	2

同工酶虽然催化相同的化学反应，但可有不同的功能，例如心肌富有 LDH_1，与 NAD^+ 的亲和力强，易受丙酮酸的抑制，倾向于乳酸脱氢生成丙酮酸，便于心肌利用乳酸氧化供能；骨骼肌则富含 LDH_5，对 NAD^+ 的亲和力弱，不易受丙酮酸的抑制，使丙酮酸加氢还原为乳酸，有利于骨骼肌产生乳酸。

3.2 酶的工作原理

3.2.1 酶促反应的特点

酶是生物催化剂，具有一般催化剂的特征：

(1) 在化学反应前后没有质和量的改变；

(2) 只能催化热力学上允许的化学反应；

(3) 只能加速可逆反应的进程，而不改变反应的平衡常数，即反应的平衡点。

然而，酶是蛋白质，它又具有不同于一般催化剂的特点。

3.2.1.1 酶促反应具有极高的效率

酶的催化效率通常比非催化反应高 $10^8 \sim 10^{20}$ 倍，比一般催化剂高 $10^7 \sim 10^{13}$ 倍。例如，脲酶催化尿素的水解速度是 H^+ 催化作用的 7×10^{12} 倍。

3.2.1.2 酶促反应具有高度的特异性

与一般催化剂不同，酶对其所催化的底物具有较严格的选择性，即酶只能催化一种或一类化合物，或一定的化学键，催化一定的化学反应并生成一定的产物，这种现象称为酶的特异性或专一性。根据酶对其底物结构选择的严格程度不同，酶的特异性通常可分为以下三种类型。

（1）绝对特异性。有的酶只作用于特定结构的底物，进行一种专一的反应，生成特定结构的产物，这种特异性称为绝对特异性。如脲酶只能催化尿素水解生成 CO_2 和 NH_3。

（2）相对特异性。酶能作用于一类化合物或一种化学键，这种不太严格的选择性称为相对特异性。如磷酸酶对许多磷酸酯键都有水解作用；脂肪酶不仅能水解甘油三酯，也能水解简单的酯。

（3）立体异构特异性。有些酶仅作用于立体异构体的一种，这种特异性称为立体异构特异性。例如，乳酸脱氢酶仅催化 L-乳酸脱氢，而不作用于 D-乳酸；淀粉酶只能水解淀粉中的 α-1,4-糖苷键，而不能水解纤维素中 β-1,4-糖苷键。

3.2.1.3 酶促反应具有可调节性

酶促反应受许多因素的调控，以适应机体对不断变化的内外环境和生命活动的需要，其方式多种，有的可提高酶的活性，有的抑制酶的活性。

3.2.1.4 酶促反应具有不稳定性

酶的化学本质是蛋白质，在某些理化因素（如高温、强酸、强碱等）的作用下，酶会发生变性而失去催化活性。因此，酶促反应往往都是在常温、常压和接近中性的条件下进行的。

3.2.2 酶促反应的机制

3.2.2.1 酶可以有效地降级反应的活化能

酶和一般催化剂加速反应的机制都是降低反应的活化能（Activation Energy）。因为任何一种热力学允许的反应体系中，底物分子所含能量的平均水平较低。在反应的任何一瞬间，只有那些能量较高，达到或超过一定能量水平的分子（即活化分子）才有可能发生化学反应。活化分子所需的高出平均水平的能量称为活化能，也就是底物分子从初态转变到活化态所需的能量。酶比一般催化剂更能有效地降低反应的活化能，反应体系中活化分子明显增多，反应速度显著加快，故具有极高的催化效率，如图 3-4 所示。

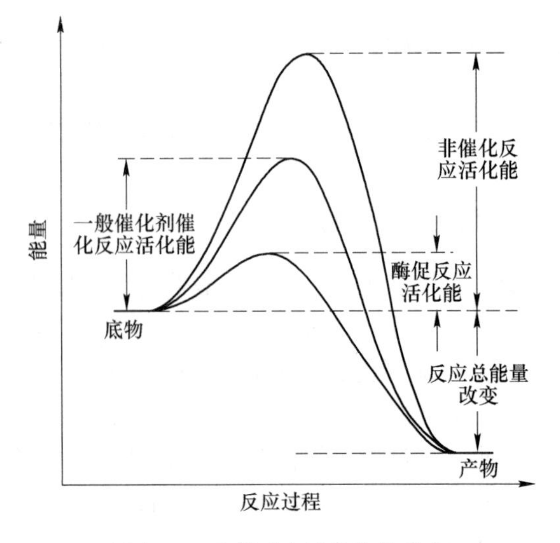

图 3-4 酶促反应活化能的改变

3.2.2.2 酶与底物结合形成中间产物

酶活性中心的结合基团能否有效地和底物结合，将底物转化为过渡态，并释放结合能，从而降低活化能，是酶能否发挥其催化作用的关键所在。酶可以通过以下几种机制达到此目的：

（1）诱导契合假说。酶在发挥催化作用时，必先与底物结合，生成酶-底物复合物（Enzyme-Substrate Complex，ES）的中间产物，然后 ES 分解生成产物和酶，即：

$$E + S \rightarrow ES \rightarrow E + P \tag{3-1}$$

式（3-1）酶催化过程称为中间产物学说。1958 年，D. E. Koshland 提出酶-底物结合的诱导契合说（Induced-Fit Hypothesis），认为酶在发挥催化作用前须先与底物结合，这种结合不是锁与钥匙的机械关系，而是在酶与底物相互接近时，两者在结构上相互诱导、相互变形和相互适应。进而结合并形成酶-底物复合物，如图 3-5 所示。此假说后来得到 X 射线衍射分析的有力支持。诱导契合作用使得具有相对特异性的酶能够结合一组结构并不完全相同的底物分子，酶构象的变化有利于其与底物结合，并使底物转变不稳定的过渡态易受酶的催化攻击而转化为产物。

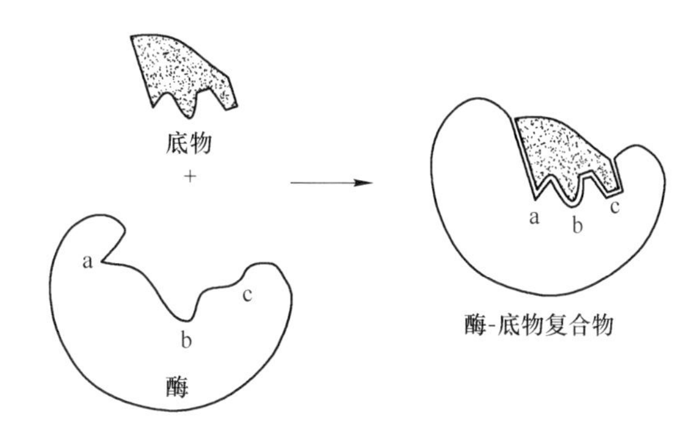

图 3-5 诱导契合学说示意图

（2）邻近效应与定向排列。在两个以上的底物参加的反应中，底物之间必须按照正确的方向相互碰撞，才有可能发生反应。酶在反应中将诸底物结合到酶活性中心上，使它们相互接近形成有利于反应的正确定向关系。这种邻近效应与定向排列实际上是将分子间的反应变成类似分子内的反应，从而降低活化能，提高反应速率。

（3）多元催化。一般的催化剂进行催化反应时，通常仅有一种解离状态，只有酸催化，或只有碱催化。酶是两性电解质，同时具有酸和碱催化的特性。因为酶分子中含有多种不同的功能基团，它们有不同的 pK 值，故解离程度各异。即使同一种功能基团在不同的蛋白质分子中处于不同的微环境，其解离度也有差别。所以，同一种酶常常兼有酸、碱双重催化作用。这种多功能基团的协同作用可极大地提高酶的催化效率。

（4）表面催化。酶活性中心内部富含疏水性氨基酸，可形成疏水性“口袋”，疏水环境可排除高极性的水分子对酶和底物的干扰性吸引或排斥，防止在底物与酶之间形成水化膜，有利于酶与底物之间的密切接触，使酶的活性基团对底物的催化反应更加有效和强烈。

3.3 酶促反应动力学

酶促反应动力学是研究酶促反应速率以及各种因素对酶促反应速率影响机制的科学。酶促反应速率可受多种因素的影响，如酶浓度、底物浓度、pH 值、温度、抑制剂、激活剂等。研究酶促反应动力学具有重要的理论和实践意义。

3.3.1 底物浓度

3.3.1.1 底物浓度与酶促反应速度的关系

在其他因素不变的情况下，酶促反应过程中，底物浓度［S］与酶促反应速度（V）的关系呈矩形双曲线，如图3-6所示。在［S］很低时，V随［S］的增加而急骤上升，两者呈正比关系；当［S］继续增高时，V随［S］的增加而增加，但V增加的趋势逐渐缓慢，两者不再呈正比关系；当［S］增高到一定极限时，随着［S］的增加，V不再继续增加，而达到最大值，称为最大反应速度（V_{max}），此时所有酶的活性中心已被底物饱和。

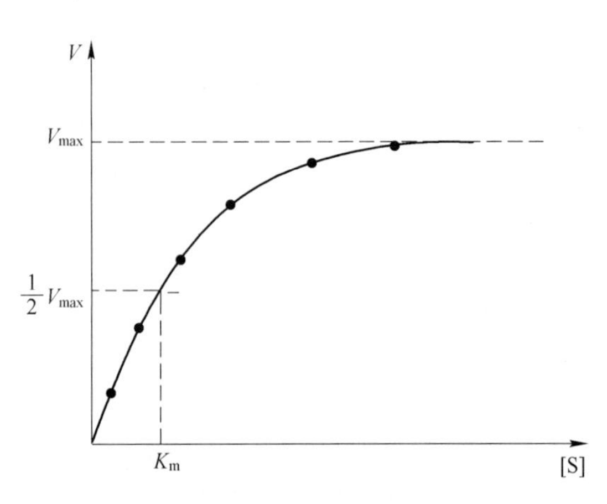

图3-6 底物浓度与酶促反应速度的关系

在酶促反应过程中，V与［S］之间的变化关系反映了中间产物学说。当［S］很小时，酶未被底物饱和，这时增加［S］，单位时间内ES生成量增加，产物也呈正比例增加，V的增加与［S］增加呈正比；当［S］加大后，酶逐渐被饱和，V的增加与［S］增加不呈正比；而［S］增加到极大值时，所有酶活性中心都被底物饱和，所有的酶均转变成ES，此时增加［S］，V不会再增高。

3.3.1.2 米-曼氏方程式

1913年，Michaelis和Menten根据中间产物学说对酶促反应进行数学推导，得出了反应速度与底物浓度关系的公式（即著名的米-曼氏方程式）。其计算公式为：

$$V=\frac{V_{max}\cdot[S]}{K_m+[S]}$$

式中 V——在不同［S］时的反应速度；

［S］——底物浓度；

V_{max}——最大反应速度；

K_m——米氏常数，mol/L。

当反应速度为最大反应速度的一半时，整理米氏方程得：$K_m=[S]$，即K_m值等于酶促反应速度为最大速度一半时的底物浓度。

3.3.1.3 K_m的意义

米氏常数在酶学研究中有以下重要意义：

（1）K_m是酶的特征性常数。K_m只与酶的结构、底物性质和反应条件（如温度、pH值、离子强度）有关，与酶浓度无关。

（2）K_m可表示酶对底物的亲和力。K_m值越大，酶对底物的亲和力越小；K_m值越小，酶对底物的亲和力越大。

（3）利用K_m值选择酶催化的最适底物。当一种酶有几种不同的底物时，该酶就有几

种不同的 K_m 值，其中 K_m 值最小的底物，通常认为是该酶的最适底物或天然底物。

3.3.2 酶浓度

在酶促反应体系中，当底物浓度足够使酶饱和，而其他条件保持不变时，酶浓度与酶促反应速度呈正比关系，即酶浓度越高，反应速度越快，如图 3-7 所示。

3.3.3 温度

酶是生物催化剂，温度对酶促反应速度具有两种相反的影响。在低温状态下，升高温度可加速酶促反应进程。由于酶的化学本质是蛋白质，随着温度的升高，使酶逐步变性，从而降低酶的反应速度。综合上述两种效应，酶促反应速度最快时的环境温度称为酶促反应的最适温度，温血动物组织中酶的最适温度在 35~40℃。环境温度低于最适温度时，温度加速反应进程这一效应起主导作用，温度每升高 10℃，反应速度可加快 1~2 倍。温度高于最适温度时，反应速度则因酶变性而降低，如图 3-8 所示。许多酶在 60℃以上变性，80℃时多数酶的变性不可逆。

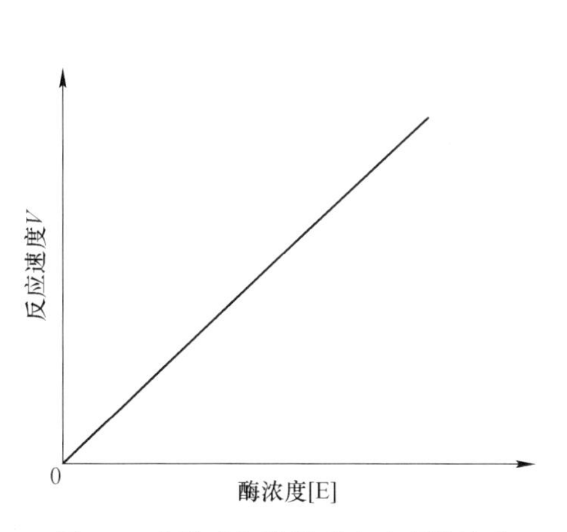

图 3-7 酶浓度与酶促反应速度的关系

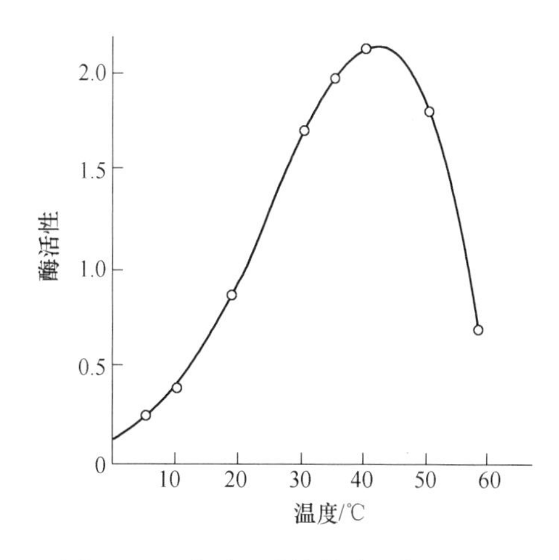

图 3-8 温度对唾液淀粉酶活性的影响

3.3.4 pH 值

环境 pH 值对酶活性影响很大，每一种酶在一定 pH 值时活性最大，催化能力最强，此 pH 值称为酶的最适 pH 值，如图 3-9 所示。

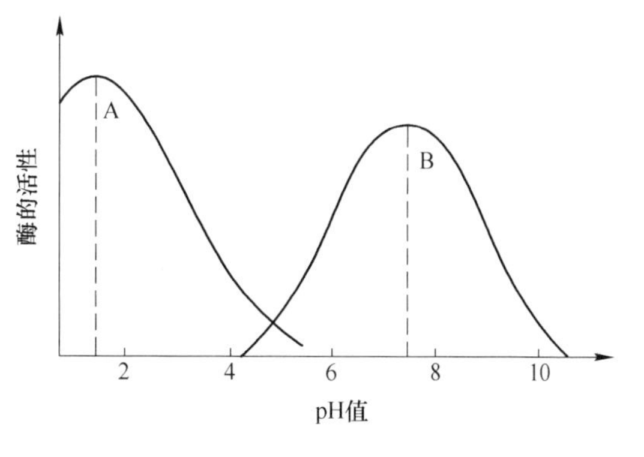

图 3-9 pH 值对某些酶活性的影响

A—胃蛋白酶；B—葡萄糖-6-磷酸酶

pH 值能影响酶和底物的解离，也影响酶分子活性中心上必须基团的解离，从而影响酶与底物的结合。各种酶在最适 pH 值时，酶的活性中心、底物等均处于最合适的解离状态，有利于酶与底物结合并催化底物释放出产物，因此酶活性最高，酶促反应速度最大。最适 pH 值不是酶的特征性常数，它因底物浓度、缓冲液的种类及浓度不同而有差异。各种酶的最适 pH 值不同，如胃蛋白酶的最适 pH 值约为 1.8，肝精氨酸酶最适 pH 值约为 9.8，但动物体内多数酶的最适 pH 值接近中性，见表 3-4。

表 3-4 一些酶的最适 pH 值

酶	最适 pH 值	酶	最适 pH 值
胃蛋白酶	1.8	延胡索酸酶	7.8
过氧化氢酶	7.6	核糖核酸酶	7.8
胰蛋白酶	7.7	精氨酸酶	9.8

溶液的 pH 值高于或低于最适 pH 值时，酶的活性降低，远离 pH 值时甚至会使酶变性失活。因此，在测定酶活性时，要选择适宜的缓冲溶液，以保持酶活性的相对恒定。

3.3.5 抑制剂

能使酶活性降低或丧失而不引起酶蛋白变性的物质，称为酶的抑制剂（Inhibitor，I）。抑制剂常与酶活性中心内、外必需基团结合，使酶活性降低或丧失。当去除抑制剂时，酶活性能重新恢复。强酸、强碱、重金属离子等物质能导致酶蛋白变性失活，不属于抑制剂。根据抑制剂与酶结合牢固程度不同，把抑制作用分为不可逆性抑制和可逆性抑制两类。

3.3.5.1 不可逆性抑制

抑制剂与酶活性中心内的必需基团共价结合，引起酶活性丧失，这种抑制作用称为不可逆性抑制。它不能用透析、超滤等物理的方法去除抑制剂而使酶活性恢复，只能靠某些药物才能解除抑制。如敌敌畏、美曲膦酯、1059 等有机磷杀虫剂，能特异地与胆碱酯酶活性中心内丝氨酸残基上的羟基（—OH）结合，使酶失去活性。

由于胆碱酯酶失去活性，不能水解乙酰胆碱，造成乙酰胆碱积蓄，引起胆碱能神经兴奋性增强的中毒症状。其反应式为：

$$\underset{\text{有机磷化合物}}{(R_1O)(R_2O)P(=O)X} + \underset{\text{羟基酶}}{E-OH} \longrightarrow \underset{\text{失活的酶}}{(R_1O)(R_2O)P(=O)O-E} + \underset{\text{酸}}{HX} \tag{3-2}$$

又如某些重金属离子（Hg^{2+}、Ag^{+}、Pb^{2+} 等）及砷（As^{3+}）能与巯基酶的巯基（—SH）结合，使酶失去活性。路易士气是一 种含砷的化学毒气，与巯基酶的巯基结合后，引起酶活性丧失，导致人畜中毒。二巯丙醇（BAL）可以解除这类抑制剂对巯基酶的抑制。其反应式为：

$$\underset{\text{路易士气}}{Cl_2As-CH{=}CHCl} + \underset{\text{巯基酶}}{E(SH)_2} \longrightarrow \underset{\text{失活的酶}}{E(S)_2As-CH{=}CHCl} + \underset{\text{酸}}{2HCl} \tag{3-3}$$

3.3.5.2 可逆性抑制

抑制剂与酶的必需基团以非共价键结合，使酶活性降低或丧失，这种抑制称为可逆性抑制。它可采用透析、超滤等物理方法将抑制剂除去，使酶活性得到恢复。可逆性抑制分为竞争性抑制、非竞争性抑制和反竞争性抑制。

A 竞争性抑制

抑制剂（I）与底物（S）结构相似，可与底物竞争酶活性中心的结合基团结合，从而减少酶与底物的结合，使酶活性降低，这种抑制称为竞争性抑制。这一过程主要是阻碍了酶与底物形成中间产物。竞争性抑制的反应如图 3-10 所示。

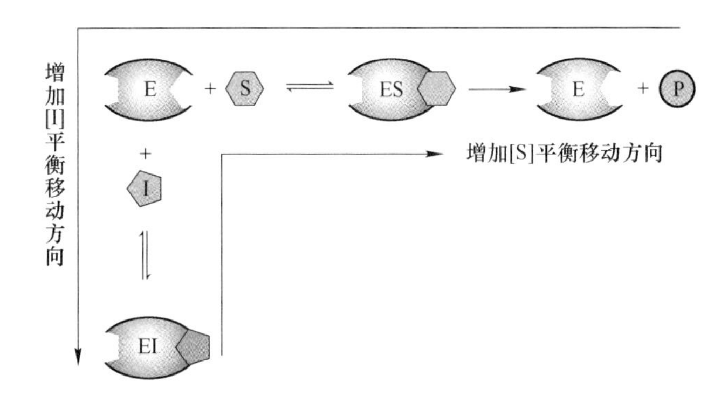

图 3-10 竞争性抑制

竞争性抑制的强弱取决于抑制剂与底物的相对浓度，由于竞争性抑制剂与酶的结合是可逆的，所以，增加底物浓度可以减弱或消除抑制作用。实验表明，在竞争性抑制反应中，增加底物浓度，反应可以达到原来的最大速度 V_{max} 不变，但是，需要较高的底物浓度才能达到，酶对底物的亲和力下降，K_m 值增大。

竞争性抑制原理已用于药物的开发。如磺胺类药物、磺胺增效剂（TMP）、阿拉伯糖胞苷、氟尿嘧啶等都是利用竞争性抑制原理研制出来的。

B 非竞争性抑制

抑制剂（I）与酶活性中心外的必需基团结合，使酶的空间构象改变，引起酶活性下降，由于底物与抑制剂之间无竞争关系，所以称为非竞争性抑制。非竞争性抑制的反应如图 3-11 所示。

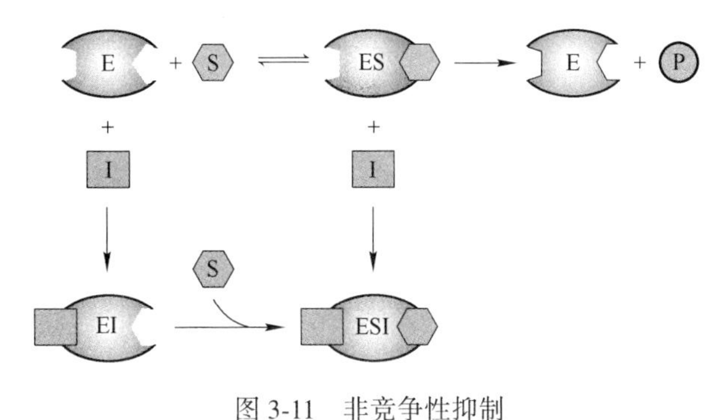

图 3-11 非竞争性抑制

非竞争性抑制的强弱取决于抑制剂的浓度，与底物浓度无关，不能通过增加底物浓度来消除抑制。由于非竞争性抑制作用不影响酶对底物的亲和力，故 K_m 值不变；但它与酶的结合，抑制了酶的活性，使 V_{max} 降低。

C 反竞争性抑制

抑制剂（I）与酶和底物形成的中间产物（ES）结合成ESI，使中间产物（ES）的量减少，反应产物生成量减少，使酶活性降低，这种抑制称为反竞争性抑制。反竞争性抑制的反应如图3-12所示。

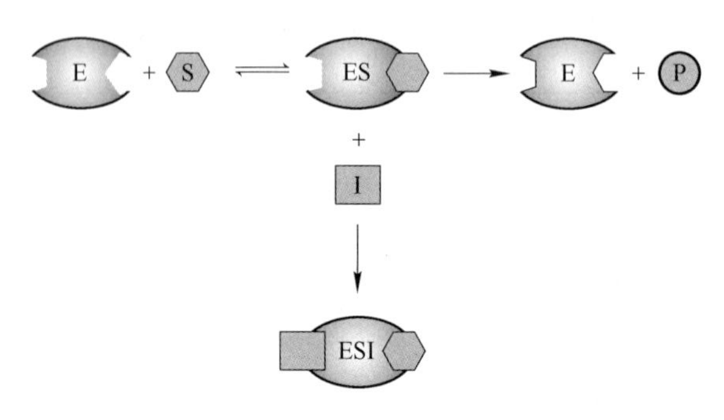

图3-12 反竞争性抑制

反竞争性抑制的强弱既与抑制剂浓度成正比，也与底物浓度成正比。反竞争性抑制剂与ES结合后，酶活性被抑制，V_{max} 降低；此时ES除转变为产物外，又多了一条生成ESI的去路，使E与S的亲和力增加，故 K_m 值降低。

3.3.6 激活剂

能提高酶的活性或使无活性酶转变成有活性酶的物质，称为酶的激活剂（Activator）。激活剂包括无机离子和小分子有机物，如 K^+、Mg^{2+}、Zn^{2+}、Cl^-、半胱氨酸、胆汁酸盐等。

激活剂又可分为必需激活剂和非必需激活剂。酶促反应中不可缺少的激活剂称为必需激活剂，如 Mg^{2+} 是己糖激酶的必需激活剂；而有些酶当没有激活剂存在时活性很小，有激活剂存在时活性显著提高，这种激活剂称为非必需激活剂，如 Cl^- 为唾液淀粉酶的非必需激活剂。激活剂在参与酶活性中心的构成、促进酶与底物结合、稳定酶分子构象等方面具有重要作用。

3.4 酶的分类与命名

目前已发现4000多种酶，为了研究和使用方便，1961年，国际生物化学学会酶学委员会推荐一套系统命名法及分类方法。

3.4.1 酶的分类

根据酶催化的反应类型，酶可以分为六大类。

3.4.1.1 氧化还原酶类

催化氧化还原反应的酶属于氧化还原酶类（Oxidoreductases），包括催化传递电子、氢以及需氧参加反应的酶，例如乳酸脱氢酶、琥珀酸脱氢酶、细胞色素氧化酶、过氧化氢酶、过氧化物酶等。

3.4.1.2 转移酶类

催化底物之间基团转移或交换的酶属于转移酶类（Transferases），例如甲基转移酶、氨基转移酶、乙酰转移酶、转硫酶、激酶和多聚酶等。

3.4.1.3 水解酶类

催化底物发生水解反应的酶属于水解酶类（Hydrolases）。按其所水解的底物不同可分为蛋白酶、核酸酶、脂肪酶和脲酶等。根据蛋白酶对底物蛋白的作用部位，可进一步分为内肽酶和外肽酶。同样，核酸酶也可分为外切核酸酶和内切核酸酶。

3.4.1.4 裂合酶类

催化底物移去一个基团并形成双键的反应或其逆反应的酶属于裂合酶类（Lyases），例如脱水酶、脱羧酶、醛缩酶、水化酶等。

3.4.1.5 异构酶类

催化分子内部基团的位置互变，几何或光学异构体互变，以及醛酮互变的酶属于异构酶类（Isomerases），例如变位酶、表异构酶、异构酶、消旋酶等。

3.4.1.6 连接酶类

催化两种底物形成一种产物并同时偶联有高能键水解和释能的酶属于连接酶类（Ligases）（旧称合成酶类，Synthetases）。此类酶催化分子间的缩合反应，或同一分子两个末端的连接反应；在催化反应时需核苷三磷酸（NTP）水解释能。例如 DNA 连接酶、氨基酰-tRNA 合成酶、谷氨酰胺合成酶等。

系统命名法最初对合酶（Synthase）和合成酶（Synthetase）进行了区分，合酶催化反应时不需要 NTP 供能，而合成酶需要。生物化学命名联合委员会（JCBN）规定：无论利用 NTP 与否，合酶能够被用于催化合成反应的任何一种酶。因此，合酶属于连接酶类。

国际系统分类法除按上述六类将酶依次编号外，还粮据酶所催化的化学键的特点和参加反应的基团不同，将每大类又进一步分类。每种酶的分类编号均由四组数字组成，数字前冠以 EC（Enzyme Commission）。编号中第一个数字表示该酶属于六大类中的哪一类；第二组数字表示该酶属于哪一亚类；第三组数字表示亚-亚类；第四组数字是该酶在亚-亚类中的排序，见表 3-5。

表 3-5 酶的分类与命名举例

酶的分类	系统名称	编号	催化反应	推荐名称
氧化还原酶类	L-乳酸：NAD^+-氧化还原酶	EC. 1. 1. 1. 27	L-乳酸 + NAD^+ ⇌ 丙酮酸 + NADH + H^+	L-乳酸脱氢酶
转移酶类	L-丙氨酸：α-酮戊二酸氨基转移酶	EC. 2. 6. 1. 2	L-丙氨酸 + α-酮戊二酸 ⇌ 丙酮酸 + L-谷氨酸	谷丙转氨酶
水解酶类	1，4-α-D-葡聚糖-聚糖水解酶	EC. 3. 2. 1. 1	水解含 3 个以上 1,4-α-D-葡萄糖基的多糖中 1,4-α-D-葡萄糖苷键	α-淀粉酶
裂合酶类	D-果糖酶-1,6-二磷酸-D-甘油醛-3-磷酸裂合酶	EC. 4. 1. 2. 13	D-果糖-1,6-二磷酸 ⇌ 磷酸二羟丙酮 + D-甘油醛-3-磷酸	果糖二磷酸醛缩酶

续表3-5

酶的分类	系统名称	编号	催化反应	推荐名称
异构酶类	D-甘油醛-3-磷酸醛-酮-异构酶	EC. 5. 3. 1. 1	D-甘油醛-3-磷酸⇌磷酸二羟丙酮	磷酸丙糖异构酶
连接酶类	L-谷氨酸：氨连接酶（生成ADP）	EC. 6. 3. 1. 2	ATP+L-谷氨酸+NH_3→ADP+Pi+L-谷氨酰胺	谷氨酰胺合成酶

3.4.2 酶的命名

在酶学研究早期，酶的命名缺乏系统的规则，酶的名称多由发现者确定。虽然这些习惯名称多是根据酶所催化的底物、反应的性质以及酶的来源而定的，但常出现混乱。有的名称（如心肌黄酶、触酶等）完全不能说明酶促反应的本质。为了克服习惯名称的弊端。国际生物化学与分子生物学学会（IU-BMB）以酶的分类为依据，于1961年提出系统命名法。系统命名法规定每一个酶都有一个系统名称（Systematic Name），它标明酶的所有底物与反应性质。底物名称之间以“：”分隔。由于许多酶促反应是双底物或多底物反应，且许多底物的化学名称太长，这使许多酶的系统名称过长和过于复杂。为了应用方便，国际酶学委员会又从每种酶的数个习惯名称中选定一个简便实用的推荐名称（Recommended Name）。

本章小结

酶是由活细胞合成的，对其特异底物起高效催化作用的蛋白质。生物体内几乎所有的化学反应都需酶催化。核酶是近年来发现的具有催化作用的核酸。单纯酶是仅由氨基酸残基组成的酶，结合酶也称全酶，由酶蛋白和非蛋白部分即辅助因子组成。酶蛋白决定酶催化反应的特异性，辅助因子决定酶催化反应的种类和性质。辅助因子是金属离子或小分子有机化合物。小分子有机化合物作为酶的辅助因子称为辅酶，分子结构中常含有B族维生素。辅酶的主要作用是参与酶的催化过程，在反应中传递电子、质子或一些基团。与酶蛋白共价结合较紧密的辅酶又称为辅基。

酶的活性中心是由酶分子中一些必需基团，在空间结构上彼此靠近，组成一定的空间结构，能与底物特异地结合并将底物转化为产物的区域，是酶发挥催化作用的关键部位。有些酶以无活性的酶原形式存在，在发挥作用时才被激活形成有活性的酶。酶原的激活实质是酶的活性中心形成或暴露的过程。同工酶是指催化相同的化学反应，而酶蛋白的分子结构、理化性质以及免疫学性质不同的一组酶。

酶促反应具有高效率、高度特异性和可调节性。酶实现其高效率的催化作用原理是，酶与底物间相互诱导契合形成过渡态复合物，通过邻近效应、定向排列，多元催化及表面催化使酶发挥其催化作用。

酶促反应动力学研究酶促反应速度及其影响因素，影响因素包括底物浓度、酶浓度、温度、pH值、抑制剂及激活剂等。底物浓度对酶促反应速度V的影响可用米氏方程式表示。在最适温度和最适pH值时，酶活性最大。酶的抑制作用主要分为不可逆性抑制和可逆性抑制两大类。竞争性抑制使V_{max}不变，K_m增大，而非竞争性抑制则使V_{max}下降，K_m不变，反竞争性抑制使V_{max}下降，K_m减小。

思考题

3-1 用什么办法能证明酶的化学本质是蛋白质？

3-2 试述 K_m 的意义？

3-3 举例说明什么是酶的竞争性抑制。

3-4 试比较三种可逆性抑制作用酶促反应的特点？

3-5 温度如何对酶促反应速率发挥双重影响？

4 维 生 素

【学习目标】

（1）掌握维生素的概念。

（2）掌握 B 族维生素及其构成的辅酶的名称、功能、参与的反应。

（3）掌握微量元素的概念。

（4）熟悉脂溶性维生素的主要生化作用及缺乏症。

（5）熟悉维生素 C。

维生素又名维他命，通俗来讲，即维持生命的物质，是维持人体生命活动必需的一类有机物质，也是保持人体健康的重要活性物质。维生素在体内的含量很少，但不可或缺。各种维生素的化学结构以及性质虽然不同，但它们却有着以下共同点：

（1）维生素均以维生素原的形式存在于食物中。

（2）维生素不是构成机体组织和细胞的组成成分，它也不会产生能量，它的作用主要是参与机体代谢的调节。

（3）大多数的维生素，机体不能合成或合成量不足，不能满足机体的需要，必须经常通过食物中获得。

（4）人体对维生素的需要量很小，日需要量常以毫克或微克计算，但一旦缺乏就会引发相应的维生素缺乏症，若长期过量服用也会导致维生素中毒，对人体健康造成损害。

4.1 概 述

4.1.1 维生素的概念

维生素（Vitamin）是维持机体正常生理功能所必需的营养素，在体内不能合成或合成量很少，必须由食物供给的一类小分子有机化合物。它们既不参与机体组织的构成，也不氧化供能，但许多维生素参与辅酶的组成，在调节人体正常的物质代谢及维持人体正常生理功能等方面都是必不可少的。

4.1.2 维生素的命名与分类

4.1.2.1 维生素的命名

维生素有三种命名系统。

（1）按发现的先后顺序，以拉丁字母命名，如在“维生素”之后加上 A、B、C、D、E、K 等字母。有些维生素混合存在，便在字母右下注以 1、2、3 等数字加以区别，如 A_1 和 A_2、D_2 和 D_3、B_1 和 B_2 等。目前，有些维生素名称不连续，是由于当初发现，后来被证明不是维生素，或者期间有的维生素被重复命名。

（2）按化学结构特点命名，如视黄醇、核黄素、吡多醛等。

（3）根据其生理功能和治疗作用命名，如抗干眼病维生素（维生素A）、抗佝偻病维生素、抗坏血酸等。

4.1.2.2 维生素的分类

维生素的种类繁多，化学结构差异很大。通常按其溶解性质的不同，可将维生素分为脂溶性维生素和水溶性维生素两大类。脂溶性维生素包括A、D、E、K，水溶性维生素分为B族维生素和维生素C，B族维生素包括B_1、B_2、PP、B_6、泛酸、生物素、叶酸、B_{12}等。

4.1.3 维生素缺乏的原因

正常情况下，人体需要维生素的量很小，只要合理膳食，机体就可以得到全部所需要的维生素。但也有某些原因会导致机体长期缺乏维生素，使物质代谢发生障碍，产生相应的维生素缺乏病。维生素缺乏的常见原因如下：

（1）维生素摄入量不足。主要见于某些原因造成的食物供给的维生素严重不足。如膳食结构不合理或严重偏食；食物烹调方法不当；食物运输、加工、储藏不当造成的维生素大量破坏或丢失。

（2）吸收障碍。老人因牙齿的咀嚼功能降低或肝、胆、胃肠道等消化系统疾病患者，对维生素的消化、吸收与利用存在障碍；膳食中脂肪过少，纤维素过多，也会减少脂溶性维生素的吸收。

（3）维生素需要量增加而补充相对不足。孕妇、乳母、儿童、重体力劳动者及慢性消耗性疾病患者对维生素需要量相对增高，如仍按常规量供给即可引起维生素不足或产生维生素缺乏病。

（4）其他。长期服用广谱抗生素会抑制肠道细菌的生长，从而造成由肠道细菌合成的某些维生素（如K_2、B_6、生物素、叶酸、B_{12}）的缺乏；日光照射不足，可引起维生素D_3缺乏。

4.2 脂溶性维生素

脂溶性维生素A、D、E、K不溶于水而溶于脂肪及有机溶剂（如乙醚、氯仿等），在食物中它们通常与脂类共同存在，在肠道与脂类物质一同被吸收。脂溶性维生素在体内有一定量的储存，主要储存在肝脏中，食用过量可引起中毒。

4.2.1 维生素A

4.2.1.1 化学本质及性质

维生素A是一类含有β-白芷酮环和两分子异戊二烯构成的二十碳多烯醇。从动物组织中提取的有活性的维生素A包括视黄醇、视黄醛和视黄酸。天然的维生素A有两种形式，即A_1和A_2。A_1又称视黄醇，视黄醇在体内可氧化成视黄醛，进一步氧化成视黄酸。A_1主要存在于哺乳动物和咸水鱼的肝中；A_2在3位上多一个双键，又称3-脱氢视黄醇，主要存在于淡水鱼的肝中，其生物活性约为维生素 A_1 的 40%。维生素 A 结构式如图 4-1 所示。

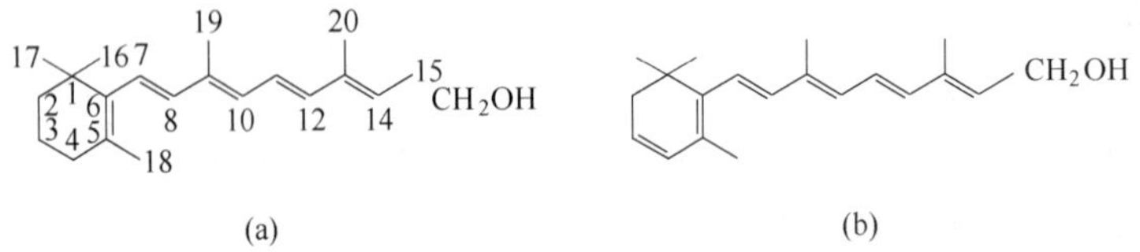

(a)　　(b)

图 4-1　维生素 A 结构式

(a) 维生素 A_1（全反型）；(b) 维生素 A_2（全反型）

植物中不存在维生素 A，但含有多种胡萝卜素，称维生素 A 原，包括 α、β、γ 等多种，其中以 β-胡萝卜素最为重要。胡萝卜素本身并无生理活性，但在人和动物的小肠黏膜胡萝卜素加双氧酶作用下，β-胡萝卜素可生成两分子视黄醇，如图 4-2 所示。β-胡萝卜素的吸收率远低于维生素 A，仅为摄入量的 1/3，而吸收后在体内可转变为维生素 A 的转换率为 1/2。视黄醇在小肠黏膜上皮细胞吸收后重新酯化并参与生成乳糜微粒。乳糜微粒通过淋巴循环，被肝摄取，在肝细胞中又水解出游离的视黄醇。在血浆中视黄醇与视黄醇结合蛋白（Retinol Binding Protein，RBP）结合，RBP 再与前清蛋白结合，防止低分子量的 RBP 由肾滤出。在细胞内，视黄醇与细胞视黄醇结合蛋白结合。肝细胞内多余视黄醇则进入星形细胞，以视黄醇酯的形式储存，其储存量高达 100mg，占体内视黄醇总量的 50%~80%。

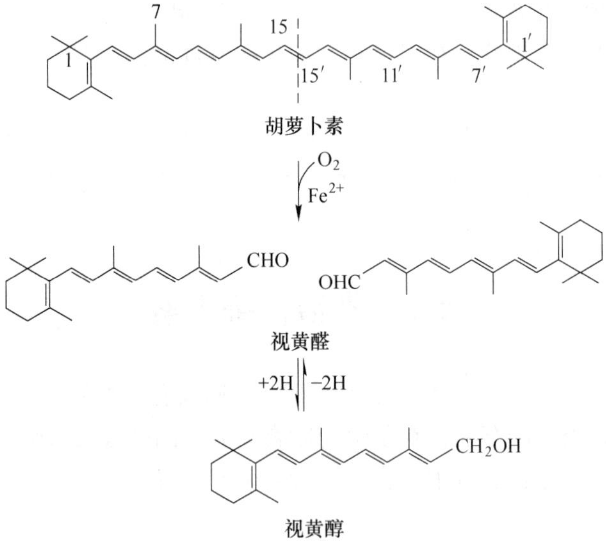

胡萝卜素

O_2, Fe^{2+}

视黄醛

+2H ⇅ −2H

视黄醇

图 4-2　胡萝卜素的氧化及视黄醛与视黄醇的互变

4.2.1.2　生化作用及缺乏病

（1）构成视觉细胞内的感光物质。人视网膜中有对弱光或暗光敏感的视杆细胞。在视杆细胞内全反视黄醇被异构成 11-顺视黄醇，进而氧化为 11-顺视黄醛。11-顺视黄醛作为辅基与光敏感视蛋白结合构成视紫红质（Rhodopsin）。视紫红质在感受弱光或暗光时，

11-顺视黄醛发生构象和构型改变，转变为全反型视黄醛，并引起视蛋白变构。视蛋白是G蛋白偶联的跨膜受体，通过一系列反应产生视觉神经冲动，而后视紫红质分解，全反视黄醛和视蛋白分离，构成视循环，如图4-3所示。

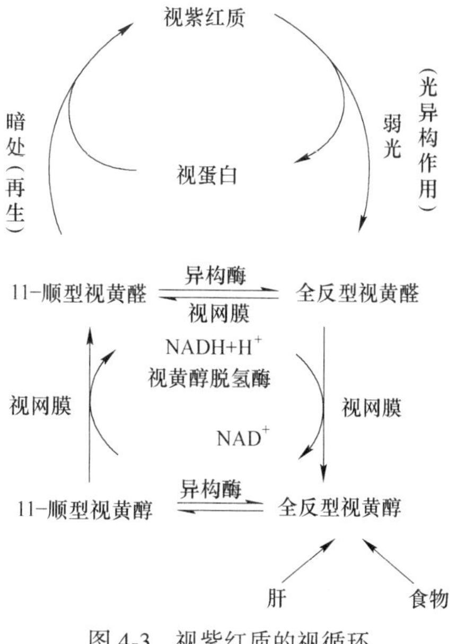

图4-3 视紫红质的视循环

维生素A能促进视觉细胞内感光物质的合成与再生，以维持正常视觉。当维生素A缺乏时，视循环的关键物质11-顺型视黄醛产生不足，引起视紫红质合成减少，视网膜对弱光敏感性下降，暗适应能力减弱，严重时会造成夜盲症。

（2）视黄酸对基因表达和组织分化的调节作用。维生素A另一重要功能是调节细胞的生长和分化，以全反型视黄酸（维A酸）和9-顺型视黄酸最为重要。它们首先与细胞核内受体结合，再结合DNA反应元件，从而调节某些基因的表达。维生素A对维持上皮组织的生长和分化起重要作用。当维生素A缺乏时，可引起上皮组织细胞干燥、增生和角质化等，表现为皮肤粗糙、毛囊丘疹等。在眼部会出现眼结膜黏液分泌细胞的丢失和角化，或者糖蛋白分泌减少，导致角膜干燥，泪液分泌减少，泪腺萎缩，称为眼干燥症（Xerphthalmia），故维生素A又称抗干眼病维生素。缺乏维生素A还可因眼部上皮组织发育不健全，容易受到微生物袭击而感染疾病，儿童、老人还易引起呼吸道炎症。

此外，β-胡萝卜素具有抗氧化作用，在氧分压较低的条件下直接消灭自由基，提高抗氧化防卫能力。流行病学研究表明：维生素A的摄入量与癌症的发生呈负相关。动物实验表明：维生素A有阻止肿瘤形成的抗启动基因的活性，故有防癌抑癌的作用。维生素A缺乏的动物，对化学致癌物更为敏感。

正常成人维生素A每日生理需要量为1mg。若一次服用200mg或长期每日服用40mg维生素A，可引起中毒，出现恶心、呕吐、头痛、视觉模糊等症状以及肝细胞损伤、高脂血症等。正常膳食不会引起中毒。维生素A的最好来源是肝、蛋黄、奶油及全乳，胡萝卜、番茄等蔬菜也是提供胡萝卜素的佳品。

4.2.2 维生素D

4.2.2.1 化学本质及性质

维生素D是类固醇衍生物，其种类很多，主要是维生素D_2和D_3。维生素D_2又称麦角钙化醇，存在于植物中，维生素D_3又称胆钙化醇，存在于动物中，以维生素D_3最为重要。

酵母或植物油中的麦角固醇人体不能吸收，经紫外线照射后转变为能吸收的维生素D_2，所以麦角固醇又称为维生素D_2原。人体从动物性食物中摄入或体内合成的胆固醇经转变为7-脱氢胆固醇储存于皮下，在紫外线照射后转变为维生素D_3，所以称7-脱氢胆固醇为维生素D_3原。其反应式为：

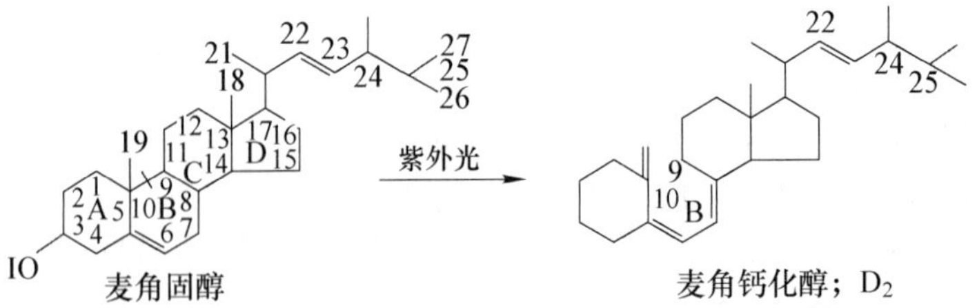

麦角固醇 —紫外光→ 麦角钙化醇；D_2 (4-1)

7-脱氢胆固醇 —紫外光→ 胆钙化醇；D_3 (4-2)

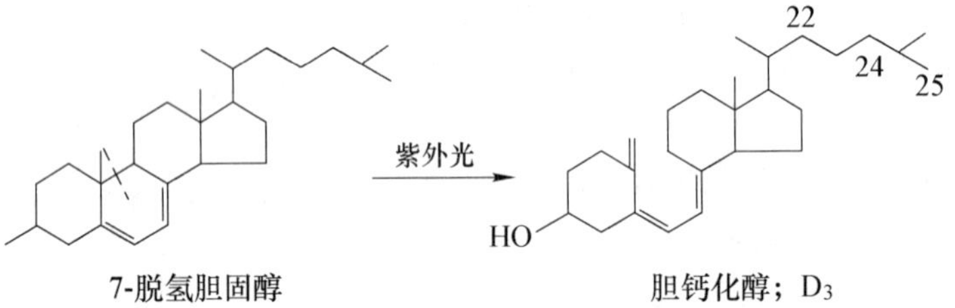

维生素 D_3在肝经 25-羟化酶的作用转变为 25-羟胆钙化醇——25-(OH)-D_3，经过血液循环到肾小管上皮细胞在 1-α-羟化酶的作用下生成维生素 D_3的活性形式：1,25-二羟胆钙化醇——1,25-$(OH)_2$-D_3。其反应式为：

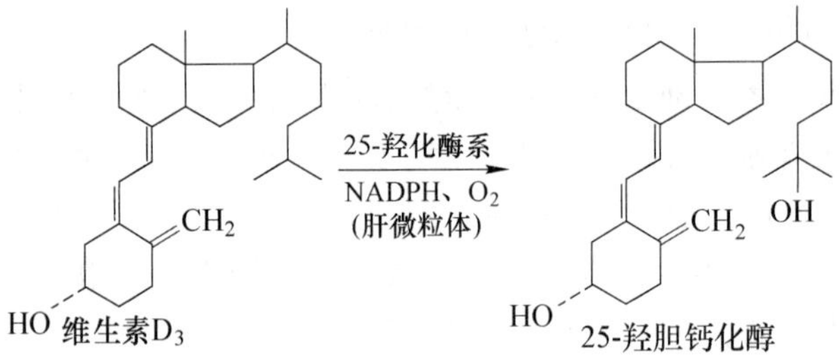

维生素D_3 —25-羟化酶系，NADPH、O_2（肝微粒体）→ 25-羟胆钙化醇 (4-3)

25-羟胆钙化醇 —1-α-羟化酶系，NADPH、O_2（肾线粒体）→ 1,25-二羟胆钙化醇 (4-4)

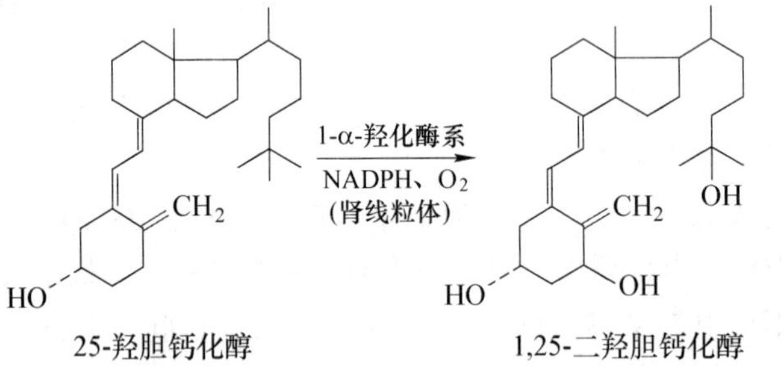

维生素 D_2和 D_3为白色晶体，其化学性质比较稳定，在酸性和碱性溶液中稳定、耐热、耐氧，不易被破坏，通常的烹调加工不会引起维生素 D_3的损失。

4.2.2.2 生化作用及缺乏病

维生素 D_3的活性型 1,25-$(OH)_2$-D_3，能调节体内的钙磷代谢，故被视为一种激素，其靶器官是小肠黏膜、骨、肾小管。

(1) 调节血钙水平。维生素 D 的主要作用是促进小肠黏膜对钙、磷的吸收及肾小管对钙、磷的重吸收，维持血浆中钙磷浓度的正常水平，促进成骨和破骨细胞的形成，促使骨骼的重建，有利于新骨钙盐沉着。当维生素 D_3缺乏时，儿童可发生佝偻病，因此，维生素 D 又称抗佝偻病维生素。佝偻病实质为钙化不良，结果形成软而易弯的骨，出现鸡胸、串珠肋及膝外翻等；成人易引起软骨病，使骨脱骨盐而易骨折。此外，1,25-$(OH)_2$-

D_3还能与靶细胞特异的核受体结合，调节相关基因的表达，如钙结合蛋白基因、骨钙蛋白基因等，或者通过信号传导系统使钙通道开放，来调节钙、磷代谢。

（2）影响细胞分化。大量研究表明：1,25-(OH)$_2$-D_3具有调节皮肤、大肠、前列腺、乳腺等许多组织细胞分化的作用。1,25-(OH)$_2$-D_3还能促进胰岛 β 细胞合成和分泌胰岛素，有抗糖尿病的功能。对某些肿瘤细胞也具有抑制增殖和促进分化的作用。

维生素 D 的推荐量为每日 10μg。经常晒太阳是人体获得维生素 D_3的最廉价而又最有效的方法。一般膳食条件下不会发生维生素 D 缺乏症。过量摄入维生素 D 也可引起中毒。在用维生素 D 强化食品时，应该慎重。若发现维生素 D 中毒，应立即停服维生素 D、限制钙的摄入等。

知识链接

维生素 D 缺乏症（Vitamin D Deficiency Rickets）

（1）一种小儿常见病：本病系因体内维生素 D 不足引起全身性钙、磷代谢失常以致钙盐不能正常沉着在骨骼的生长部分，最终发生骨骼畸形。佝偻病虽然很少直接危及生命，但因发病缓慢，易被忽视，一旦发生明显症状时，机体的抵抗力低下，易并发肺炎、腹泻、贫血等其他疾病。

（2）佝偻病：主要出现于儿童，由于缺乏维生素 D，使得骨质变软变形，导致 X、O 型腿、鸡胸、出牙迟及不齐、易龋齿、腹部肌肉发育差易膨出。

（3）骨质软化病：成人缺乏维生素 D，使成熟的骨骼脱钙而发生骨质软化症，此症多见于妊娠、多产的妇女及体弱多病的老人。

（4）骨质疏松症：50 岁以上老人由于肝肾功能降低，胃肠吸收欠佳、户外活动减少等原因，体内维生素 D 水平常常低于年轻人，变现为骨密度下降，易骨折。手足痉挛症。

4.2.3 维生素 E

4.2.3.1 化学本质及性质

维生素 E 又称生育酚，是含苯骈二氢吡喃结构的酚类化合物，包括生育酚和生育三烯酚，每类都分 4 种，即 α、β、γ、δ 生育酚，其中 α-生育酚的生理活性最高，分布最广，但就抗氧化作用来说，δ-生育酚最强，α-生育酚最弱。维生素 E 主要在植物油、油性种子、麦胚油和蔬菜中。在体内，维生素 E 主要存在于细胞膜、血浆脂蛋白和脂库中。维生素 E 的结构式如图 4-4 所示。

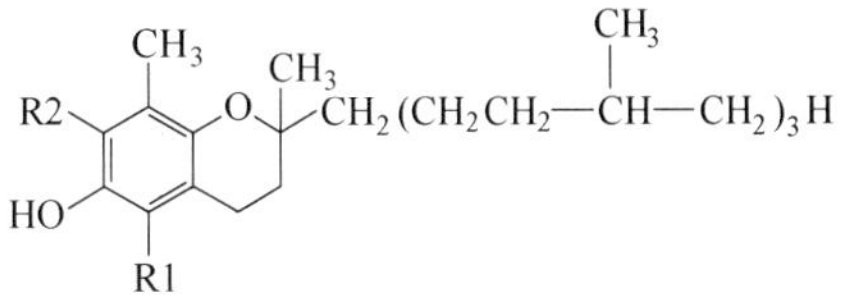

图 4-4 维生素 E 结构式

维生素 E 无氧条件下对热稳定，对氧敏感，一般烹调维生素 E 损失不大，在空气中维生素 E 易被氧化。

4.2.3.2 生化作用及缺乏病

（1）抗氧化作用。维生素 E 本身极易被氧化，作为脂溶性抗氧化剂和自由基清除剂，主要避免生物膜上脂质过氧化物的产生，保护细胞免受自由基的损害，维持生物膜结构与功能。此外，维生素 E 能捕捉过氧化脂质自由基，生成维生素 E 自由基，进而被维生素 C 和谷胱甘肽作用生成生育醌，消除其引起的毒性损害。此外，维生素 E 在改善皮肤弹性，使性腺萎缩减弱，提高免疫力等方面均有作用，因此，维生素 E 在预防衰老中的作用被受到重视。

（2）调节基因表达。维生素 E 对细胞信号转导和基因表达具有调节作用。维生素 E 上调或下调生育酚的摄取和降解的相关基因、脂类摄取和动脉硬化相关基因、表达某些细胞外基质蛋白基因、细胞黏附和炎症等相关基因的表达，维生素 E 具有抗炎、维持正常免疫功能和抑制细胞增殖等作用。

（3）与生殖功能和精子生成有关。动物实验表明：维生素 E 可促进胚胎及胎盘发育，使性器官生长成熟。动物维生素 E 缺乏时，可出现睾丸萎缩及其上皮变性、孕育异常。临床上常用维生素 E 治疗先兆流产和习惯性流产，但尚未发现人类因缺乏维生素 E 而引起的不育症。

（4）促进血红素生成。维生素 E 能提高血红素合成的关键酶——δ-氨基-γ-酮戊酸（ALA）合酶和 ALA 脱水酶的活性，促进血红素的合成。新生儿维生素 E 缺乏可引起贫血。

维生素 E 的推荐量为每日 8~10mg。维生素 E 不易缺乏，在严重的脂类吸收障碍和肝严重损伤时可出现缺乏症。维生素 E 缺乏表现为红细胞数量减少，脆性增加等溶血性贫血症。人类尚未发现维生素 E 中毒症。

4.2.4 维生素 K

4.2.4.1 化学本质及性质

维生素 K 是 2-甲基-1,4 奈醌的衍生物，与凝血有关，故又称为凝血维生素。广泛天然的维生素 K 有 K_1 及 K_2 两种。K_1 从深绿叶蔬菜和植物油中获得，K_2 由肠道细菌合成。临床上常用的 K_3（2-甲基-1,4 萘醌）及 K_4（亚硫酸钠钾萘醌）是人工合成的，K_3 和 K_4 溶于水，可口服或注射，其活性高于 K_1 及 K_2。

维生素 K 的吸收主要在小肠，需要胆汁酸盐和胰脂肪酶，随乳糜微粒代谢，经淋巴吸收入血液，在血液中由 β-脂蛋白转运至肝储存。维生素 K 的结构式如图 4-5 所示。

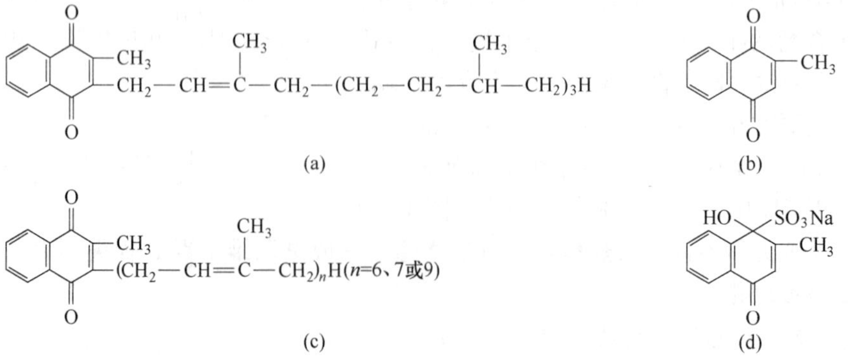

(a) (b)

(c) (d)

图 4-5 维生素 K 的结构式

（a）K_1；（b）K_3；（c）K_2；（d）K_4

4.2.4.2 生化作用及缺乏病

维生素 K 的主要功能是促进凝血因子（Ⅱ、Ⅶ、Ⅸ、Ⅹ）的合成。这些凝血因子在肝脏合成时无活性，需要在 γ-谷氨酰羧化酶作用下转变成活性形式，参与凝血过程。维生素 K 是 γ-谷氨酰羧化酶的辅酶。此外，维生素 K 对骨代谢也具有重要作用。

维生素 K 的成人推荐量为每日 100μg，一般不易缺乏。当缺乏时，患者可出现出血症状，但对胆道、胰腺疾患、脂肪泻或长期服用抗生素药物的患者及术前应补充维生素 K，起预防作用。维生素 K 不能通过胎盘，新生儿肠道内又无细菌，故可能发生维生素 K 缺乏。

4.3 水溶性维生素

水溶性维生素包括 B 族维生素和维生素 C。除 B_{12}外，在体内没有足够储存，必须经常从食物中摄取。人体对于水溶性维生素的需求量较少，在体液中过剩的部分超过肾阈值时由尿排出，一般不会发生中毒现象。

4.3.1 维生素 B_1

4.3.1.1 化学本质及性质

维生素 B_1分子由含硫的噻唑环和含氨基的嘧啶环两部分组成，又称硫胺素（Thiamine），在酸性环境中稳定，一般烹饪温度下破坏较少。维生素 B_1在体内经硫胺素焦磷酸化酶作用转变成其活性形式焦磷酸硫胺素（Thiamine Pyrophosphate，TPP）。维生素 B_1 的结构式如图 4-6 所示。

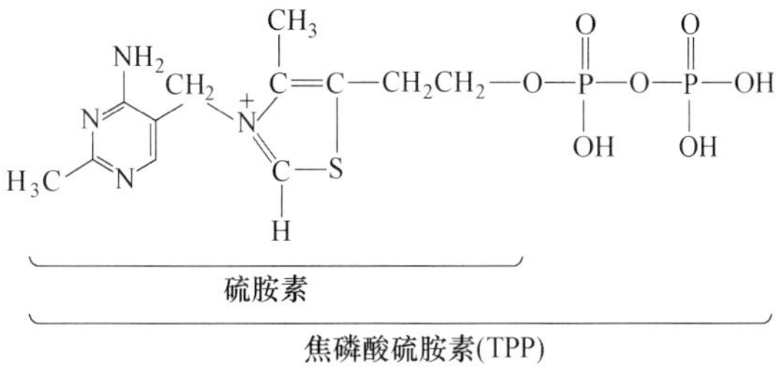

硫胺素

焦磷酸硫胺素(TPP)

图 4-6 维生素 B_1 的结构式

4.3.1.2 生化作用及缺乏病

TPP 是 α-酮酸氧化脱羧酶的辅酶，在体内供能代谢中具有重要地位。TPP 噻唑环上硫和氮原子之间的碳十分活跃，易释放 H^+，成为负碳离子。负碳离子与 α-酮酸的羧基结合，使之发生脱羧。此外，TPP 还是磷酸戊糖途径中转酮醇酶的辅酶。维生素 B_1缺乏时，α-酮酸氧化脱羧障碍，使糖氧化受阻，影响能量的产生。丙酮酸在血中堆积，导致末梢神经炎和其他神经肌肉变性病变，即脚气病。严重者可发生浮肿及心力衰竭。

维生素 B_1还可影响神经传导。乙酰胆碱的合成原料乙酰辅酶 A 主要来自丙酮酸的氧化脱羧，维生素 B_1不足，乙酰辅酶 A 合成不足，乙酰胆碱合成减少。同时，维生素 B_1还能抑制胆碱酯酶的活性，后者催化乙酰胆碱水解生成乙酸和胆碱。缺乏维生素 B_1，乙酰胆碱合成减少、分解加强，可出现肠蠕动变慢，消化不良，食欲不振等。

维生素 B_1正常成人推荐量每日为 1.0～1.5mg。维生素 B_1主要存在于种子的外皮中，加工过于精细的谷物可造成其大量丢失。测定红细胞中的转酮醇酶活性、尿中及血中的硫胺素浓度可了解 B_1是否缺乏。

知识链接

维生素 B_1（硫胺素）缺乏病又称脚气病

常见的营养素缺乏病之一。若以神经系统表现为主称干性脚气病，以心力衰竭表现为主则称湿性脚气病。前者表现为上升性对称性周围神经炎，感觉和运动障碍，肌力下降，部分病例发生足垂症及趾垂症，行走时呈跨阈步态等。后者表现为软弱、疲劳、心悸、气急等。

（1）干性脚气病：表现为上升性对称性周围神经炎，感觉和运动障碍，肌力下降，肌肉酸痛以腓肠肌为重，部分病例发生足垂症及趾垂症，行走时呈跨阈步态。脑神经中迷走神经受损最为严重，其次为视神经、动眼神经等。重症病例可见出血性上部脑灰质炎综合征或脑性脚气病，表现为眼球震颤、健忘、定向障碍、共济失调、意识障碍和昏迷。还可与 Korsakoff 综合征并存，有严重的记忆和定向功能障碍。

（2）湿性脚气病：表现为软弱、疲劳、心悸、气急。因右心衰竭患者出现厌食、恶心、呕吐、尿少及周围性水肿。体检阳性体征多为体循环静脉压高的表现。脉率快速但很少超过 120 次/min，血压低，但脉压增大，周围动脉可闻及枪击音。叩诊心脏相对浊音界可以正常，或轻至重度扩大。心尖部可闻及奔马律，心前区收缩中期杂音，两肺底湿啰音，可查见肝大、胸腔积液、腹腔积液和心包积液体征。

（3）急性暴发性心脏血管型脚气病：表现为急性循环衰竭，气促，烦躁，血压下降，严重的周围型发绀，心率快速，心脏扩大明显，颈静脉怒张。患者可在数小时或数天内死于急性心力衰竭。

4.3.2 维生素 B_2

4.3.2.1 化学本质及性质

维生素 B_2是核醇与 7，8-二甲基异咯嗪的缩合物，呈黄色，有荧光色素，故又称核黄素。在体内的活性形式是黄素单核苷酸（Flavin Mononucleotide，FMN）和黄素腺嘌呤二核苷酸（Flavin Adenine Dinucleotide，FAD）。维生素 B_2 在小肠黏膜黄素激酶的催化下生成 FMN，FMN 进一步在焦磷酸化酶作用下生成 FAD。维生素 B_2 的结构式如图 4-7 所示。

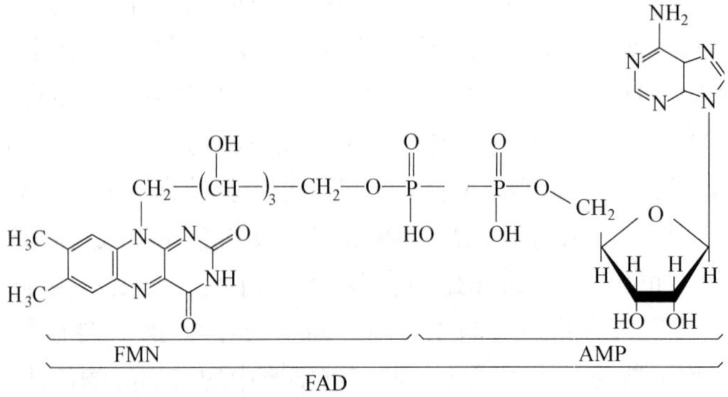

图 4-7 维生素 B_2 的结构式

4.3.2.2 生化作用及缺乏病

FMN 和 FAD 结构中，异咯嗪环上第 1 和第 10 位氮原子之间有活泼的共轭双键，可反复受氢和脱氢，分别作为各种黄素酶（氧化还原酶）的辅基，起传递氢的作用。其反应式为：

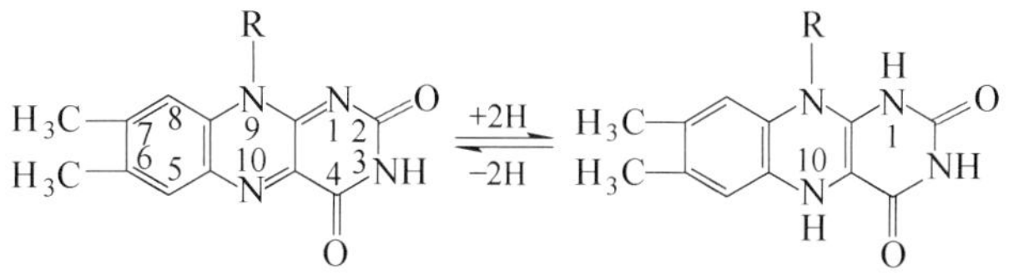

氧化型FMN或FAD $\underset{-2H}{\overset{+2H}{\rightleftharpoons}}$ 还原型FMN或FAD （4-5）

维生素 B_2 缺乏时，常引起口角炎、舌炎、唇炎、阴囊炎、眼睑炎等症。成人维生素 B_2 每日推荐量为 1.2~1.5mg。常用红细胞中的谷胱甘肽还原酶活性来检查体内维生素 B_2 的含量。

4.3.3 维生素 PP

4.3.3.1 化学本质及性质

维生素 PP 是吡啶的衍生物，包括烟酸（又称尼克酸，Nicotinic Acid）和烟酰酸（又称尼克酰胺，nicotinamide）两种，二者在体内可互相转化，并在胃肠道被迅速吸收。维生素 PP 除食物直接供给外，在体内可由色氨酸转变而来，其转变率为 1/60。维生素 PP 的结构式如图 4-8 所示。

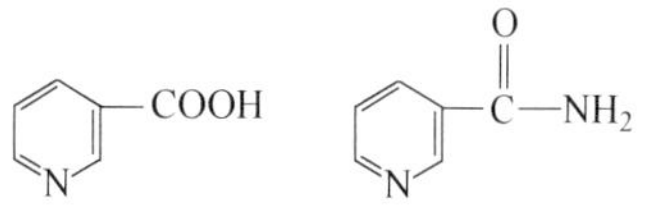

(a) (b)

图 4-8 维生素 PP 的结构式

（a）烟酸；（b）烟酰胺

维生素 PP 在体内转变为烟酰胺腺嘌呤二核苷酸（Nicotinamide Adenine Dinucleotide，NAD^+）和烟酰胺腺嘌呤二核苷酸磷酸（Nicotinamide Adenine Dinucleotide Phosphate，$NADP^+$），这两者是维生素 PP 的活性形式，如图 4-9 所示。

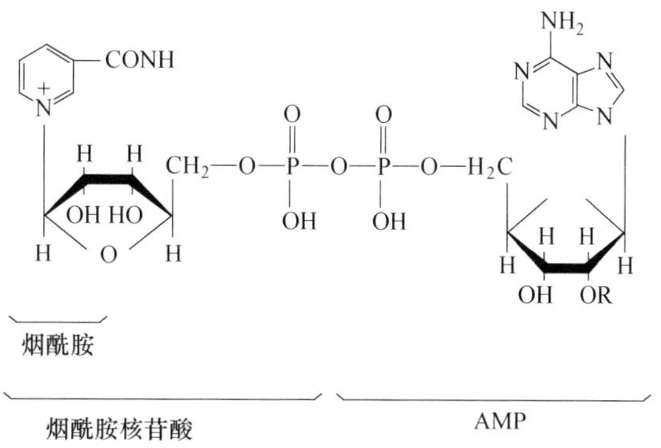

烟酰胺

烟酰胺核苷酸 AMP

(a)

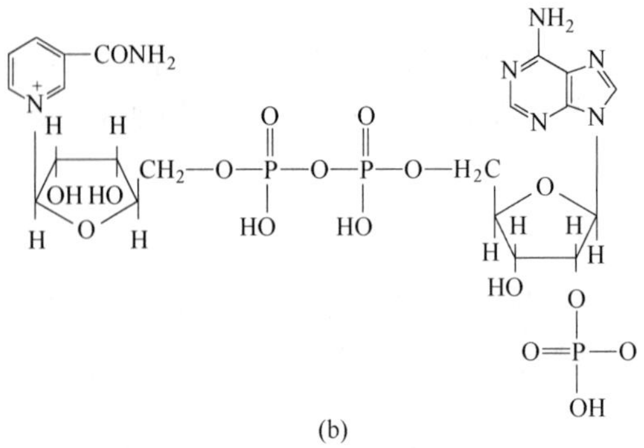

(b)

图 4-9 NAD^+和 $NADP^+$的结构式

(a) NAD^+；(b) $NADP^+$

4.3.3.2 生化作用及缺乏病

NAD^+和 $NADP^+$是体内多种不需氧脱氢酶的辅酶，分子中烟酰胺部分有可逆的加氢、脱氢的特性，在酶促反应中起递氢体的作用。其反应式为：

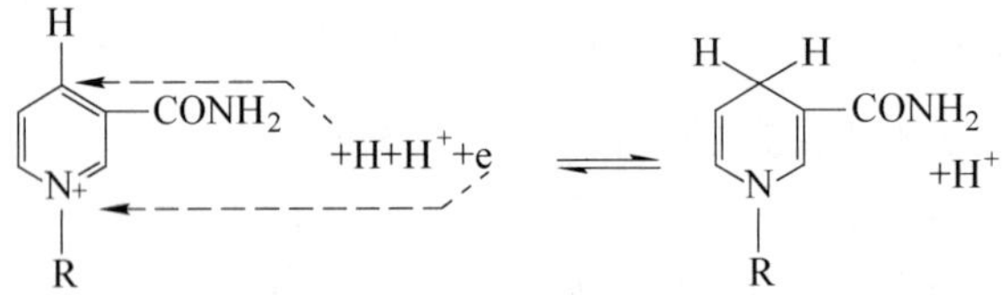

NAD^+(或$NADP^+$) $+H+H^++e \rightleftharpoons$ NADH(或NADPH) $+H^+$ (4-6)

维生素 PP 缺乏可表现为皮炎、腹泻及痴呆，称为癞皮病（或糙皮病）。皮炎常呈对称性出现在皮肤暴露部位。维生素 PP 又称抗癞皮病维生素。抗结核药异烟肼与维生素 PP 结构相似，两者具有拮抗作用，故使用异烟肼抗结核治疗时，应注意补充维生素 PP。近年来的研究发现，维生素 PP 可抑制脂肪组织的脂肪分解，从而抑制脂肪的动员，使肝中 VLDL 的合成下降，起到降低胆固醇的作用。

维生素 PP 的成人推荐量为每天 15~20mg。长期大量服用（大于 500mg/d）可引起肝损伤。

4.3.4 维生素 B_6

4.3.4.1 化学本质及性质

维生素 B_6包括吡哆醇、吡哆醛、吡哆胺。在体内，吡哆醛和吡哆胺可互相转变，其反应式为：

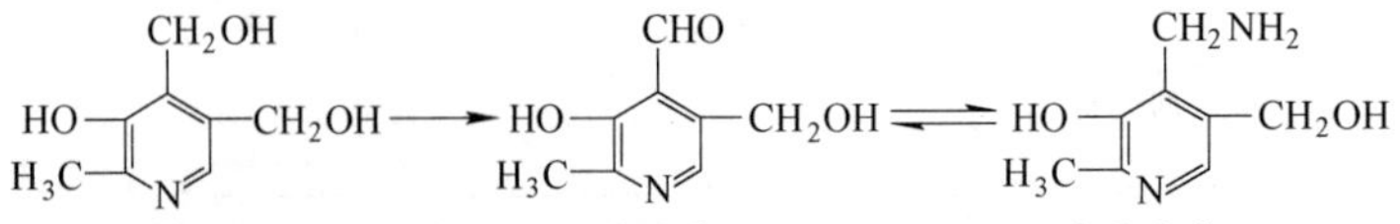

吡哆醇 $\longrightarrow$ 吡哆醛 $\rightleftharpoons$ 吡哆胺 (4-7)

维生素 B_6吸收后，在肝内经磷酸化作用，可生成相应的磷酸吡哆醛与磷酸吡哆胺，它们是维生素 B_6的活性形式。其结构式如图 4-10 所示。

4.3.4.2　生化作用及缺乏病

磷酸吡哆醛是氨基酸转氨酶和脱羧酶的辅酶，起传递氨基和脱羧基作用。由于磷酸吡哆醛是血红素合成的关键酶δ-氨基-γ-酮戊酸（ALA）合酶的辅酶，故与低色素小细胞性贫血有关。维生素 B_6 每天推荐量为 1.5～1.8mg。尚未发现维生素 B_6 缺乏病，但异烟肼能与磷酸吡哆醛结合，故长期服用异烟肼时，易造成维生素 B_6 缺乏，应补充维生素 B_6。过量服用维生素 B_6 可引起中毒，表现为周围感觉神经病。

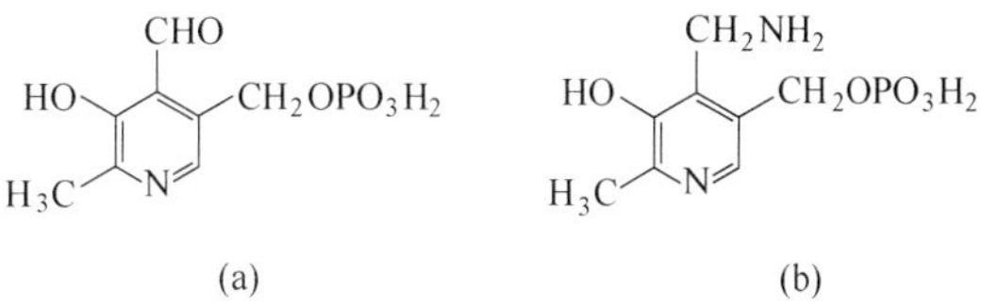

图 4-10　磷酸吡哆醛和磷酸吡哆胺的结构式
（a）磷酸吡哆醛；（b）磷酸吡哆胺

4.3.5　泛酸

4.3.5.1　化学本质及性质

泛酸（Pantothenic Acid）在自然界普遍存在，又称遍多酸。它经磷酸化并与巯乙胺结合生成 4-磷酸泛酰巯乙胺，后者参与组成辅酶 A（CoA）和酰基载体蛋白（Acyl Carrier protein，ACP），CoA 和 ACP 是泛酸在体内的活性形式。辅酶 A（CoA）的结构式如图 4-11所示。

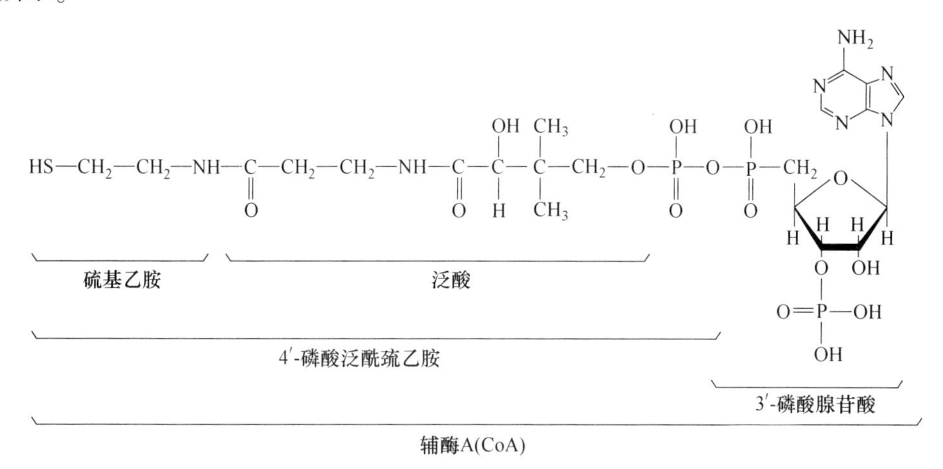

图 4-11　辅酶 A（CoA）的结构式

4.3.5.2　生化作用及缺乏病

辅酶 A 在物质代谢中起转移酰基的作用，是酰基转移酶的辅酶，广泛参与糖类、脂类和蛋白质代谢及肝的生物转化作用。如丙酮酸氧化脱羧生成乙酰 CoA。泛酸在动物组织、谷类、豆类中含量丰富，人类尚未发现泛酸缺乏病。

4.3.6　生物素

4.3.6.1　化学本质及性质

生物素（Biotin）是由噻吩和尿素相结合的骈环并且有戊酸侧链的双环化合物。生物素为无色针状晶体，耐酸不耐碱，氧化剂及高温均可导致其失活。生物素的结构式如图 4-12 所示。

4.3.6.2 生化作用及缺乏病

生物素是体内羧化酶的辅酶，参与羧化反应。生物素与羧化酶蛋白中赖氨酸残基的 ε-氨基通过共价键结合，形成生物胞素。在羧化反应中生物素可与 CO_2 结合，起 CO_2 载体的作用。如丙酮酸羧化酶的辅酶是生物素，使丙酮酸经羧化反应生成草酰乙酸。生物素在食物中含量丰富，而且肠道细菌也可以合成，一般不致缺乏，但长期服用抗生素药物患者需要补充生物素。新鲜鸡蛋中含抗生物素蛋白，与生物素结合而使生物素失活不被吸收。加热可破坏抗生物素蛋白，不再阻碍生物素的吸收。生物素缺乏表现为疲乏、恶心、呕吐、食欲不振及皮炎。

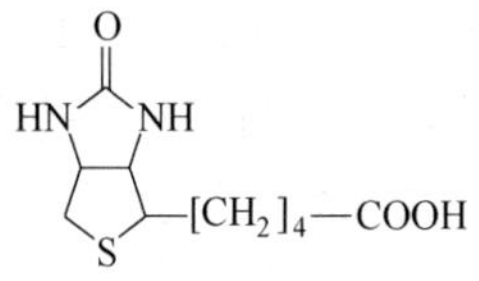

图 4-12 生物素的结构式

4.3.7 叶酸

4.3.7.1 化学本质及性质

叶酸（Folic Acid）以其在绿叶（如草及蔬菜）中含量丰富而得名，由 L-谷氨酸、对氨基苯甲酸（PABA）和 2-氨基-4-羟基-6-甲基蝶呤啶组成。叶酸为黄色晶体，微溶于水，易溶于乙醇，在醇溶液中不稳定、易被光破坏。叶酸的结构式如图 4-13 所示。

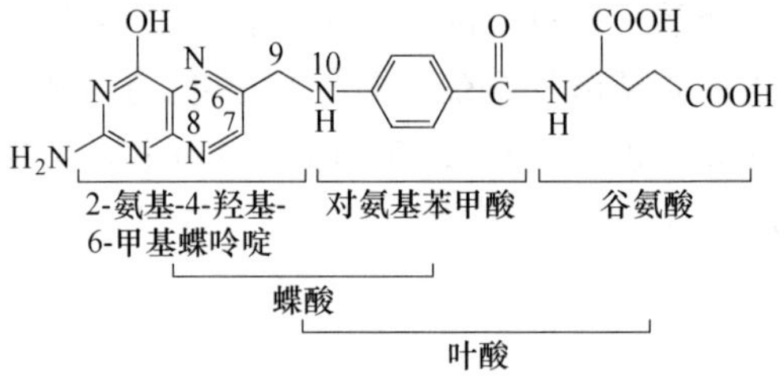

图 4-13 叶酸的结构式

叶酸分子的第 5、第 6、第 7 和第 8 位可被加氢还原成四氢叶酸（FH_4），FH_4是叶酸的活性形式。四氢叶酸的结构式如图 4-14 所示。

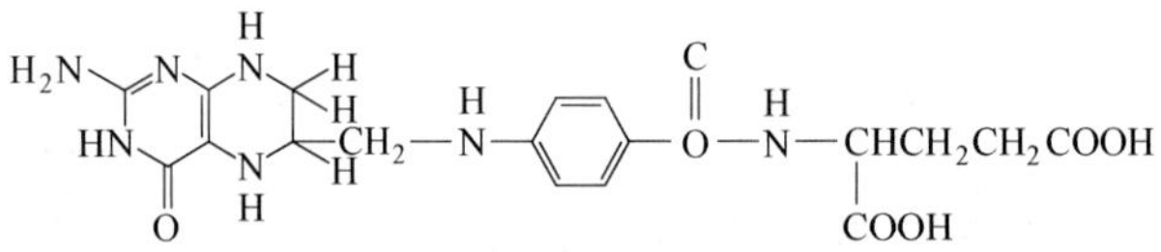

图 4-14 四氢叶酸的结构式

4.3.7.2 生化作用及缺乏病

FH_4是一碳单位转移酶的辅酶，传递一碳单位，参与核苷酸代谢和氨基酸代谢。在胸腺嘧啶核苷酸和嘌呤核苷酸合成时，FH_4提供一碳单位，故在核酸合成中至关重要。叶酸缺乏，一碳单位的转移受阻，核苷酸代谢障碍，使 DNA 合成受抑制，红细胞的发育和成熟受影响，骨髓幼红细胞 DNA 合成减少，细胞分裂速度降低，体积增大，核内染色质疏松，造成巨幼红细胞性贫血。

叶酸主要存在于肉类、鲜果及蔬菜中，肠道细菌也能合成，一般不会缺乏。孕妇及哺乳期妇女需适量补充叶酸。口服避孕药或抗惊厥药能干扰叶酸的吸收及代谢，长期服用此类药物时应补充叶酸，成人每日推荐量为 400μg。

4.3.8 维生素 B_{12}

4.3.8.1 化学本质及性质

维生素 B_{12}含有金属元素钴，又称钴胺素，是唯一含金属元素的维生素。B_{12}在体内有多种存在形式，如甲基钴胺素、5′-脱氧腺苷钴胺素、氰钴胺素和羟钴胺素等，前两种是维生素 B_{12}在体内的活性形式，也是在血液中的主要存在形式。维生素 B_{12}的结构式如图4-15 所示。

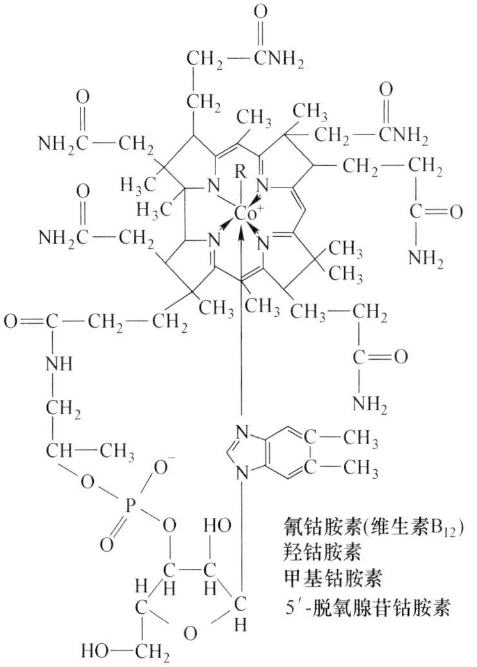

氰钴胺素(维生素B_{12})
羟钴胺素
甲基钴胺素
5′-脱氧腺苷钴胺素

图 4-15 维生素 B_{12}的结构式

4.3.8.2 生化作用及缺乏病

维生素 B_{12}是甲硫氨酸合成酶的辅酶，参与同型半胱氨酸甲基化生成甲硫氨酸的反应。维生素 B_{12}缺乏时，一方面，甲基转移受阻，同型半胱氨酸在体内堆积造成同型半胱氨酸尿症，增加动脉硬化、血栓生成和高血压的危险性；另一方面，使 FH_4不能再生，组织中游离的 FH_4含量减少，造成嘌呤、嘧啶及核酸、蛋白质生物合成障碍，影响细胞分裂，产生巨幼红细胞性贫血（即恶性贫血）。

5′-腺苷钴胺素是 L-甲基丙二酰 CoA 变位酶的辅酶，催化琥珀酰 4-磷酸泛酰巯乙胺 CoA 的生成。维生素 B_{12}缺乏时，L-甲基丙二酰 CoA 堆积，后者与丙二酰 CoA 结构相似，影响脂肪酸的正常合成，导致神经疾患的发生。

维生素 B_{12}广泛存在于动物食物中，肠道细菌也可合成。维生素 B_{12}必须与胃黏膜细胞分泌的内因子结合在回肠被吸收。肝中富含维生素 B_{12}，可供数年之需。

4.3.9 维生素 C

4.3.9.1 化学本质及性质

维生素 C 又称抗坏血酸，是一种含己糖内酯的弱酸，其烯醇羟基的氢容易游离，因此而产生酸性及还原性。维生素 C 可发生自身氧化还原反应，和脱氢抗坏血酸之间互相转变，这种性质可用于维生素 C 的定量测定。其反应式为：

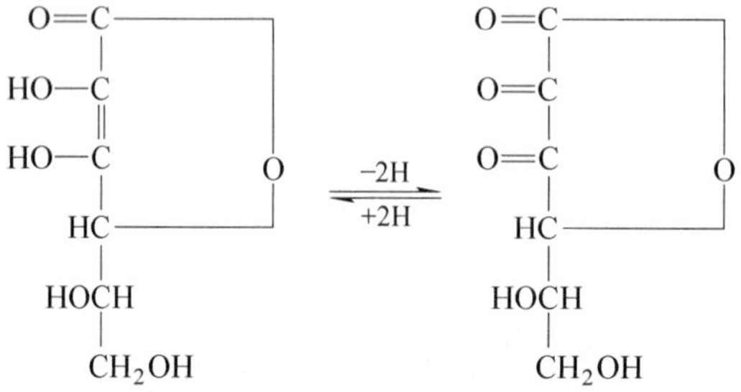

$$\begin{array}{c} O{=}C \\ | \\ HO{-}C \\ \| \\ HO{-}C \\ | \\ HC \\ | \\ HOCH \\ | \\ CH_2OH \\ \text{L-抗坏血酸} \end{array} \underset{+2H}{\overset{-2H}{\rightleftharpoons}} \begin{array}{c} O{=}C \\ | \\ O{=}C \\ | \\ O{=}C \\ | \\ HC \\ | \\ HOCH \\ | \\ CH_2OH \\ \text{脱氢抗坏血酸} \end{array} \qquad (4\text{-}8)$$

还原型坏血酸是维生素 C 在体内的主要存在形式。维生素 C 为无色片状结晶，味酸，维生素 C 耐酸不耐碱，对热不稳定，烹调不当可引起维生素 C 大量流失。

维生素 C 广泛存在于新鲜蔬菜和水果中，植物中含有抗坏血酸氧化酶能将维生素 C 氧化为灭活的二酮古洛糖酸，所以蔬菜水果储存久后其维生素 C 会大量减少。干种子不含有维生素 C，经发芽后即可合成，故豆芽等是维生素 C 的重要来源。

4.3.9.2 生化作用及缺乏病

A 参与体内氧化还原反应

维生素 C 能使氧化型谷胱甘肽还原成还原型谷胱甘肽，使巯基酶分子中的巯基保持还原状态；维生素 C 还可作为抗氧化剂清除自由基，有保护 DNA、蛋白质和膜结构免遭损伤的重要作用；维生素 C 能使叶酸转变为有活性的四氢叶酸。所以维生素 C 有保护细胞和抗衰老作用。

B 参与体内的羟化反应

维生素 C 是体内许多羟化酶的辅酶，参与多种羟化反应。

(1) 维生素 C 是胶原脯氨酸羟化酶及赖氨酸羟化酶的辅酶：维生素 C 促进胶原中脯氨酸和赖氨酸残基羟化生成羟脯氨酸和羟赖氨酸，羟脯氨酸和羟赖氨酸是维持胶原蛋白空间结构的关键成分，而胶原又是骨、毛细血管和结缔组织的重要组成部分。当维生素 C 缺乏时，胶原蛋白不足使细胞间隙增大，伤口不易愈合，毛细血管通透性和脆性增加，易破裂出血，骨骼脆弱易折断，牙齿易松动等，严重时可引起内脏出血，即维生素 C 缺乏病（坏血病）。

(2) 维生素 C 促进胆固醇转变为胆汁酸：胆固醇经羟化反应转变成胆汁酸，维生素 C 是其限速酶——7α-羟化酶的辅酶。故维生素 C 有降低血中胆固醇的作用。

C 其他作用

临床上维生素 C 具有良好的抗癌效果，这可能与维生素 C 所具有的阻断致癌物亚硝酸胺的生成、促进透明质酸酶抑制物合成、防止癌扩散、减轻抗癌药的副作用等功能有关。维生素 C 还可促进免疫球蛋白的合成与稳定，增强机体抵抗力。

维生素C对人体是很重要的，但长期大量使用可引起中毒。据报道，过量维生素C可引起疲乏、呕吐、荨麻疹、腹痛、尿路结石等。

体内重要维生素的来源、功能及缺乏病见表4-1。

表4-1 各种维生素的来源、功能和缺乏病

维生素	活性形式	来 源	主要生理作用	缺乏症
维生素A	视黄醇 视黄醛 视黄酸	肝、蛋黄、鱼肝油、乳汁、绿叶蔬菜、胡萝卜、玉米	（1）合成视紫红质，与视觉有关； （2）维持上皮组织结构完整； （3）促进生长发育； （4）抗氧化作用和防癌作用	夜盲症 眼干燥症 皮肤干燥
维生素D	1,25-$(OH)_2$-VD_3	鱼肝油、肝、蛋黄、牛奶	（1）促进钙、磷的吸收； （2）影响细胞分化	儿童：佝偻病 成人：软骨病
维生素E	生育酚	植物油	（1）与生殖功能有关； （2）抗氧化作用	人类未发现缺乏病
维生素K		肝、绿色蔬菜、肠道细菌合成	促进肝脏合成凝血因子Ⅱ、Ⅶ、Ⅸ、Ⅹ	皮下出血及胃肠道出血
维生素B_1	TPP	酵母、蛋、瘦肉、谷类外皮及胚芽	（1）α-酮酸氧化脱羧酶辅酶； （2）抑制胆碱酯酶活性； （3）转酮醇酶的辅酶	脚气病、末梢神经炎
维生素B_2	FMN、FAD	酵母、蛋黄、绿叶蔬菜肉、酵母、谷类、花生、胚芽、肝	各种黄素酶的辅基，起传递氢的作用	舌炎、唇炎、口角炎、阴囊炎
维生素PP	NAD^+、$NADP^+$		多种不需氧脱氢酶的辅酶，起传递氢的作用	癞皮病
维生素B_6	磷酸吡哆醛 磷酸吡哆胺	酵母、蛋黄、肝、谷类	（1）氨基酸脱羧酶和转氨酶的辅酶； （2）ALA合酶的辅酶	人类未发现缺乏病
泛酸	CoA、CAP	动植物组织	（1）构成辅酶A的成分，参与体内酰基的转移； （2）构成ACP的成分，参与脂肪酸合成	人类未发现缺乏病
生物素	生物素辅基	动植物组织、肠道细菌合成	羧化酶的辅酶，参与CO_2的固定	人类未发现缺乏病
叶酸	四氢叶酸	肝、酵母、绿叶蔬菜、肠道细菌合成	参与一碳单位的转移，与蛋白质、核酸合成、红细胞、白细胞成熟有关	巨幼红细胞性贫血
维生素B_{12}	甲钴胺素、 5′-腺苷钴胺素	肝、肉、肠道细菌合成	（1）促进甲基的转移； （2）促进DNA合成； （3）促进红细胞成熟	巨幼红细胞性贫血
维生素C	抗坏血酸	新鲜水果、蔬菜，特别是番茄、橘子、鲜枣等	（1）参与体内的氧化还原反应； （2）参与羟化反应	维生素C缺乏病

本章小结

维生素是维持机体正常生理功能所必需的营养素，在体内不能合成或合成量很少，必须由食物供给的一类小分子的有机化合物。它们既不参与机体组织的构成，也不氧化供能，但许多维生素参与辅酶的组成，在调节人体正常的物质代谢及维持人体正常生理功能等方面都是必不可少的，其中任何一种长期缺乏，都会导致维生素缺乏病的发生。根据其溶解性质不同而分为脂溶性维生素和水溶性维生素两大类。脂溶性维生素在体内有一定量的储存，食用过量可引起中毒。人体对于水溶性维生素的需求量较少，在体液中过剩的部分超过肾阈值时通常由尿排出，一般不会发生中毒现象，应不断从食物中摄取。

脂溶性维生素有维生素 A、D、E、K，均不溶于水，可伴随脂类物质的吸收而吸收。动物性食物中含有较多的维生素 A，多种植物中含有重要的 β-胡萝卜素，为维生素 A 原，它以视黄醛的形式与视蛋白结合成感光物质，感受弱光；维生素 A 对维持上皮组织的健康也起着重要作用。维生素 D_3 活性形式为 $1,25\text{-}(OH)_2\text{-}D_3$，可调节钙磷代谢，若缺乏则导致佝偻病或软骨病。维生素 E 是体内最重要的抗氧化剂，具有抗氧化和维持生殖机能作用。维生素 K 则与血液凝固有关。水溶性维生素包括 B 族维生素和维生素 C。B 族维生素多构成酶的辅酶，参与体内物质代谢。硫胺素在体内转变成 TPP，是 α-酮酸氧化脱羧酶及转酮醇酶的辅酶；维生素 B_2 参与 FMN 和 FAD 的组成，作为黄素酶的辅基；维生素 PP 参与 NAD^+ 和 $NADP^+$ 的组成，为多种脱氢酶的辅酶；泛酸存在于 CoA 和 ACP 中，参与转运酰基的作用；磷酸吡哆醛含有维生素 B_6，是氨基酸转氨酶和脱羧酶的辅酶；生物素是多种羧化酶的辅酶，起 CO_2 的固定作用；维生素 B_{12} 和叶酸在核酸和蛋白质合成中起重要作用；维生素 C 具有还原性，并参与羟化反应。

思考题

4-1 什么是维生素，根据溶解度不同可将维生素分为哪几类？

4-2 试述 B 族维生素与辅酶的关系。

4-3 试述各种维生素缺乏会出现哪些疾病？

5 糖 代 谢

【学习目标】

（1）掌握糖酵解概念及其反应过程、关键酶。

（2）掌握有氧氧化的概念及其反应过程、关键酶、氧化生成的 ATP。

（3）熟悉糖原合成与分解的基本反应过程、部位、关键酶及生理意义。

（4）熟悉糖异生的概念、反应过程、关键酶及生理意义。

（5）了解磷酸戊糖途径的反应过程。

（6）了解糖的消化与吸收。

糖是人体所需的一类重要营养物质，其主要生理功能是为生命活动提供能源和碳源。糖是体内的主要供能物质，处于被优先利用的地位。1mol 葡萄糖完全氧化生成二氧化碳和水可释放 2840kJ 的能量，其中约 34%转化储存于 ATP，以供应机体生理活动所需的能量。糖也是体内的重要碳源，糖代谢的中间产物可转变成其他的含碳化合物，如非必需氨基酸、非必需脂肪酸、核苷酸等。此外，糖还参与组成糖蛋白和糖脂，调节细胞信息传递，参与构成细胞外基质等机体组织结构，形成 NAD^+ 、FAD、ATP 等多种生物活性物质。除葡萄糖外，其他单糖如果糖、半乳糖、甘露糖等所占比例很小，且主要转变为葡萄糖代谢的中间产物，故本章重点介绍葡萄糖在体内的代谢。

5.1 糖的摄取与利用

5.1.1 糖消化后以单体形式吸收

人类食物中可被机体分解利用的糖类主要有植物淀粉、动物糖原以及麦芽糖、蔗糖、乳糖、葡萄糖等。食物中还含有大量的纤维素，虽然人体内缺少 β-葡萄苷酶，纤维素不能被消化，但其有刺激肠蠕动等作用，也是维持健康所必需的。

小麦、稻米和谷薯等食物中的糖类以淀粉（starch）为主。唾液和胰液中都有 α-淀粉酶（α-amylase），可水解淀粉分子内的 α-1,4-糖苷键。由于食物在口腔停留的时间很短，所以淀粉消化主要在小肠内进行。

糖类被消化成单糖后才能在小肠被吸收。小肠黏膜细胞依赖特定载体摄入葡萄糖，这是一个耗能的主动转运过程，同时伴有 Na^+的转运。这类转运葡萄糖的载体称为 Na^+依赖型葡糖转运蛋白（So-dium-dependent Glucose Transporter，SGLT），它们主要存在于小肠黏膜和肾小管上皮细胞。

葡萄糖被小肠黏膜细胞吸收后经门静脉入肝，再经血液循环供身体各组织细胞摄取。

肝对于维持血糖稳定发挥关键作用。当血糖较高时，肝通过合成糖原和分解葡萄糖来降低血糖；当血糖较低时，肝通过分解糖原和糖异生来升高血糖。

5.1.2 糖代谢涉及分解、储存和合成三方面

转运进入细胞内的葡萄糖经历一系列复杂连锁的化学反应，其代谢概况涉及分解、储存、合成三个方面。葡萄糖的分解代谢在餐后尤其活跃，主要包括糖的无氧氧化、有氧氧化和磷酸戊糖途径，其分解方式取决于不同类型细胞的代谢特点和供氧状况。例如，机体绝大多数组织在供氧充足时，葡萄糖进行有氧氧化生成 CO_2 和 H_2O；肌组织在缺氧时，葡萄糖进行无氧氧化生成乳酸；饱食后肝内由于合成脂质的需要，葡萄糖经磷酸戊糖途径代谢生成磷酸核糖和 NADPH。葡萄糖的储存仅在餐后活跃进行，以糖原形式储存于肝和肌组织中，以便在短期饥饿时补充血糖或不利用氧快速供能。葡萄糖的合成代谢在长期饥饿时尤其活跃，某些非糖物质如甘油、氨基酸等经糖异生转变成葡萄糖，以补充血糖，这些分解、储存、合成代谢途径在多种激素调控下相互协调、相互制约，使血中葡萄糖的来源与去路相对平衡，血糖水平趋于稳定。

5.2 糖的分解代谢

5.2.1 糖酵解

5.2.1.1 糖酵解的概念

葡萄糖或糖原在无氧或缺氧的条件下，分解为乳酸的过程称为糖的无氧氧化，这一过程与酵母菌使糖生醇发酵的过程相似，故又称糖酵解（glycolysis）。催化此途径的酶类存在于细胞的胞质中，其全部反应均在胞质中完成。

5.2.1.2 糖酵解的反应过程

糖酵解的反应过程可分为两个阶段：第一阶段是葡萄糖（或糖原）分解生成丙酮酸的过程，称为糖酵解途径；第二阶段是丙酮酸还原生成乳酸的过程。

A 糖酵解途径。葡萄糖分解生成丙酮酸

a 葡糖-6-磷酸的生成

葡萄糖进入细胞后，在已糖激酶（Hexokinase，HK）或葡糖激酶（Glucokinase，GK）的催化下，由 ATP 提供能量和磷酸基团，磷酸化生成葡糖-6-磷酸（Glucose-6-phosphate，G-6-P）。其反应式为：

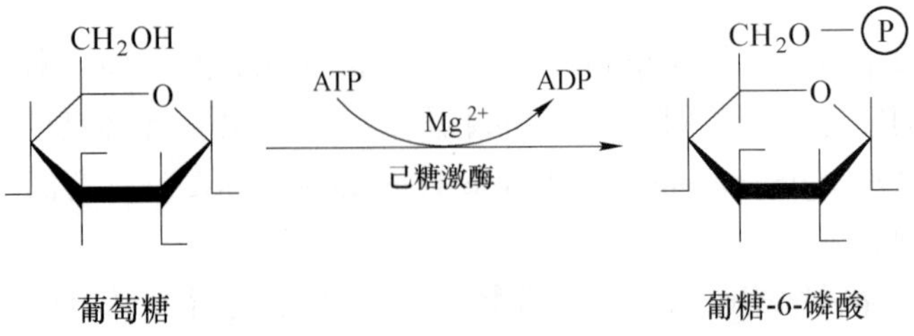

$$\text{葡萄糖}\ (CH_2OH) \xrightarrow[\text{已糖激酶}]{ATP \quad Mg^{2+} \quad ADP} \text{葡糖-6-磷酸}\ (CH_2O—Ⓟ) \tag{5-1}$$

因有较多自由能释放，反应是不可逆的。这一步反应不仅活化了葡萄糖，有利于进一步代谢，而且还能捕获进入细胞内的葡萄糖，使之不再透出细胞膜。

己糖激酶是糖酵解途径的关键酶之一，催化的反应不可逆。此酶专一性不强，可作用于多种己糖，如葡萄糖、果糖、甘露糖等。它有 4 种同工酶，Ⅰ、Ⅱ、Ⅲ型主要存在于肝外组织，对葡萄糖有较强亲和力。Ⅳ 型己糖激酶（即葡糖激酶）主要存在于肝，专一性强，只能催化葡萄糖的磷酸化。

若从糖原开始，需糖原磷酸化酶催化，在磷酸参与下分解生成葡糖-1-磷酸，再经变位酶作用生成葡糖-6-磷酸。其反应式为：

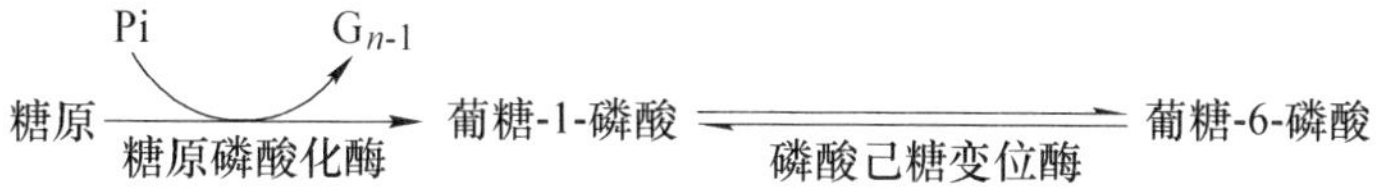

$$\text{糖原}\xrightarrow[\text{糖原磷酸化酶}]{\text{Pi}\quad G_{n-1}}\text{葡糖-1-磷酸}\underset{\text{磷酸己糖变位酶}}{\rightleftharpoons}\text{葡糖-6-磷酸}\qquad(5\text{-}2)$$

其中，反应式（5-2）没有消耗 ATP。

b　果糖-6-磷酸的生成

葡糖-6-磷酸在磷酸己糖异构酶（需要 Mg^{2+} 参与）催化下转化为果糖-6-磷酸（fructose-6-phosphate，F-6-P），反应可逆。其反应式为：

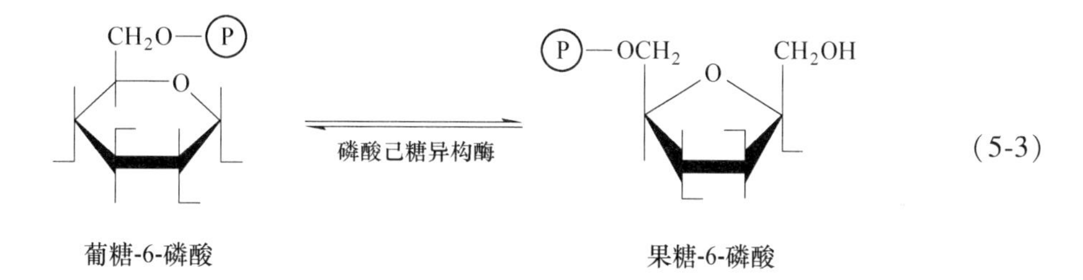

c　二磷酸果糖的生成

果糖-6-磷酸由磷酸果糖激酶-1 催化，需要 ATP 和 Mg^{2+}，生成果糖-1,6-双磷酸（fructose-1,6- bisphosphate，F-1,6-P），反应过程不可逆。磷酸果糖激酶-1，也是糖酵解过程的关键酶，是糖酵解过程中最重要的调节点。其反应式为：

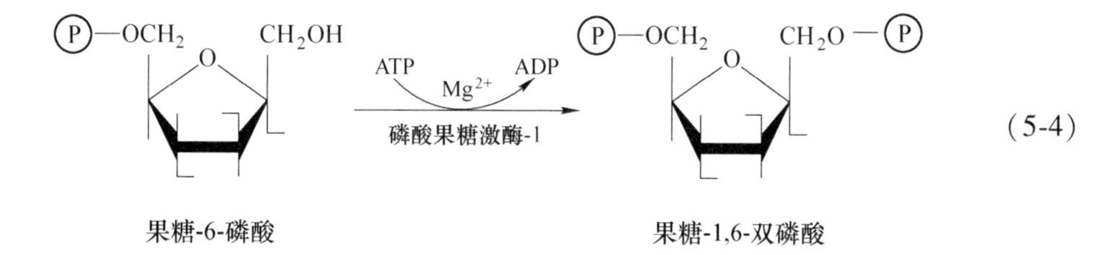

d　磷酸丙糖的生成

在醛缩酶作用下，果糖-1,6-双磷酸裂解为 2 分子磷酸丙糖，即甘油醛-3-磷酸和磷酸二羟丙酮，二者在异构酶的催化下可相互转变。由于甘油醛-3-磷酸在糖代谢中继续氧化分解，故 1 分子果糖-1,6-双磷酸相当于生成了 2 分子的甘油醛-3-磷酸。其反应式为：

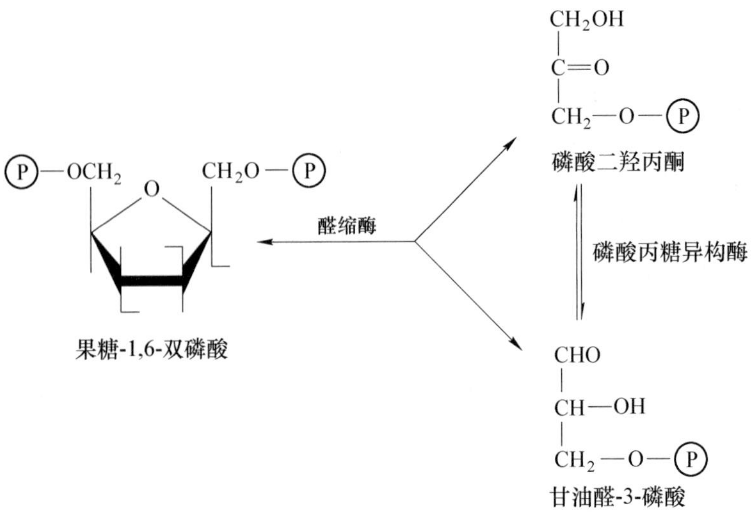

果糖-1,6-双磷酸 ⇌（醛缩酶）磷酸二羟丙酮 + 甘油醛-3-磷酸

磷酸二羟丙酮 ⇌（磷酸丙糖异构酶）甘油醛-3-磷酸 （5-5）

e 1,3-双磷酸甘油酸的生成

在甘油醛-3-磷酸脱氢酶催化下，甘油醛-3-磷酸脱氢并磷酸化生成含有高能磷酸键的1,3-双磷酸甘油酸，NAD^+为受氢体，需无机磷酸参与。这是糖酵解中唯一的氧化反应。其反应式为：

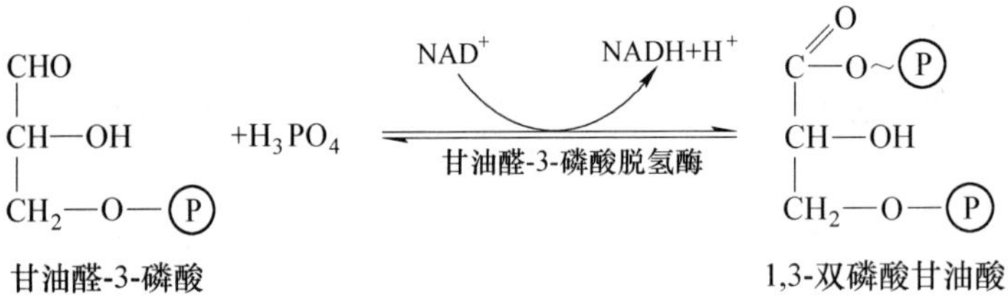

甘油醛-3-磷酸 + H_3PO_4 ⇌（甘油醛-3-磷酸脱氢酶；NAD^+ → $NADH+H^+$）1,3-双磷酸甘油酸 （5-6）

f 甘油酸-3-磷酸的生成

在磷酸甘油酸激酶催化下，1,3-双磷酸甘油酸的高能磷酸基转移给 ADP 生成 ATP，自身转变为甘油酸-3-磷酸。这种底物氧化过程中产生的能量直接将 ADP 磷酸化生成 ATP 的过程，称为底物磷酸化。这是糖酵解过程中第一个底物磷酸化反应。其反应式为：

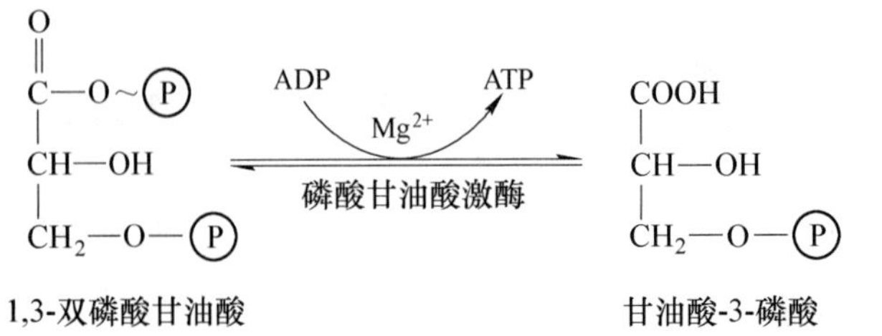

1,3-双磷酸甘油酸 ⇌（磷酸甘油酸激酶，Mg^{2+}；ADP → ATP）甘油酸-3-磷酸 （5-7）

g 甘油酸-2-磷酸的生成

在磷酸甘油酸变位酶催化下，甘油酸-3-磷酸 C_3 位上的磷酸基转移到 C_2 位上，生成甘油酸-2-磷酸。其反应式为：

$$\begin{matrix} COOH \\ | \\ CH—OH \\ | \\ CH_2—O—Ⓟ \end{matrix} \xrightleftharpoons[]{\text{磷酸甘油酸变位酶}} \begin{matrix} COOH \\ | \\ CH—O—Ⓟ \\ | \\ CH_2—OH \end{matrix} \tag{5-8}$$

甘油酸-3-磷酸　　　　甘油酸-2-磷酸

h　磷酸烯醇丙酮酸的生成

甘油酸-2-磷酸经烯醇化酶催化脱水的同时，分子内部的能量重新分配，生成含有高能磷酸键的磷酸烯醇丙酮酸。其反应式为：

$$\begin{matrix} COOH \\ | \\ CH—O—Ⓟ \\ | \\ CH_2OH \end{matrix} \xrightleftharpoons[\text{烯醇化酶}]{H_2O} \begin{matrix} COOH \\ | \\ C—O\sim Ⓟ \\ \| \\ CH_2 \end{matrix} \tag{5-9}$$

甘油酸-2-磷酸　　　　磷酸烯醇丙酮酸

i　丙酮酸的生成

在丙酮酸激酶（Pyruvate Kinase，PK）催化下，磷酸烯醇丙酮酸上的高能磷酸键转移给 ADP 生成 ATP，自身转变为烯醇丙酮酸，并自发转变为丙酮酸。这是糖酵解过程中第二个底物磷酸化反应。丙酮酸激酶为糖酵解过程中的第三个关键酶。其反应式为：

$$\begin{matrix} COOH \\ | \\ C—O\sim Ⓟ \\ \| \\ CH_2 \end{matrix} \xrightarrow[\text{丙酮酸激酶}]{ADP \quad Mg^{2+} \quad ATP} \begin{matrix} COOH \\ | \\ C—OH \\ | \\ CH_2 \end{matrix} \rightleftharpoons \begin{matrix} COOH \\ | \\ C=O \\ | \\ CH_3 \end{matrix} \tag{5-10}$$

磷酸烯醇丙酮酸　　　烯醇丙酮酸　　　丙酮酸

B　乳酸的生成

机体缺氧时，在乳酸脱氢酶催化下，由糖酵解途径第五步反应甘油醛-3-磷酸脱氢生成的 $NADH+H^+$ 作为供氢体，将丙酮酸还原生成乳酸。$NADH+H^+$ 又转变成 NAD^+，保证糖酵解途径在无氧条件下继续进行。其反应式为：

$$\begin{matrix} COOH \\ | \\ C=O \\ | \\ CH_3 \end{matrix} \xleftrightarrow[\text{乳酸脱氢酶}]{NADH+H^+ \quad NAD^+} \begin{matrix} COOH \\ | \\ CHOH \\ | \\ CH_3 \end{matrix} \tag{5-11}$$

丙酮酸　　　　乳酸

糖酵解反应过程如图 5-1 所示。

5.2.1.3　糖酵解反应特点

（1）反应部位与终产物。糖酵解的整个过程在细胞的胞质中进行，条件为缺氧或无氧，终产物是乳酸。

（2）无 NADH 净生成。糖酵解过程有一次氧化反应，即甘油醛-3-磷酸脱氢生成 1，3-双磷酸甘油酸，脱下的氢由 NAD^+ 接受生成 $NADH+H^+$，但 $NADH+H^+$ 又作为供氢体参与丙酮酸还原为乳酸的反应，使 $NADH+H^+$ 又转变为 NAD^+ 再参与脱氢反应，使糖酵解得以持续进行。

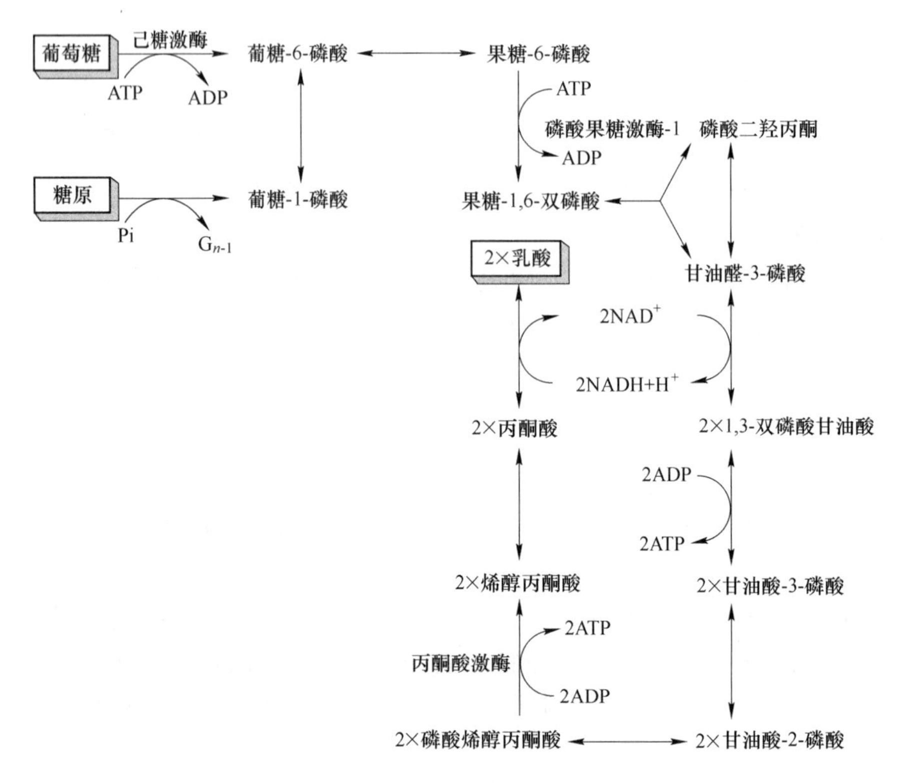

图 5-1 糖酵解反应过程

（3）产能。糖酵解过程中有两个耗能反应，即葡萄糖→葡糖-6-磷酸和果糖-6-磷酸→果糖-1,6-双磷酸，消耗 2 分子 ATP；两个产能反应，即 1,3-双磷酸甘油酸→甘油酸-3-磷酸，磷酸烯醇丙酮酸→丙酮酸，产生 2×2 分子 ATP，故 1 分子葡萄糖可净生成 2 分子 ATP。若从糖原开始，则糖原中的每一个葡萄糖单位经糖酵解净生成 3 分子 ATP。

（4）有三个不可逆反应。催化这三步反应的己糖激酶、磷酸果糖激酶-1、丙酮酸激酶是糖酵解途径的关键酶，调节这三个酶的活性可影响糖酵解的速度，其中尤以磷酸果糖激酶-1 的催化活性最低，是最重要的限速酶。

5.2.1.4 糖酵解的生理意义

（1）糖酵解是机体在缺氧情况下快速供能的方式。在生理性缺氧情况下，如剧烈运动时，能量需求增加，糖分解加速，此时即使呼吸和循环加快以增加氧的需求，仍不能满足机体需要，肌肉处于相对缺氧状态，必须通过糖酵解提供急需的能量。在病理性缺氧情况下，如呼吸障碍、严重贫血、大量失血等造成机体缺氧时，糖酵解途径增强。倘若糖酵解过度，可导致乳酸堆积而引起酸中毒。

（2）糖酵解是成熟红细胞的唯一供能途径。成熟的红细胞没有线粒体，不能进行有氧氧化，完全依赖糖酵解供给能量。

（3）糖酵解是某些组织获得能量的主要方式。某些组织和细胞如视网膜、白细胞、睾丸、肿瘤细胞等，即使在有氧条件下也主要依靠糖酪解获得能量。

5.2.1.5 糖酵解的调节

在糖酵解途径中，己糖激酶（葡萄糖激酶）、6-磷酸果糖激酶-1 和丙酮酸激酶分别催化三步不可逆反应，这三种酶是糖酵解的关键酶，其活性主要受变构效应剂的变构调节和激素的调节：

（1）激素的调节。胰岛素可诱导糖酵解反应中的三个关键酶的合成，提高其催化活性，促使糖酵解加强。

（2）代谢物的别构调节。磷酸果糖激酶-1（PFK-1）是三个关键酶中催化效率最低的，该酶的活性调节是糖酵解途径中最重要的调节点，受多种别构剂的影响。ATP 和柠檬酸是 PFK-1 的别构抑制剂，当有足够 ATP 时，ATP 与 PFK-1 的调节部位结合，使酶活性丧失，糖酵解反应速度减慢。而 AMP、ADP、果糖-1,6-双磷酸和果糖-2,6-双磷酸等是 PFK-1 的别构激活剂。当细胞内能量消耗过多，ATP 减少，AMP 和 ADP 增多，磷酸果糖激酶被激活，糖酵解反应速度加快，ATP 生成量增多。此外，通过改变丙酮酸激酶和己糖激酶的活性也可调节糖酵解的速率。果糖-1,6-双磷酸是丙酮酸激酶的别构激活剂，ATP 和丙氨酸为此酶的别构抑制剂。己糖激酶受其反应产物葡糖-6-磷酸的反馈抑制。

5.2.2 糖有氧氧化

机体利用氧将葡萄糖彻底氧化成 CO_2 和 H_2O 的反应过程称为糖的有氧氧化（Aerobic Oxidation of Glucose）。有氧氧化是体内糖分解供能的主要方式，绝大多数细胞都通过它获得能量。在肌组织中葡萄糖通过无机氧化所生成的乳酸，也可作为运动时机体某些组织（如心肌）的重要能源，彻底氧化生成 CO_2 和 H_2O，提供较为充足的能量。糖的有氧氧化过程可概括如图 5-2 所示。

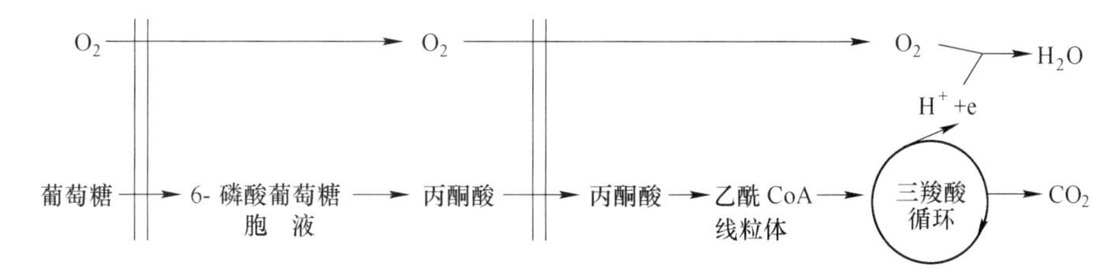

图 5-2 葡萄糖有氧氧化概况

5.2.2.1 糖有氧氧化的反应过程

糖的有氧氧化可分为三个阶段：第一阶段是指葡萄糖循糖酵解途径氧化成丙酮酸；第二阶段是丙酮酸进入线粒体氧化脱羧生成乙酰 CoA；第三阶段是乙酰辅酶 A 进入三羧酸循环和氧化磷酸化彻底氧化生成 H_2O 和 CO_2。

A 葡萄糖氧化为丙酮酸

这一过程与糖酵解反应基本相同，不同点是在有氧情况下，所生成的 $NADH+H^+$ 不被丙酮酸还原为乳酸所用，而是通过线粒体内呼吸链被氧化为 H_2O。

B 丙酮酸氧化脱羧生成乙酰 CoA

丙酮酸进入线粒体，在丙酮酸脱氢酶复合体的催化下氧化脱羧生成乙酰辅酶 A。其反应式为：

$$\underset{\text{丙酮酸}}{CH_3COCOOH} + \underset{\text{辅酶A}}{HSCoA} \xrightarrow[NAD^+ \quad NADH+H^+]{\text{丙酮酸脱氢酶复合体}} \underset{\text{乙酰辅酶A}}{CH_3CO\sim SCoA} + CO_2 \tag{5-12}$$

丙酮酸脱氢酶复合体，由三种酶蛋白和五种辅助因子组成，见表 5-1。三种酶蛋白以一定比例组合成多酶复合体，包括丙酮酸脱氢酶（E_1）、二氢硫辛酰胺转乙酰酶（E_2）和二氢硫辛酰胺脱氢酶（E_3），参与反应的辅酶有硫胺素焦磷酸酯（TPP）、硫辛酸、CoA、FAD 及 NAD^+。

表 5-1 丙酮酸脱氢酶复合体的组成

酶	辅 酶	所含维生素
丙酮酸脱氢酶	TPP	维生素 B_1
二氢硫辛酰胺转乙酰酶	二氢硫辛酸，辅酶 A	硫辛酸，泛酸
二氢硫辛酰胺脱氢酶	FAD，NAD^+	维生素 B_2，维生素 PP

丙酮酸脱氢酶复合体催化的详细反应过程如图 5-3 所示。

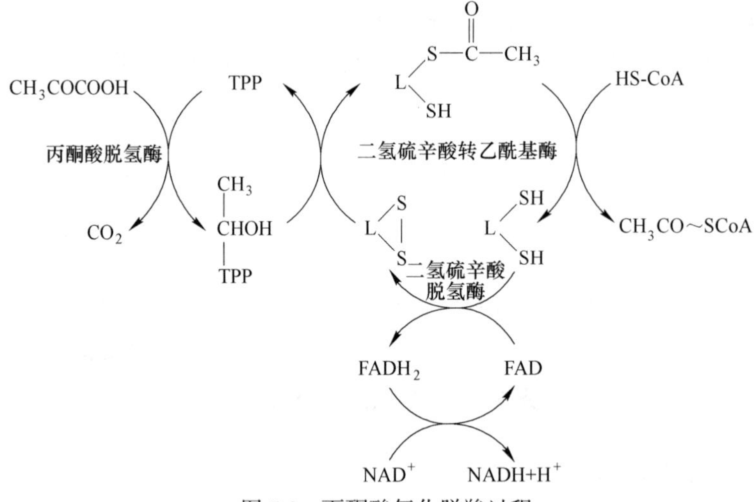

图 5-3 丙酮酸氧化脱羧过程

C 乙酰 CoA 进入三羧酸循环和氧化磷酸化

三羧酸循环的详细内容如下陈述。经过一轮三羧酸循环氧化了相当于 1 分子的乙酰 CoA，生成 2 分子 CO_2、3 分子 $NADH+H^+$、1 分子 $FADH_2$ 和 1 分子 ATP。生成的 NADH 和 $FADH_2$ 上的氢通过呼吸链氧化成水，同时放出能量使 ADP 磷酸化生成 ATP。

5.2.2.2 三羧酸循环

从乙酰 CoA 和草酰乙酸缩合生成含有三个羧基的柠檬酸开始，经过一系列酶促反应，重新生成草酰乙酸的循环反应，称为三羧酸循环（Tricarboxylic Acid Cycle，TAC）或柠檬酸循环。由于 Krebs 正式提出了三羧酸循环的学说，故此循环又被称为 Krebs 循环。三羧酸循环的反应在线粒体中进行。

（1）柠檬酸的生成：在柠檬酸合酶催化下，乙酰辅酶 A 与草酰乙酸缩合成柠檬酸，并释放出辅酶 A。该反应为三羧酸循环的一个不可逆反应，柠檬酸合酶为三羧酸循环的一个关键酶。其反应式为：

$$\underset{\text{乙酰辅酶A}}{\begin{matrix}CH_3\\|\\CO\sim SCoA\end{matrix}} + \underset{\text{草酰乙酸}}{\begin{matrix}CO-COOH\\|\\CH_2-COOH\end{matrix}} \xrightarrow[\text{柠檬酸合酶}]{H_2O \quad HSCoA} \underset{\text{柠檬酸}}{\begin{matrix}CH_2-COOH\\|\\COH-COOH\\|\\CH_2-COOH\end{matrix}} \tag{5-13}$$

（2）异柠檬酸的生成：柠檬酸在顺乌头酸酶的催化下，经脱水及再加水，从而改变分子内—OH 和 H 的位置，生成异柠檬酸。其反应式为：

$$\underset{\text{柠檬酸}}{\begin{matrix}CH_2-COOH\\|\\COH-COOH\\|\\CH_2-COOH\end{matrix}} \underset{\text{顺乌头酸酶}}{\overset{H_2O}{\rightleftharpoons}} \underset{\text{顺乌头酸}}{\begin{matrix}CH_2-COOH\\|\\C-COOH\\\|\\CH-COOH\end{matrix}} \underset{\text{顺乌头酸酶}}{\overset{H_2O}{\rightleftharpoons}} \underset{\text{异柠檬酸}}{\begin{matrix}CH_2-COOH\\|\\CH-COOH\\|\\CHOH-COOH\end{matrix}} \tag{5-14}$$

（3）α-酮戊二酸的生成：在异柠檬酸脱氢酶的催化下，异柠檬酸氧化脱羧生成 α-酮戊二酸，脱下的 2H 由 NAD^+接受，该反应也是一个不可逆反应。这是三羧酸循环中第一次氧化脱羧，异柠檬酸脱氢酶是也三羧酸循环中的一个关键酶。其反应式为：

$$\underset{\text{异柠檬酸}}{\begin{matrix}CH_2-COOH\\|\\CH-COOH\\|\\CHOH-COOH\end{matrix}} \xrightarrow[\text{异柠檬酸脱氢酶}]{NAD^+ \quad NADH+H^+} \underset{\alpha\text{-酮戊二酸}}{\begin{matrix}CH_2-COOH\\|\\CH_2\\|\\CO-COOH\end{matrix}} + CO_2 \tag{5-15}$$

（4）琥珀酰辅酶 A 的生成：在 α-酮戊二酸脱氢酶复合体催化下，α-酮戊二酸氧化脱羧生成琥珀酰辅酶 A，这是三羧酸循环中第二次氧化脱羧。此过程中 α-酮戊二酸释放较多自由能，反应不可逆。α-酮戊二酸脱氢酶复合体的组成和催化反应过程与丙酮酸脱氢酶复合体类似，是三羧酸循环中又一关键酶。其反应式为：

$$\underset{\alpha\text{-酮戊二酸}}{\begin{matrix}CH_2-COOH\\|\\CH_2\\|\\CO-COOH\end{matrix}} + HSCoA \xrightarrow[\alpha\text{-酮戊二酸脱氢酶复合体}]{NAD^+ \quad NADH+H^+} \underset{\text{琥珀酰辅酶A}}{\begin{matrix}CH_2-COOH\\|\\CH_2\\|\\CO\sim SCoA\end{matrix}} + CO_2 \tag{5-16}$$

（5）琥珀酸的生成：在琥珀酰辅酶 A 硫激酶催化下，琥珀酰辅酶 A 的高能硫酯键水解将能量转移，使 GDP 经底物磷酸化生成 GTP，本身转变为琥珀酸。生成的 GTP 再将高能键转移给 ADP 生成 ATP。这是三羧酸循环中唯一的底物磷酸化反应。其反应式为：

$$\underset{\text{琥珀酰辅酶A}}{\begin{matrix}CH_2-COOH\\|\\CH_2\\|\\CO\sim SCoA\end{matrix}} + Pi \underset{\text{琥珀酰辅酶A硫激酶}}{\overset{GDP \quad GTP}{\rightleftharpoons}} \underset{\text{琥珀酸}}{\begin{matrix}COOH\\|\\CH_2\\|\\CH_2\\|\\COOH\end{matrix}} + HSCoA \tag{5-17}$$

$$GTP + ADP \rightleftharpoons GDP + ATP \tag{5-18}$$

（6）延胡索酸的生成：由琥珀酸脱氢酶催化，琥珀酸脱氢生成延胡索酸，反应脱下的氢由 FAD 接受，生成 $FADH_2$。其反应式为：

$$\underset{\text{琥珀酸}}{\begin{array}{c} COOH \\ | \\ CH_2 \\ | \\ CH_2 \\ | \\ COOH \end{array}} \xrightleftharpoons[\text{琥珀酸脱氢酶}]{FAD \quad FADH_2} \underset{\text{延胡索酸}}{\begin{array}{c} COOH \\ | \\ C-H \\ \| \\ H-C \\ | \\ COOH \end{array}} \tag{5-19}$$

（7）苹果酸的生成：延胡索酸在延胡索酸酶催化下加水生成苹果酸。其反应式为：

$$\underset{\text{延胡索酸}}{\begin{array}{c} COOH \\ | \\ C-H \\ \| \\ H-C \\ | \\ COOH \end{array}} \xrightleftharpoons[\text{延胡索酸酶}]{H_2O} \underset{\text{苹果酸}}{\begin{array}{c} COOH \\ | \\ CHOH \\ | \\ CH_2 \\ | \\ COOH \end{array}} \tag{5-20}$$

（8）草酰乙酸的再生：在苹果酸脱氢酶催化下，苹果酸脱氢生成草酰乙酸，脱下的氢由 NAD^+接受生成 $NADH+H^+$。再生的草酰乙酸则不断地被用于柠檬酸的合成。其反应式为：

$$\underset{\text{苹果酸}}{\begin{array}{c} COOH \\ | \\ CHOH \\ | \\ CH_2 \\ | \\ COOH \end{array}} \xrightleftharpoons[\text{苹果酸脱氢酶}]{NAD^+ \quad NADH+H^+} \underset{\text{草酰乙酸}}{\begin{array}{c} COOH \\ | \\ C=O \\ | \\ CH_2 \\ | \\ COOH \end{array}} \tag{5-21}$$

三羧酸循环从乙酰辅酶 A 与草酰乙酸缩合生成柠檬酸开始，经历两次脱羧反应生成 2 分子 CO_2，这是体内 CO_2 的主要来源；经历四次脱氢反应，生成 3 分子 $NADH+H^+$和 1 分子 $FADH_2$；经历一次底物磷酸化反应，生成 1 分子 GTP，反应过程可归纳如图 5-4 所示。

知识链接

三羧酸循环的提出

H. A. Krebs（1900~1981），生于德国的犹太家庭，内科医生、生物化学家，1933 年前曾经做过 Kaiser Wilhelm 生物研究所 O. H. Warburg 教授的助手，1934 年因纳粹统治被迫逃亡英国，先后在剑桥大学、谢菲尔德大学从事生物化学研究。Krebs 在代谢研究方面的重大发现——三羧酸循环又称柠檬酸循环，是能量代谢和物质转变的枢纽，被称为 Krebs 循环。1937 年，Krebs 利用鸽子胸肌的组织悬液，测定了在不同有机酸作用下丙酮酸氧化过程的耗氧率，从而推理得出结论：一系列有机三羧酸和二羧酸以循环方式存在，可能是肌组织中碳水化合物氧化的主要途径。Krebs 将这一发现投稿至《自然》编辑部，遗憾的是被拒稿。接着 Krebs 改投荷兰的杂志《Enzymologia》，2 个月内论文就得以发表。1953 年，Krebs 获得诺贝尔生理学/医学奖。此后，他经常用这段拒稿经历鼓励青年学者专注于自己的研究兴趣，坚持自己的学术观点。1988 年，在 Krebs 逝世 7 年后，《自然》杂志公开表示，拒绝 Krebs 的文章是有史以来所犯的最大错误。

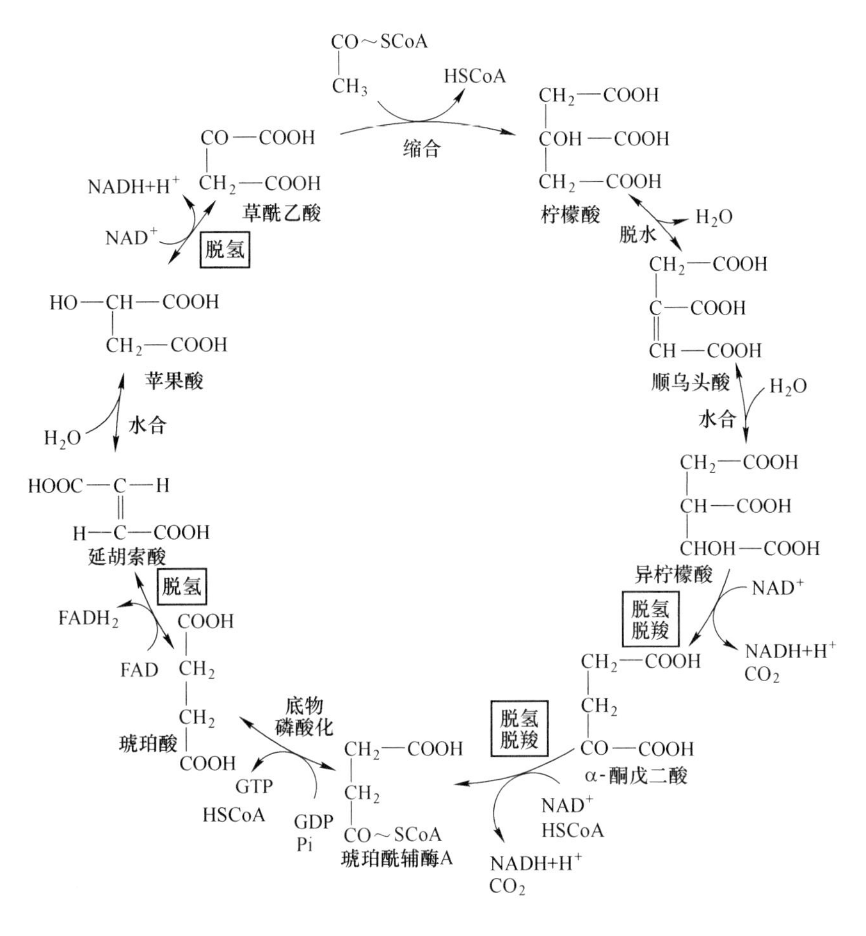

图 5-4　三羧酸循环

5.2.2.3　糖有氧氧化的生理意义

（1）有氧氧化是机体获得能量的主要方式。1 分子葡萄糖经糖酵解仅净生成 2 分子 ATP，经有氧氧化可净生成 32（或 30）分子 ATP，见表 5-2。在生理条件下，许多组织和细胞皆从糖的有氧氧化获得能量。

表 5-2　葡萄糖有氧氧化生成的 ATP

阶　段	反　　应	辅酶	ATP
第一阶段	葡萄糖→ 6-磷酸葡萄糖		-1
	6-磷酸果糖→1,6 双磷酸果糖		-1
	2×3-磷酸甘油醛→2×1,3-二磷酸甘油酸	NAD^+	2×2.5 或 2×1.5
	2×1,3-二磷酸甘油酸→2×3-磷酸甘油酸		2×1
第二阶段	2×磷酸烯醇式丙酮酸→2×丙酮酸		2×1
	2×丙酮酸→2×乙酰 CoA	NAD^+	2×2.5

续表 5-2

阶　段	反　　应	辅酶	ATP
第三阶段	2×异柠檬酸→2×α-酮戊二酸	NAD^+	2×2.5
	2×α-酮戊二酸→2×琥珀酰 CoA	NAD^+	2×2.5
	2×琥珀酰 CoA→2×琥珀酸		2×1
	2×琥珀酸→2×延胡索酸	FAD	2×1.5
	2×苹果酸→2×草酰乙酸	NAD^+	2×2.5
净生成			30 或 32

注：获得 ATP 的数量取决于还原当量进入线粒体的机制。

（2）三羧酸循环是糖、脂肪和蛋白质彻底氧化分解的共同途径。三大营养物质（糖、脂肪、蛋白质）经代谢之后均可生成乙酰辅酶 A 或三羧酸循环的中间产物（如草酰乙酸、α-酮戊二酸等），经三羧酸循环彻底氧化生成 CO_2、H_2O，并生成大量 ATP。因此三羧酸循环是三大营养物质在体内氧化分解的共同通路，估计人体内 2/3 的有机物是通过三羧酸循环而被分解的。

（3）三羧酸循环是三大物质联系的枢纽。三羧酸循环是一个开放系统，它的许多中间产物与其他代谢途径相沟通，使糖、脂肪、氨基酸相互转化。糖分解代谢产生的丙酮酸、α-酮戊二酸、草酰乙酸等可通过转氨基作用，分别生成丙氨酸、谷氨酸、天冬氨酸；同样，这些氨基酸也可经脱氨基后生成相应的 α-酮酸进入三羧酸循环彻底氧化；脂肪分解产生甘油和脂肪酸，前者可转变成磷酸二羟丙酮，后者可生成乙酰辅酶 A，它们均可进入三羧酸循环氧化供能。故三羧酸循环是糖、脂肪、氨基酸等代谢联系的枢纽。

5.2.2.4　糖有氧氧化的调节

丙酮酸脱氢酶复合体及三羧酸循环中的柠檬酸合酶、异柠檬酸脱氢酶和 α-酮戊二酸脱氢酶复合体是糖有氧氧化的四个关键酶。

（1）丙酮酸脱氢酶复合体的调节。丙酮酸脱氢酶复合体可通过别构调节和共价修饰调节进行快速调节。该酶的产物乙酰轴酶 A、NADH 以及 ATP 长链脂肪酸是其别构抑制剂，而 HSCoA、NAD^+、AMP 是其别构激活剂。例如饥饿、脂肪动员加强时，乙酰辅酶 A/HSCoA 比值和 NADH/NAD^+比值升高，糖的有氧氧化被抑制，多数组织和器官利用脂肪酸作为能量来源，以确保脑等重要器官对葡萄糖的需要。丙酮酸脱氢酶复合体还受到共价修饰调节，在丙酮酸脱氢酶复合体激酶作用下，该酶的丝氨酸残基可被磷酸化，使酶蛋白别构而失去活性；丙酮酸脱氢酶复合体磷酸酶使之去磷酸化而恢复活性。

（2）三羧酸循环的调节。三羧酸循环的速率和流量受多种因素调控。在三个关键酶中，异柠檬酸脱氢酶和 α-酮戊二酸脱氢酶复合体是两个重要的调节点，它们不仅受到代谢物浓度的别构调节，更受到细胞内能量状态影响。二者在 NADH/NAD^+、ATP/ADP（AMP）比值升高时均被反馈抑制，使三羧酸循环速度减慢。ADP 是异柠檬酸脱氢酶的别构激活剂，可加速三羧酸循环进行。

5.2.3　磷酸戊糖途径

磷酸戊糖途径由葡糖-6-磷酸开始，生成具有重要生理功能的核糖-5-磷酸和 NADPH+

H^+。戊糖磷酸途径主要在肝、脂肪、哺乳期的乳腺、肾上腺皮质、性腺和红细胞等组织和细胞的胞质中进行。

5.2.3.1 反应过程

磷酸戊糖途径可分为两个阶段：第一阶段是氧化阶段，生成磷酸戊糖、$NADPH+H^+$和CO_2；第二阶段为基团转移阶段，生成核糖-5-磷酸或糖酵解的中间产物。

A 氧化阶段

葡糖-6-磷酸在以$NADP^+$为辅酶的葡糖-6-磷酸脱氢酶催化下生成6-磷酸葡糖酸内酯，然后在6-磷酸葡糖酸内酯酶催化下，水解成6-磷酸葡糖酸。在6-磷酸葡糖酸脱氢酶催化下产生5-磷酸核酮糖，$NADP^+$再一次作为受氢体。每分子葡糖-6-磷酸生成5-磷酸核酮糖的过程中，同时生成2分子$NADPH+H^+$及1分子CO_2。

5-磷酸核酮糖在戊糖磷酸异构酶催化下转变为核糖-5-磷酸，也可在差向酶作用下生成木酮糖-5-磷酸。葡糖-6-磷酸脱氢酶是戊糖磷酸途径的关键酶，催化不可逆反应。此酶活性受NADPH浓度影响，NADPH反馈抑制酶的活性。其反应式为：

$$\text{葡糖-6-磷酸} \xrightarrow[\text{(1)}\ NADPH+H^+]{NADP^+} \text{6-磷酸葡糖酸内酯} \xrightarrow{H_2O} \text{6-磷酸葡糖酸} \xrightarrow[\text{(2)}\ NADPH+H^+,\ CO_2]{NADP^+} \text{核酮糖-5-磷酸} \rightleftharpoons \text{核糖-5-磷酸} \tag{5-22}$$

B 基团转移阶段

在第一阶段生成的磷酸戊糖通过一系列的基团转移反应，进行酮基和醛基的转移，产生三碳、四碳、五碳、六碳和七碳糖，最后转变成果糖-6-磷酸和甘油醛-3-磷酸又进入糖酵解途径。

戊糖磷酸途径（见图5-5）的总反应为：

$$3\times\text{葡糖-6-磷酸} + 6NADP^+ \longrightarrow 2\times\text{果糖-6-磷酸} + \text{甘油醛-3-磷酸} + 6NADPH + 6H^+ + 3CO_2 \tag{5-23}$$

5.2.3.2 磷酸戊糖途径调节

6-磷酸葡萄糖脱氢酶是磷酸戊糖途径的关键酶，其活性的高低决定6-磷酸葡萄糖进入此途径的流量。此酶活性受$NADPH/NADP^+$浓度的影响，其比值升高时抑制酶的活性。NADPH对该酶有强烈的抑制作用。

5.2.3.3 磷酸戊糖的生理意义

戊糖磷酸途径的主要功能不是生成ATP供能，而是生成对细胞生命活动具有重要意义的核糖-5-磷酸和$NADPH+H^+$。

A 核糖-5-磷酸的生理作用

戊糖磷酸途径是葡萄糖在体内生成核糖-5-磷酸的唯一途径。核糖-5-磷酸是合成核苷

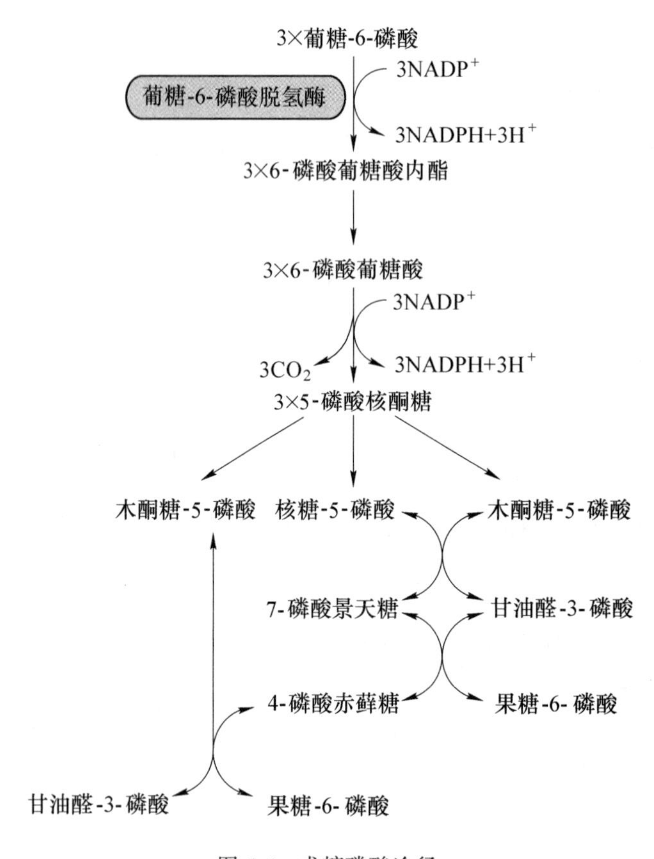

图 5-5 戊糖磷酸途径

酸及其衍生物的重要原料，故损伤后修复再生的组织、更新旺盛的组织，如肾上腺皮质、梗死后的心肌及部分切除后的肝等，此代谢途径都比较活跃。

B NADPH+H⁺的生理作用

NADPH+H⁺作为供氢体，参与体内多种代谢反应，比如：

（1）为体内多种合成代谢提供氢：人体内脂肪酸、胆固醇及类固醇激素等化合物的生物合成都需 NADPH+H⁺作为供氢体，故脂质合成旺盛的组织，戊糖磷酸途径也比较活跃。

（2）是谷胱甘肽还原酶的辅酶：谷胱甘肽还原酶以 NADPH 为辅酶，催化氧化型谷胱甘肽（GSSG）还原成还原型谷胱甘肽（GSH）。还原型谷胱甘肽是体内重要的抗氧化剂，可保护一些含巯基的蛋白质或酶免受氧化剂的破坏，维持细胞膜的完整性。遗传性葡糖-6-磷酸脱氢酶缺陷的患者，戊糖磷酸途径不能正常进行，NADPH+H⁺缺乏，GSH 含量减少，使红细胞膜易于破坏面发生溶血性贫血，因患者常在食蚕豆或服用抗疟疾药物伯氨喹后发病，故又称蚕豆病。

（3）参与生物转化作用：羟化反应是肝中生物转化的一类重要反应，许多药物、毒物、类固醇激素等在肝中的生物转化需通过羟化反应。NADPH+H⁺作为单加氧酶的辅酶在体内的羟化反应中起重要作用。

5.3 糖原的合成与分解

摄入的糖类除满足供能外，大部分转变成脂肪（甘油三酯）储存于脂肪组织，还有一小部分用于合成糖原。糖原（Dyogen）是葡萄糖的多聚体，是动物体内糖的储存形式。糖原分子呈多分支状，其葡萄糖单位主要以 α-1,4-糖苷键连接，只有分支点形成 α-1,6-糖苷键。糖原具有一个还原性末端和多个非还原性末端。在糖原的合成与分解过程中，葡萄糖单位的增减均发生在非还原性末端。

糖原作为葡萄糖储备的意义在于，当机体需要葡萄糖时可以迅速动用糖原以供急需，而动用脂肪的速度则较慢。糖原主要储存于肝和骨骼肌，但肝糖原和肌糖原的生理意义不同。肝糖原是血糖的重要来源，这对于一些依赖葡萄糖供能的组织（如脑、红细胞等）尤为重要。而肌糖原则主要为肌收缩提供急需的能量。

5.3.1 糖原生成

5.3.1.1 概念

由单糖（主要是葡萄糖）合成糖原的过程称为糖原生成（Glycogenesis）。反应在胞质中进行，需要消耗 ATP 和 UTP。

5.3.1.2 反应过程

（1）葡糖-6-磷酸的生成。在己糖激酶（肌肉）或葡糖激酶（肝）催化下，利用 ATP 供能，葡萄糖磷酸化生成葡糖-6-磷酸。其反应式为：

$$\text{葡萄糖} \xrightarrow[\text{己糖激酶（肌肉）} \atop \text{葡糖激酶（肝）}]{\text{ATP} \quad \text{ADP}} \text{葡糖-6-磷酸} \xleftrightarrow[\text{磷酸葡糖变位酶}]{} \text{葡糖-1-磷酸} \qquad (5\text{-}24)$$

（2）葡糖-1-磷酸的生成。葡糖-6-磷酸在磷酸葡糖变位酶催化下，异构为葡糖-1-磷酸。

（3）尿苷二磷酸葡糖的生成。葡糖-1-磷酸在 UDPG 焦磷酸化酶催化下与尿苷三磷酸反应，生成尿苷二磷酸葡糖（UDPG），释放出焦磷酸。其反应式为：

$$\text{葡糖-1-磷酸} \xrightarrow[\text{UDPG焦磷酸化酶}]{\text{UTP} \quad \text{PPi}} \text{尿苷二磷酸葡糖} \qquad (5\text{-}25)$$

（4）糖原的生成。UDPG 可看作“活性葡萄糖”，作为糖原生成的葡萄糖供体。在糖原合酶催化下，将 UDPG 的葡萄糖基转移至糖原引物的糖链末端，以 α-1,4-糖苷键相连。每进行一次反应，糖原引物上即增加 1 个葡萄糖单位，由此使糖原分子不断变大。其反应式为：

$$\text{UDPG} + G_n \xrightarrow[\text{糖原合酶}]{} G_{n+1} + \text{UDP} \qquad (5\text{-}26)$$

5.3.1.3 糖原生成的特点

（1）糖原生成需要糖原引物。糖原生成反应不能从头开始将两个葡萄糖分子相互连接，而只能将葡萄糖加到引物（至少含有四个葡萄糖残基的 α-1,4 葡聚物）上。

（2）UDPG 是活性葡萄糖基的供体。其生成过程中消耗 ATP 和 UTP，在糖原引物上每增加一个新的葡萄糖单位，需要消耗两个高能磷酸键。

（3）糖原合酶是糖原生成过程的关键酶。糖原合酶只能延长糖链，不能形成分支。当糖链的直链超过 11 个糖基的长度时，由分支酶将一段糖链残基（通常 6~7 个葡萄糖单位）转移到邻近的糖链上，以 α-1,6-糖苷键相连形成新分支。两种酶反复作用的结果，形成高度分支的糖原分子，如图 5-6 所示。此种分支结构不仅增加糖原的水溶性，以利于其储存，更重要的是增加了非还原端的数目，提供了更多的反应位点，大大提高了反应速度。

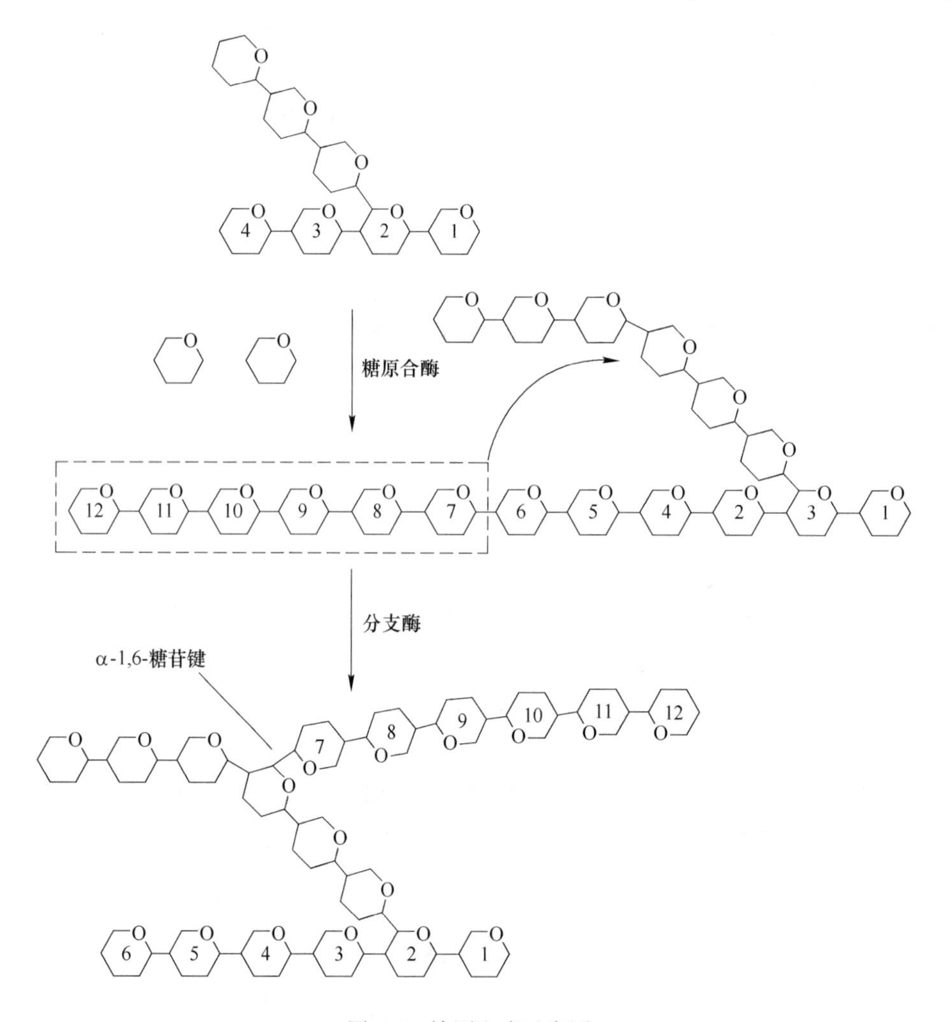

图 5-6 糖原生成示意图

5.3.2 糖原分解

5.3.2.1 概念

肝糖原分解为葡萄糖以补充血糖的过程，称为糖原分解（glycogenolysis）。肌糖原不能分解为葡萄糖，其分解产物主要进行糖酵解或有氧氧化。

5.3.2.2 糖原分解反应过程

A 糖原分解为葡糖-1-磷酸

糖原磷酸化酶是糖原分解的限速酶，从糖链的非还原末端开始，逐个催化 α-1,4-糖苷键断裂并使葡萄糖基磷酸化生成葡糖-1-磷酸。其反应式为：

$$G_n + Pi \xrightarrow{\text{糖原磷酸化酶}} G_{n-1} + \text{葡糖-1-磷酸} \quad (5\text{-}27)$$

磷酸化酶只能分解 α-1,4-糖苷键，当其催化直链糖链水解至距分支点四个葡萄糖残基时就不再起作用。对分支点 α-1,6-糖苷键水解还需脱支酶作用。

脱支酶是一种双功能酶，它具有 4-α-葡糖基转移酶和 α-1,6-葡糖苷酶的活性。糖原降解至分支处约四个糖基时，磷酸化酶由于位阻作用被中止，由脱支酶将其中三个葡萄糖基转移到邻近糖链末端，仍以 α-1,4 糖苷键连接。而分支处剩下的一个以 α-1,6-糖苷键与糖链相连的葡萄糖基，被脱支酶水解为游离葡萄糖。糖原在磷酸化酶和脱支酶交替作用下，分子逐渐变小，如图 5-7 所示。

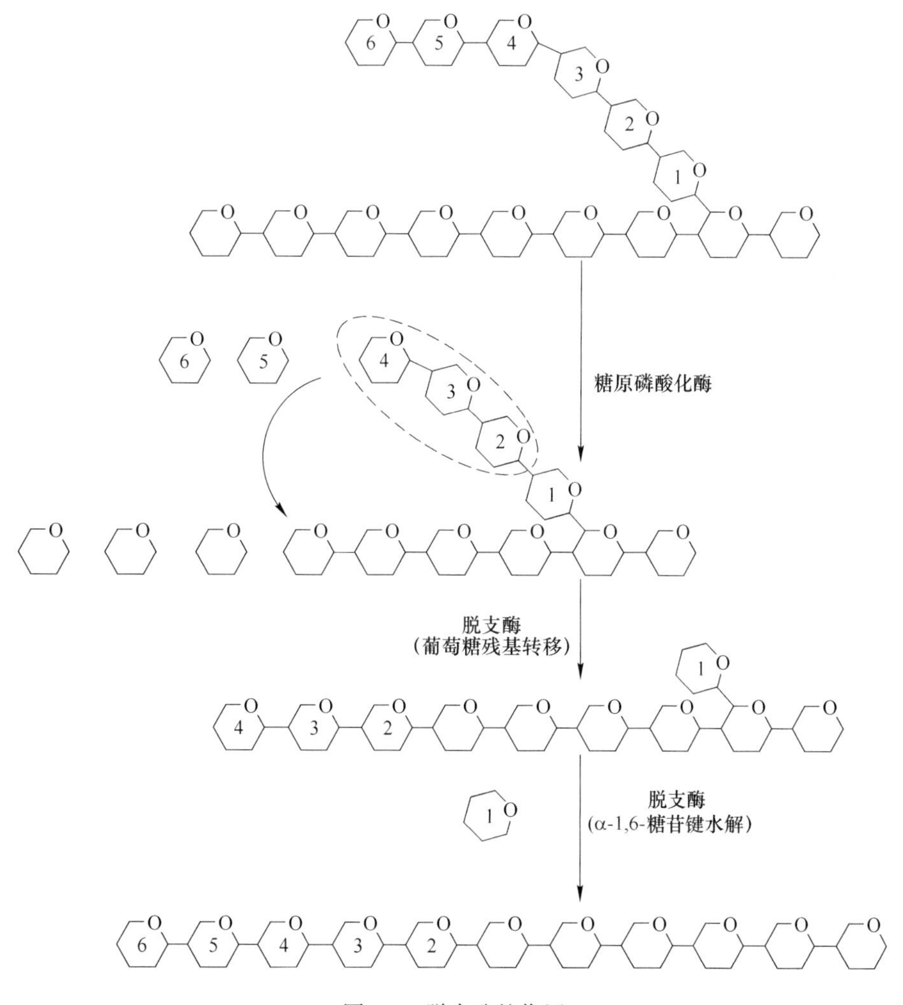

图 5-7 脱支酶的作用

B 葡糖-6-磷酸的生成

葡糖-1-磷酸在变位酶作用下转变为葡糖-6-磷酸。

C 葡萄糖的生成

葡糖-6-磷酸酶可催化葡糖-6-磷酸水解为葡萄糖而释放入血。其反应式为：

$$\text{葡糖-1-磷酸} \xrightleftharpoons{\text{变位酶}} \text{葡糖-6-磷酸} \xrightarrow[\text{(肝)}\ H_2O \curvearrowright Pi]{\text{葡糖-6-磷酸酶}} \text{葡萄糖} \tag{5-28}$$

葡糖-6-磷酸酶只存在于肝和肾，所以只有肝糖原可分解为葡萄糖补充血糖。肌肉中无此酶，故肌糖原只能进行糖酵解或有氧氧化，而不能直接分解成葡萄糖。

5.3.3 糖原生成与分解的生理意义

糖原是糖在体内的贮存形式。进食后，血糖浓度迅速升高，葡萄糖生成糖原，将能量进行贮存。在空腹等情况下，血糖供应不足时，肝糖原分解为葡萄糖，维持血糖浓度的恒定，保证组织和细胞能量代谢得以实现。所以糖原的生成与分解对维持血糖浓度的恒定、保证机体组织和细胞对能量的需求十分重要。

5.3.4 糖原生成与分解的调节

糖原生成与分解不是简单的可逆反应。生成途径中的糖原合酶和分解途径中的磷酸化酶是关键酶，也是两条代谢途径的调节酶。各种因素一般都是通过改变这两种酶的活性状态而实现对糖原生成与分解的调节。这两种酶在体内有活性型（糖原合酶 a 和磷酸化酶 a）和无活性型（糖原合酶 b 和磷酸化酶 b）两种形式。其活性的大小决定糖原代谢的方向，它们主要通过变构调节和共价修饰两种方式进行调节。

5.3.4.1 共价修饰调节

细胞内活性型糖原合酶 a，在蛋白激酶 A 的催化下，磷酸化成无活性的糖原合酶 b，磷蛋白磷酸酶则使后者去磷酸化而活化，调节糖原生成过程。而无活性的磷酸化酶 b 激酶在蛋白激酶 A 催化下磷酸化转变成有活性的磷酸化酶 b 激酶，后者催化无活性的磷酸化酶 b 磷酸化，转变为有活性的糖原磷酸化酶 a，从而使糖原的分解加强。胰高血糖素和肾上腺素可通过信号转导途径，增加细胞内 cAMP 浓度而活化蛋白激酶 A，促进糖原分解，抑制糖原生成。糖原生成、分解的共价修饰调节如图 5-8 所示。

5.3.4.2 别构调节

AMP 是别构激活剂，使无活性的磷酸化酶 b 在磷酸化酶 b 激酶作用下进行磷酸化修饰形成有活性的磷酸化酶 a，加速糖原分解。而 ATP 是磷酸化酶 a 的别构抑制剂，使糖原分解减少。葡糖-6-磷酸是糖原合酶 b 的别构激活剂，促使糖原合酶 b 转变为有活性的糖原合酶 a，加速糖原的生成。

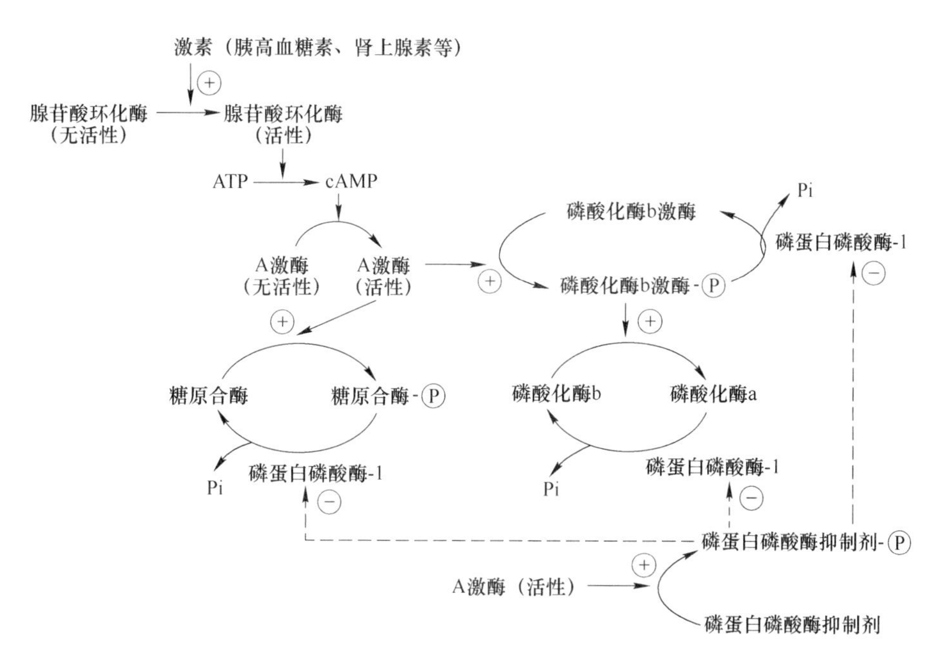

图 5-8 糖原合成与分解的共价修饰调节

5.4 糖 异 生

体内糖原的储备有限，如果没有补充，在 12~24h 肝糖原即被耗尽，血糖来源断绝。但事实上即使禁食更长时间，血糖仍保持在正常范围。这时除了周围组织减少对葡萄糖的利用外，主要还依赖肝将氨基酸、乳酸等转变成葡萄糖，不断补充血糖。这种由非糖化合物（乳酸、甘油、生糖氨基酸等）转变为葡萄糖或糖原的过程称为糖异生。糖异生的主要器官是肝；肾的糖异生能力相对较弱但在长期饥饿时可增强。

5.4.1 糖异生途径

糖异生途径基本上是糖酵解途径的逆过程。糖酵解途径中大多数的酶促反应是可逆的，但己糖激酶（包括葡萄糖激酶）、6-磷酸果糖激酶-1 和丙酮酸激酶催化的三步反应的不可逆，在糖异生途径中必须由另外的糖异生途径的关键酶催化完成。

5.4.1.1 丙酮酸转变为磷酸烯醇式丙酮酸

糖酵解途径中丙酮酸激酶催化磷酸烯醇式丙酮酸生成丙酮酸。在糖异生途径中丙酮酸要经两种酶催化的两步反应生成磷酸烯醇式丙酮酸。其反应式为：

$$\underset{\text{丙酮酸}}{\mathrm{COO^- - C(=O) - CH_3}} \xrightarrow[\mathrm{ATP}\ \ \ \mathrm{ADP+Pi}]{\mathrm{CO_2}} \underset{\text{草酰乙酸}}{\mathrm{COO^- - C(=O) - CH_2 - COOH}} \xrightarrow[\mathrm{GTP}\ \ \ \mathrm{GDP}]{\mathrm{CO_2}} \underset{\text{磷酸烯醇式丙酮酸}}{\mathrm{COO^- - C(=CH_2) - O - P(=O)(O^-) - O^-}} \qquad (5\text{-}29)$$

此过程由两步反应组成。第一步反应是丙酮酸在丙酮酸羧化酶的催化下生成草酰乙酸；第二步反应是草酰乙酸在磷酸烯醇丙酮酸羧化激酶催化下，脱羧并磷酸化生成磷酸烯醇丙酮酸。此过程称为丙酮酸羧化支路，两步反应共消耗 2 分子 ATP。丙酮酸羧化酶存在于线粒体中，磷酸烯醇丙酮酸羧化激酶存在于线粒体及胞质中，而草酰乙酸不能直接通过线粒体内膜，通过转变为苹果酸或天冬氨酸的方式转入胞质。

5.4.1.2 1,6-二磷酸果糖转变为 6-磷酸果糖

由果糖双磷酸酶-1 催化的反应式为：

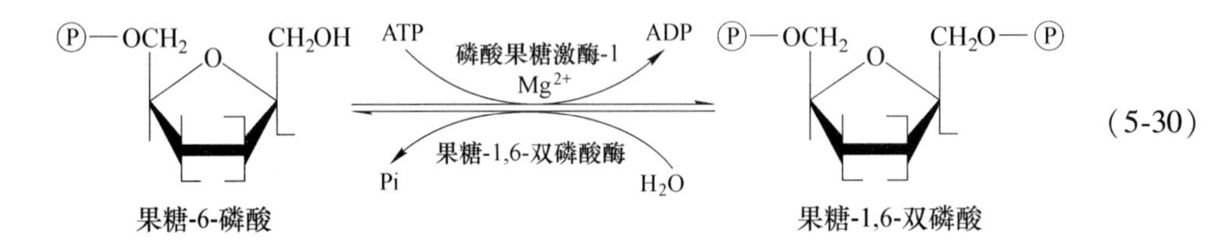

(5-30)

5.4.1.3 6-磷酸葡萄糖转变为葡萄糖

由葡萄糖-6-磷酸酶催化的反应式为：

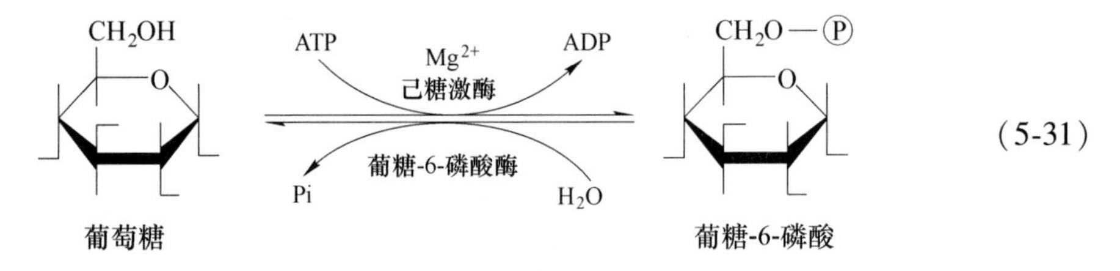

(5-31)

在以上三步反应过程中，由不同的酶催化单向反应，使两个作用物互变的循环称为底物循环。当两种酶活性相等时，反应不能进行，而当两种酶活性不完全相等时，反应向一个方向进行。糖异生途径可归纳如图 5-9 所示。

5.4.2 糖异生意义

5.4.2.1 饥饿情况下维持血糖浓度恒定

实验证明，在禁食 12h 后肝糖原耗尽，糖异生作用成为饥饿情况下补充血糖的主要来源。糖异生作用最主要的生理意义就是在血糖来源不足的情况下，利用非糖物质转变为糖，以维持血糖浓度的相对恒定。长期饥饿情况下，糖异生作用的存在对于维持血糖浓度的恒定，保证脑、红细胞等组织和器官的葡萄糖供应是十分必要的。

5.4.2.2 有利于乳酸的再利用，防止酸中毒

在剧烈运动或缺氧时，糖酵解加速，产生大量乳酸。乳酸为固定酸，生成过多可导致酸中毒。各种途径生成的乳酸经血液运输到肝，通过糖异生作用生成葡萄糖，用于补充血糖浓度的同时，有利于乳酸的再利用，同时可有效防止酸中毒的发生。糖异生作用使不能直接分解为葡萄糖的肌糖原通过乳酸循环间接转变为血糖，维持血糖浓度恒定，利于肝糖原的更新。

5.4.2.3 协助氨基酸代谢

生糖氨基酸在体内分解代谢过程中可生成丙酮酸、α-酮戊二酸和草酰乙酸等糖代谢的

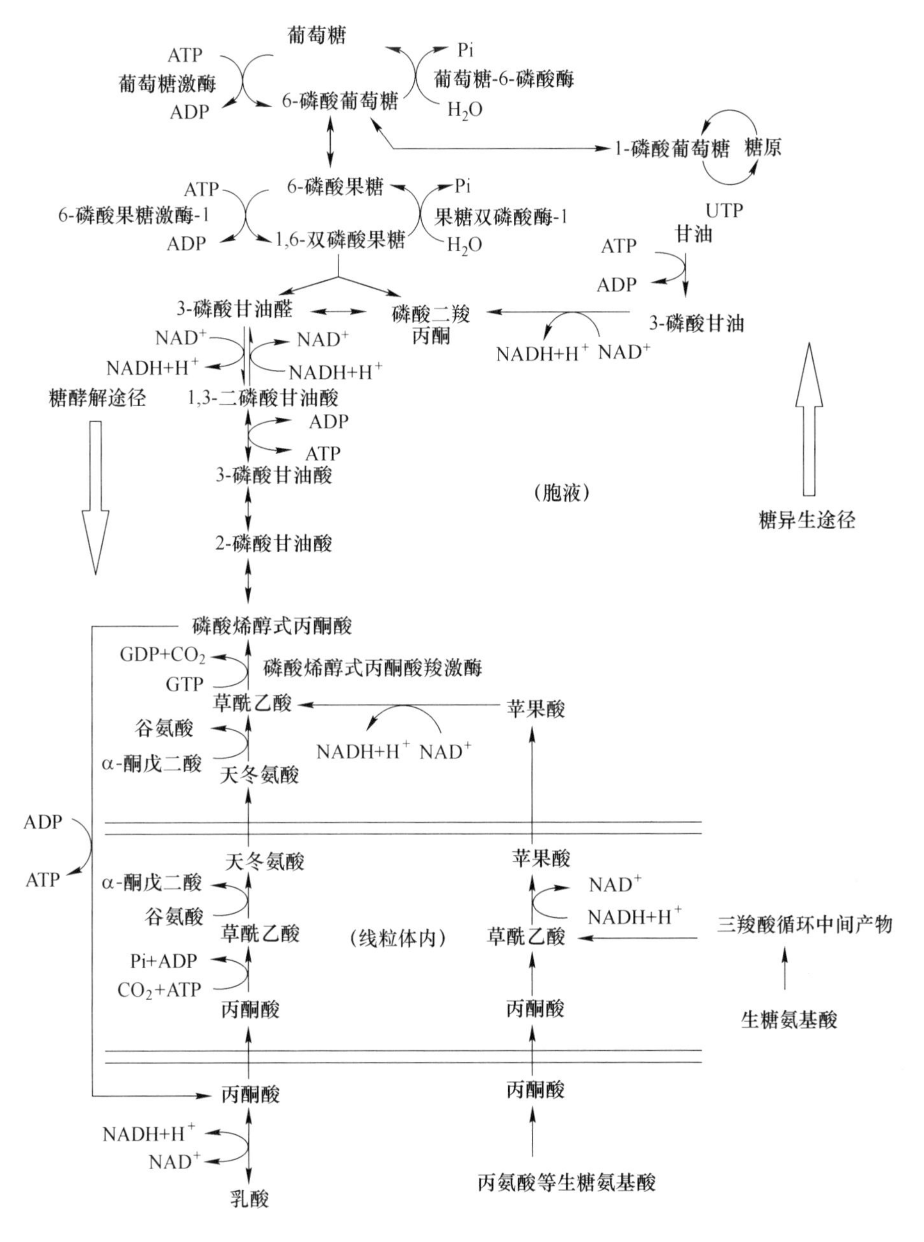

图 5-9 糖异生途径

中间产物，在肝内经糖异生作用转变为葡萄糖。实验证明，饥饿时，组织蛋白分解增强，血中氨基酸含量升高，糖异生作用十分活跃，是饥饿时维持血糖的主要原料来源。

5.4.3 糖异生的调节

糖异生与糖酵解是方向相反的两条代谢途径，因此机体必须对两条代谢途径中的关键酶进行协调调节。如以丙酮酸为原料进行糖异生时，就必须抑制酵解途径的关键酶，以防止葡萄糖又重新分解成丙酮酸。机体主要可通过共价修饰和变构调节方式来调节这两条途径中关键酶的活性。

5.4.3.1　共价修饰调节

当血糖水平较低时，胰高血糖素可以通过依赖 cAMP 的蛋白激酶途径，使 6-磷酸果糖激酶-2 磷酸化而失活，降低细胞内 2,6-二磷酸果糖的水平；同时使丙酮酸激酶磷酸化失去活性，起到抑制糖酵解促进糖异生的作用。胰岛素则有相反的作用。

5.4.3.2　变构调节

乙酰 CoA 作为变构剂可以激活丙酮酸羧化酶，促进糖异生作用。2,6-二磷酸果糖和 AMP 是糖酵解中 6-磷酸果糖激酶-1 的变构激活剂，同时也是糖异生中果糖双磷酸酶-1 的变构抑制剂，可以促进糖酵解抑制糖异生。

目前认为，2,6-二磷酸果糖的水平是肝内调节糖酵解或糖异生反应方向的主要信号。糖供应充分时，胰高血糖素/胰岛素比例降低，2,6-二磷酸果糖水平升高，抑制糖异生，促进糖酵解。糖供应缺乏时，2,6-二磷酸果糖水平降低，糖异生增加。

另外，胰高血糖素还可通过 cAMP 诱导磷酸烯醇式丙酮酸羧激酶基因的表达，增加该酶的合成。胰岛素则具有相反的作用。

本章小结

糖类消化后主要以单体形式在小肠被吸收。细胞摄取糖需要葡糖转运蛋白。细胞进行糖代谢，可通过无氧氧化、有氧氧化和磷酸戊糖途径分解葡萄糖，提供能量或其他重要产物；也可将糖储存为糖原形式；抑或将非糖物质异生转化为糖。

糖的无氧氧化是指机体不利用氧将葡萄糖分解为乳酸的过程，在细胞质中进行，分为两个阶段：葡萄糖分解为丙酮酸，称为糖酵解；丙酮酸还原生成乳酸。其中，糖酵解是糖分解的必经之路，其流量受关键酶磷酸果糖激酶-1（尤为重要）、丙酮酸激酶和己糖激酶所调节。糖的无氧氧化可为机体快速供能，1 分子葡萄糖通过底物水平磷酸化净生成 2 分子 ATP。

糖的有氧氧化是指机体利用氧将葡萄糖彻底氧化为 CO_2 和 H_2O 的过程，在细胞质和线粒体中进行，分为糖酵解、丙酮酸氧化脱羧生成乙酰 CoA 和三羧酸循环三个阶段。其中，三羧酸循环主要通过偶联氧化磷酸化生成大量 ATP，而经底物水平磷酸化生成的 ATP 则很少。糖的有氧氧化是主要产能途径，1 分子葡萄糖经有氧氧化可净生成 30 或 32 分子 ATP，关键酶是磷酸果糖激酶-1、丙酮酸激酶、己糖激酶、丙酮酸脱氢酶复合体、柠檬酸合酶、异柠檬酸脱氢酶和 α-酮戊二酸脱氢酶复合体。糖的有氧氧化主要受能量供需平衡所调节。

磷酸戊糖途径在细胞质中进行，不产能而可产生磷酸核糖和 NADPH。关键酶是葡糖 6-磷酸脱氢酶，主要受 NADPH 供需平衡所调节。

肝糖原和肌糖原是体内糖的储存形式。肝糖原在饥饿时补充血糖，肌糖原通过无氧氧化为肌收缩供能。糖原合成与分解的关键酶分别为糖原合酶和糖原磷酸化酶，两者的酶活性调节彼此相反，主要受磷酸化与去磷酸化修饰调节。

糖异生是指非糖物质在肝和肾转变为葡萄糖或糖原的过程，主要作为饥饿时的血糖补给。关键酶是丙酮酸酸化酶、磷酸烯醇式丙酮酸羧激酶、果糖二磷酸酶-1 和葡糖-6-磷酸酶。糖异生和糖酵解的反向调节主要针对两个底物循环。

思考题

5-1 列表比较糖酵解与糖有氧氧化的部位、反应条件、关键酶、产物、能量产生及生理意义。

5-2 三羧酸循环有什么生理意义？

5-3 磷酸戊糖途径的关键酶和生理意义是什么？

5-4 为什么肝糖原能直接补充血糖，而肌糖原不能？

5-5 什么是糖异生？简述糖异生的关键酶与生理意义。

6 脂 类 代 谢

【学习目标】

（1）掌握甘油的氧化分解、糖异生以及合成脂类的过程、特点和意义。

（2）掌握脂肪酸 β-氧化的反应过程、限速步骤、限速酶、能量的生成。

（3）掌握酮体生成及利用的生理意义。

（4）掌握脂肪动员的概念、脂肪动员的关键酶及调节。

（5）掌握磷脂的概念、分类和结构。

（6）熟悉脂质的生理功能，三酰甘油、胆固醇合成的原料，胆固醇的转化与排泄。

（7）了解脂质的组成与分布。

（8）了解胆固醇、磷脂合成的基本过程及特点。

脂质种类多、结构复杂，决定了其在生命体内功能的多样性和复杂性。脂质分子不由基因编码，独立于从基因到蛋白质的遗传信息系统之外，不易溶于水是其最基本的特性，决定了脂质在以基因到蛋白质为遗传信息系统、以水为基础环境的生命体内的特殊性，也决定了其在生命活动或疾病发生发展中的特别重要性。一些原来认为与脂质关系不大甚至不相关的生命现象和疾病，可能与脂质及其代谢关系十分密切。近年来种种迹象表明，在分子生物学取得重大进展基础上，脂质及其代谢研究将再次成为生命科学医学和药学等的前沿领域。

6.1 脂质的构成、功能及分析

6.1.1 脂质的组成与分布

脂质是脂肪和类脂的总称。脂肪即甘油三酯，也称三脂肪酰基甘油，类脂包括固醇及其酯、磷脂和糖脂等。

6.1.1.1 脂肪的组成与分布

A 脂肪的组成

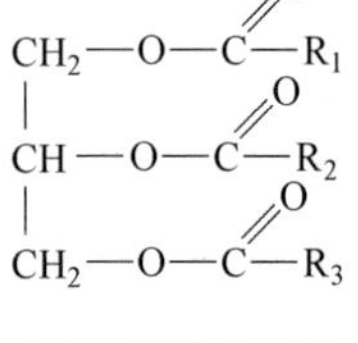

脂肪是由 1 分子甘油和 3 分子脂肪酸组成的酯，故称三酰甘油，也称甘油三酯。脂肪结构式如图 6-1 所示。

$$
\begin{array}{l}
CH_2-O-\overset{O}{\overset{\|}{C}}-R_1 \\
| \\
CH-O-\overset{O}{\overset{\|}{C}}-R_2 \\
| \\
CH_2-O-\overset{O}{\overset{\|}{C}}-R_3
\end{array}
$$

图 6-1 脂肪的结构式

如图 6-1 所示，R_1 和 R_3 通常为饱和烃基，R_2 为不饱和烃基。脂肪中的脂肪酸多数是饱和烃基。

B 脂肪的分布

脂肪主要以油滴状微粒贮存于脂肪细胞中，分布在皮下、大网膜、肠系膜、脏器的周围和肌纤维之间。人体内脂肪的含量受营养状况、活动量大小、性别等因素的影响。脂肪是机体内含量最多的脂质，正常成年男子脂肪含量占体重的10%~20%，女子略高。

6.1.1.2 类脂的组成与分布

A 类脂的组成

类脂包括磷脂、糖脂、胆固醇和胆固醇酯。磷脂是含有磷酸的脂质的总称，包括甘油磷脂和鞘磷脂两大类。甘油磷脂是体内含量最多、分布最广的磷脂。甘油磷脂的结构式如图6-2所示。

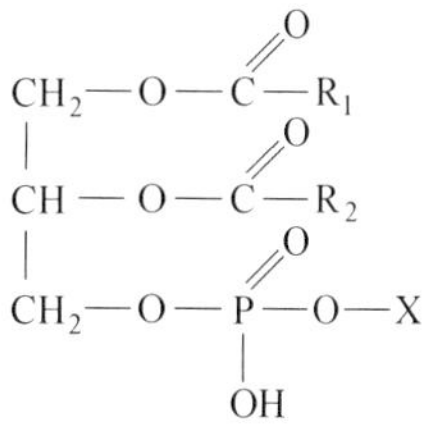

图6-2 甘油磷脂的结构式

如图6-2所示，R_1 和 R_2 为脂肪酸的烃基。R_1 的脂肪酸为饱和脂肪酸，如硬脂酸、软脂酸等；R_2 的脂肪酸为不饱和脂肪酸，如亚油酸、花生四烯酸等。X为取代基，不同的取代基组成不同的甘油磷脂。X=H时为磷脂酸，它是各种甘油磷脂的母体化合物。

胆固醇（Cholesterol）是具有环戊烷多氢菲烃核及一个羟基的固醇类化合物。在体内主要以游离胆固醇和胆固醇酯的形式存在，C_3 位上为羟基的是游离胆固醇，当羟基被脂肪酸酯化后形成胆固醇酯，其结构式如图6-3所示。

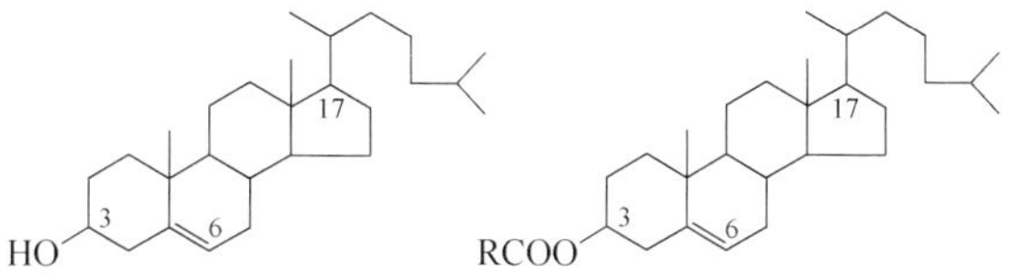

(a) (b)

图6-3 胆固醇的结构式

（a）游离胆固醇；（b）胆固醇酯

B 类脂的分布

类脂分布于人体各组织中，是构成生物膜的基本成分。类脂约占成年人体重的5%，神经组织中含量最多。类脂含量相对恒定，不受营养状况和机体活动量的影响，因此，类脂也被称为固定脂或基本脂。

6.1.2 脂质的生理功能

机体内脂质种类多、分布广，具有多种重要的生理功能。

6.1.2.1 脂肪的生理功能

（1）供能和储能。脂肪是机体重要的储能和氧化供能的物质。脂肪是疏水性物质，储存时所占的体积小，储存1g脂肪只占1.2mL的体积，是储存1g糖原的1/4体积。1g脂肪在体内氧化分解可产生38kJ能量，而1g糖原或蛋白质氧化只能产生17kJ能量。脂肪是体内重要的能量来源，正常生理活动所需能量的20%~30%来自脂肪氧化，空腹时50%以上的能量来自脂肪氧化，如禁食1~3天，体内所需能量的85%来自脂肪氧化，因此脂肪是空腹或禁食时体内能量的主要来源。

（2）保护和固定内脏。皮下脂肪和内脏周围的脂肪具有软垫作用，可在有外力作用时起到缓冲作用；同时内脏周围的脂肪对内脏具有固定的作用。

（3）维持体温。脂肪不易导热，皮下脂肪可防止体内热量过多地从体表散发，因此具有维持正常体温的作用。

（4）促进脂溶性维生素吸收，如维生素 A、维生素 D、维生素 E、维生素 K 等脂溶性维生素，需要溶解在脂肪中才能被小肠吸收，因此脂肪能促进脂溶性维生素消化、吸收和转运。

6.1.2.2 类脂的生理功能

（1）维持生物膜的正常结构与功能。生物膜主要由一些两性的脂质物质组成，其中以磷脂最多。磷脂含有两条疏水性的脂酰基长链，称疏水尾，又含有磷酸胆碱和磷酸乙醇胺等极性很强的亲水基团，称极性头。在体液中，“极性头”在生物膜外侧，“疏水尾”在生物膜内侧，形成双分子层，与胆固醇、蛋白质共同构成细胞的膜结构。

（2）参与细胞信号转导。磷脂酰肌醇的第 4、第 5 位羟基被磷酸化后形成的磷脂酰肌醇 4, 5-双磷酸是构成细胞膜的重要磷脂，可在细胞外信号刺激下水解为肌醇-1, 4, 5-三磷酸和二酰甘油，二者均可作为脂质第二信使调节细胞内的代谢。

（3）参与脂蛋白合成。磷脂是合成血浆脂蛋白的重要原料。在肝内，磷脂与脂肪、载脂蛋白等形成脂蛋白，使肝内的脂肪能顺利地运到肝外，防止脂肪肝的形成。

（4）转化成多种活性物质。胆固醇是合成胆汁酸、类固醇激素及维生素 D 等活性物质的原料。

6.2 甘油三酯代谢

6.2.1 甘油三酯的分解代谢

6.2.1.1 脂肪的动员

脂肪组织中储存的甘油三酯被脂肪酶逐步水解为游离脂肪酸（Free Fatty Acid，FFA）及甘油并释放入血，通过血液运输至其他组织氧化利用，这一过程称为脂肪动员，其反应式为：

$$\text{三脂酰甘油} \xrightarrow[H_2O \;\to\; \text{脂肪酸}]{\text{三脂酰甘油脂肪酶}} \text{二脂酰甘油} \xrightarrow[H_2O \;\to\; \text{脂肪酸}]{\text{二脂酰甘油脂肪酶}} \text{一脂酰甘油} \xrightarrow[H_2O \;\to\; \text{脂肪酸}]{\text{一脂酰甘油脂肪酶}} \text{甘油} \tag{6-1}$$

催化上述反应的脂肪酶中，三脂酰甘油脂肪酶活性最小，是脂肪动员的关键酶。此酶活性受多种激素的影响，故又称激素敏感脂肪酶（Hormone Sensitive Triglyceride Lipase，HSL）。

肾上腺素、去甲肾上腺素、胰高血糖素和甲状腺素等激素可激活脂肪组织中三脂酰甘油脂肪酶，促进脂肪动员，使脂肪分解加速，所以这类激素称为脂解激素；而胰岛素与上述激素作用相反，使甘油三酯脂肪酶活性降低，抑制脂肪分解，故称为抗脂解激素。

HSL的活性大小直接影响脂肪动员的速度，机体对甘油三酯动员的调节主要是通过激素对此酶调控而实现的。当禁食、饥饿或交感神经兴奋时，肾上腺素、去甲肾上腺素、胰高血糖素等分泌增加，脂解作用增强；餐后胰岛素分泌增加，脂解作用降低。

6.2.1.2 甘油的分解代谢

脂肪动员产生的甘油在甘油激酶作用下，消耗1分子ATP，甘油转化为3-磷酸甘油，然后脱氢生成磷酸二羟丙酮，磷酸二羟丙酮经过糖代谢途径进行氧化分解，或者在肝内进行糖异生，转化为葡萄糖或糖原，其反应式为：

$$\underset{\text{甘油}}{\begin{array}{l}CH_2OH\\|\\CHOH\\|\\CH_2OH\end{array}} \xrightarrow[\text{ATP} \curvearrowright \text{ADP}]{\text{甘油激酶}} \underset{\alpha\text{-磷酸甘油}}{\begin{array}{l}CH_2OH\\|\\CHOH\\|\\CH_2-O-Ⓟ\end{array}} \xrightarrow[\text{NAD}^+ \curvearrowright \text{NADH+H}^+]{\alpha\text{-磷酸甘油脱氢酶}} \underset{\text{磷酸二羟丙酮}}{\begin{array}{l}CH_2OH\\|\\C=O\\|\\CH_2-O-Ⓟ\end{array}} \begin{cases}\xrightarrow{\text{糖异生}} \text{糖原或葡萄糖}\\ \xrightarrow{\text{氧化分解}} CO_2+H_2O+\text{能量}\end{cases} \tag{6-2}$$

6.2.1.3 脂肪酸的分解代谢

脂肪酸是机体的重要供能物质之一，当机体糖供应不足或利用障碍时，三酰甘油分解生成脂肪酸。在氧供应充足的条件下，脂肪酸可在体内氧化成H_2O和CO_2，释放出大量能量，以ATP的形式供机体利用。除脑组织和成熟红细胞外，大多数组织都能氧化脂肪酸，以肝和肌肉组织最为活跃。脂肪酸的氧化分解过程分为脂肪酸活化、脂酰辅酶A进入线粒体、脂肪酸的β氧化、乙酰辅酶A彻底氧化四个阶段。

A 脂肪酸活化

脂肪酸转化成脂酰辅酶A的过程，称为脂肪酸活化。脂肪酸活化是在细胞质中进行的。在ATP、辅酶A（HSCoA）和Mg^{2+}存在条件下，由脂酰辅酶A合成酶催化脂肪酸生成脂酰辅酶A。其反应式为：

$$\underset{\text{脂肪酸}}{RCOOH} + HSCoA + ATP \xrightarrow[Mg^{2+}]{\text{脂酰辅酶A合成酶}} \underset{\text{脂酰辅酶A}}{RCO-CoA} + AMP + PPi \tag{6-3}$$

脂酰辅酶A具有较强的水溶性和代谢活性。在活化反应中，ATP分解为AMP和焦磷酸，消耗两个高能磷酸键，相当于正常反应中2分子ATP分解产生的能量。所以在计算能量时，活化1分子脂肪酸消耗2分子ATP。

B 脂酰辅酶A进入线粒体

脂酰辅酶A在胞质中形成，但催化脂酰辅酶A氧化分解的酶存在于线粒体的基质内。因此，脂酰辅酶A必须进入线粒体基质内才能被氧化分解。脂酰辅酶A不能自由地通过线粒体内膜进入基质，需要肉碱作为载体，并在肉碱脂酰转移酶Ⅰ、脂酰肉碱转位酶和肉碱脂酰转移酶Ⅱ的作用下，才能进入线粒体基质。

肉碱脂酰转移酶Ⅰ存在于线粒体内膜外侧，肉碱脂酰转移酶Ⅱ存在于线粒体内膜内侧。在内膜外侧，肉碱脂酰转移酶Ⅰ催化脂酰辅酶A和肉碱合成脂酰肉碱，在脂酰肉碱转位酶的作用下，脂酰肉碱通过线粒体内膜进入线粒体基质，然后在内膜内侧面的肉碱脂酰转移酶Ⅱ的作用下，脂酰肉碱重新转变成脂酰辅酶A和肉碱，肉碱在转位酶作用下回到线粒体内膜外侧，而脂酰辅酶A则进入线粒体基质，如图6-4所示。

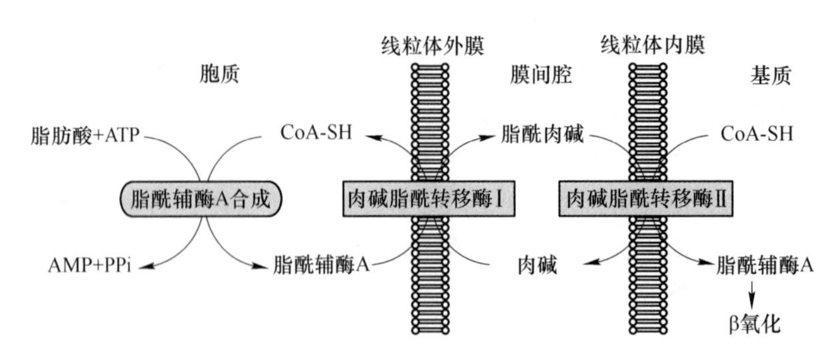

图 6-4 脂酰辅酶 A 进入线粒体

脂酰辅酶 A 进入线粒体是脂肪酸分解代谢的限速步骤。肉碱脂酰转移酶Ⅰ是脂肪酸分解的关键酶。在饥饿、高脂低糖膳食或糖尿病时，体内不能利用糖供能，因此需要脂肪酸提供能量，此时肉碱脂酰转移酶Ⅰ活性增高，脂肪酸氧化增强。当饱食后，由于脂肪合成增强和丙二酰辅酶 A 增加，丙二酰辅酶 A 能抑制肉碱脂酰转移酶Ⅰ，使酶活性降低，进入线粒体的脂酰辅酶 A 减少，脂肪酸的氧化分解则减弱。

C 脂肪酸的 β 氧化

在线粒体内，脂酰辅酶 A 氧化从羧基端 β-碳原子开始，每次断裂两个碳原子，生成乙酰辅酶 A 的连续反应过程，称为脂肪酸的 β 氧化。脂酰辅酶 A 在线粒体基质中，在脂肪酸 β 氧化酶系催化下，从脂酰辅酶 A 的 β-碳原子开始，进行脱氢、加水、再脱氢、硫解四步连续反应，完成一次 β 氧化。

（1）脱氢：在脂酰辅酶 A 脱氢酶的催化下，脂酰辅酶 A 的 α 和 β 碳原子各脱下一个氢原子，生成烯脂酰辅酶 A。FAD 接受两个氢原子生成 $FADH_2$。

（2）加水：在烯脂酰辅酶 A 水化酶的催化下，烯脂酰辅酶 A 与水反应，生成 β-羟脂酰辅酶 A。

（3）再脱氢：在 β-羟脂酰辅酶 A 脱氢酶催化下，β-羟脂酰辅酶 A 的碳原子脱下两个氢原子，生成 β-酮脂酰辅酶 A。脱下的两个氢原子由 NAD^+接受，生成 $NADH+H^+$。

（4）硫解：在 β-酮脂酰辅酶 A 硫解酶催化下，β-酮脂酰辅酶 A 与 HSCoA 反应，β-酮脂酰辅酶 A 在 α 与 β 碳原子之间发生断裂，生成 1 分子乙酰辅酶 A 和少 2 个碳原子的脂酰辅酶 A。

经过上述反应，1 分子的脂酰辅酶 A 分解生成 1 分子乙酰辅酶 A 和 1 分子比原来少 2 个碳原子的脂酰辅酶 A，后者继续进行上述 β 氧化的脱氢、加水、再脱氢、硫解步骤，如此反复，使脂酰辅酶 A 完全分解成乙酰辅酶 A，如图 6-5 所示。

如含 16 碳的软脂酰辅酶 A 的 β 氧化总反应式：

$$CH_3(CH_2)_{14}CO \sim SCoA + 7HSCoA + 7FAD + 7NAD^+ + 7H_2O \longrightarrow 7FADH_2 + 7(NADH + H^+) + 8CH_3CO \sim SCoA \tag{6-4}$$

D 乙酰辅酶 A 彻底氧化

在肝外组织中，脂肪酸 β 氧化生成的乙酰辅酶 A 进入三羧酸循环彻底氧化成 CO_2 和 H_2O，每分子乙酰辅酶 A 经三羧酸循环氧化可生成 10 分子 ATP。而在肝内生成的乙酰辅酶 A 大部分转变成酮体。

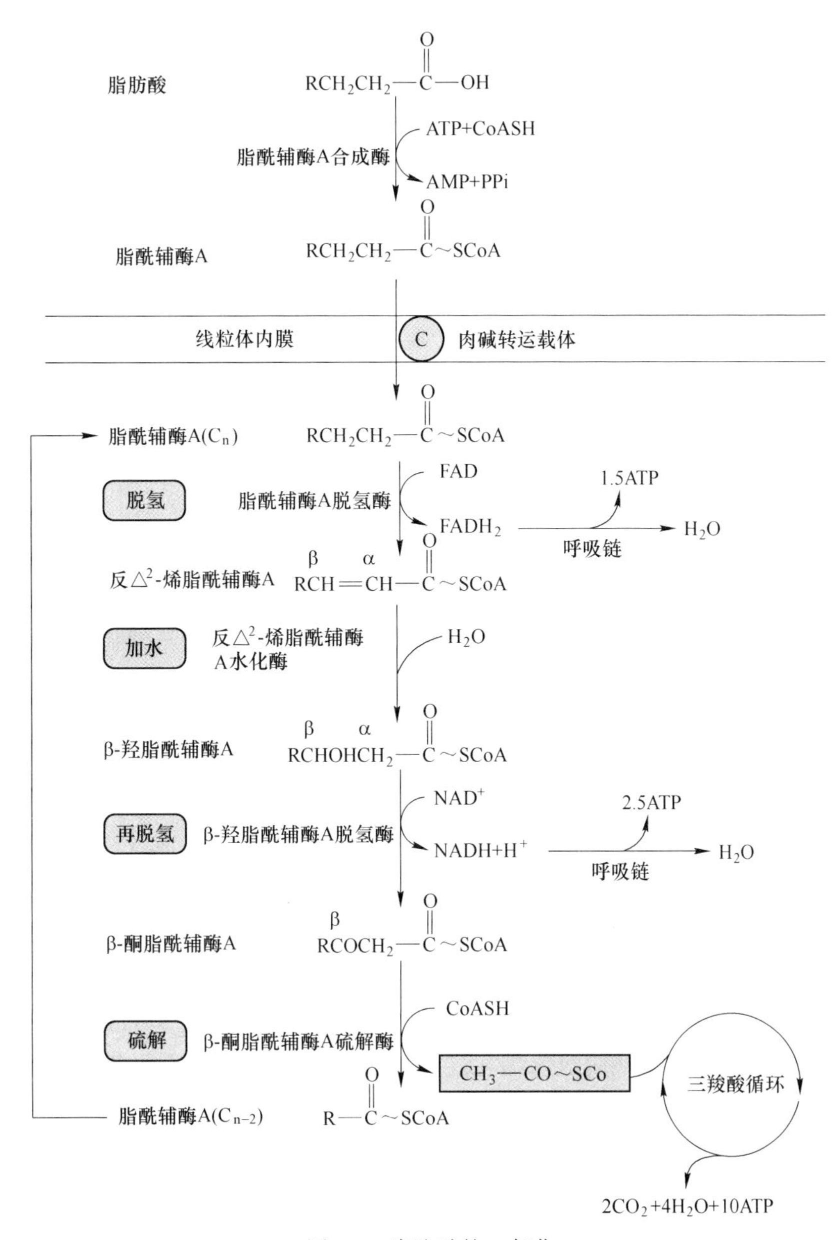

图 6-5 脂肪酸的 β 氧化

6.2.1.4 脂肪酸氧化的能量生成

脂肪酸 β 氧化产生的还原当量经氧化磷酸化生成 ATP。以软脂酸（含 16 个碳原子）为例计算 ATP 生成量。1 分子软脂酸活化生成软脂酰辅酶 A，需消耗 2 分子 ATP。经 7 次 β 氧化，生成 7 分子 $FADH_2$、7 分子（$NADH+H^+$），8 分子乙酰辅酶 A；每分子 $FADH_2$ 经琥珀酸呼吸链氧化能生成 1.5 分子 ATP，每分子 $NADH+H^+$ 经过 NADH 呼吸链氧化能生成 2.5 分子 ATP，每分子乙酰辅酶 A 经过三羧酸循环彻底氧化产生 10 分子 ATP。1 分子软脂酸彻底氧化共生成（7×1.5）+（7×2.5）+（8×10）= 108 分子 ATP。脂肪酸活化消耗 2 分子 ATP，所以 1 分子软脂酸氧化分解净生成 108−2 = 106 分子 ATP。

知识链接

脂肪酸β氧化的发现

1904年，德国化学家F. Knoop设计了一个实验来研究体内脂肪酸的氧化。将末端甲基上连有苯环的脂肪酸饲养犬，然后检测犬尿中产物，结果发现，食用偶数碳脂肪酸的犬尿中有苯乙酸的衍生物苯乙尿酸，而食用奇数碳脂肪酸的犬尿中有苯甲酸的衍生物马尿酸。由此F. Knoop提出了脂肪酸β氧化假说。1944年，L. LeLoir采用无细胞体系验证了β氧化机制；1949年，A. Lehninger证明β氧化在线粒体进行；1951年，F. Lynen成功地分离出"活性乙酸"（即乙酰辅酶A），至此终于揭示了脂肪酸分解代谢的全过程。

6.2.1.5　酮体代谢

脂肪酸在肝外组织（如心肌、骨骼肌等）的线粒体中，经β-氧化生成的乙酰CoA直接进入三羧酸循环彻底氧化分解供能。而肝细胞中具有活性较强的合成酮体的酶系，β-氧化生成的部分乙酰CoA可转变成乙酰乙酸、β-羟丁酸和丙酮，这三种化合物总称为酮体（Ketone Bodies）。由于肝内缺乏氧化和利用酮体的酶系，所以生成的酮体不能在肝中氧化，必须进入血液运输到肝外组织，才能进一步氧化分解供能，因此酮体是脂肪酸在肝细胞氧化分解时产生的特有中间代谢物。

A　酮体的生成

酮体生成的部位是肝细胞线粒体，合成原料为乙酰CoA。其过程为：

（1）乙酰乙酰CoA的生成。2分子乙酰CoA在硫解酶的催化下，缩合成乙酰乙酰CoA。

（2）羟甲基戊二酸单酰CoA的生成。乙酰乙酰CoA在羟甲基戊二酸单酰CoA（HMGCoA）合成酶的催化下与另1分子乙酰CoA缩合，生成HMG-CoA。

（3）酮体的生成。HMGCoA在HMG-CoA裂解酶催化下，裂解生成乙酰乙酸和乙酰CoA。乙酰乙酸再经β-羟丁酸脱氢酶催化还原成β-羟丁酸，脱氢酶的辅酶为$NADH+H^+$。乙酰乙酸也可自动脱羧生成丙酮，如图6-6所示。

B　酮体的氧化利用

肝外许多组织具有活性很强的利用酮体的酶，能氧化利用酮体。心、肾、脑及骨骼肌的线粒体具有较高的琥珀酰CoA转硫酶活性，此酶能使乙酰乙酸活化，生成乙酰乙酰CoA。后者在乙酰乙酰CoA硫解酶的催化下硫解生成2分子乙酰CoA，进入三羧酸循环彻底氧化。

心、肾和脑的线粒体中还有乙酰乙酸硫激酶，活化乙酰乙酸生成乙酰乙酰CoA，后者在硫解酶的作用下硫解为2分子乙酰CoA。

β-羟丁酸在β-羟丁酸脱氢酶的催化下，脱氢生成乙酰乙酸，然后再转变成乙酰CoA而被氧化。正常情况下丙酮含量很少，常随尿液排出体外，血液中酮体异常高时，也可以通过肺直接呼出，呼出的丙酮具有烂苹果味，如图6-7所示。

C　酮体生成的生理意义

酮体是脂肪酸在肝内代谢的正常产物，是肝向肝外组织输出脂肪酸类能源物质的重要

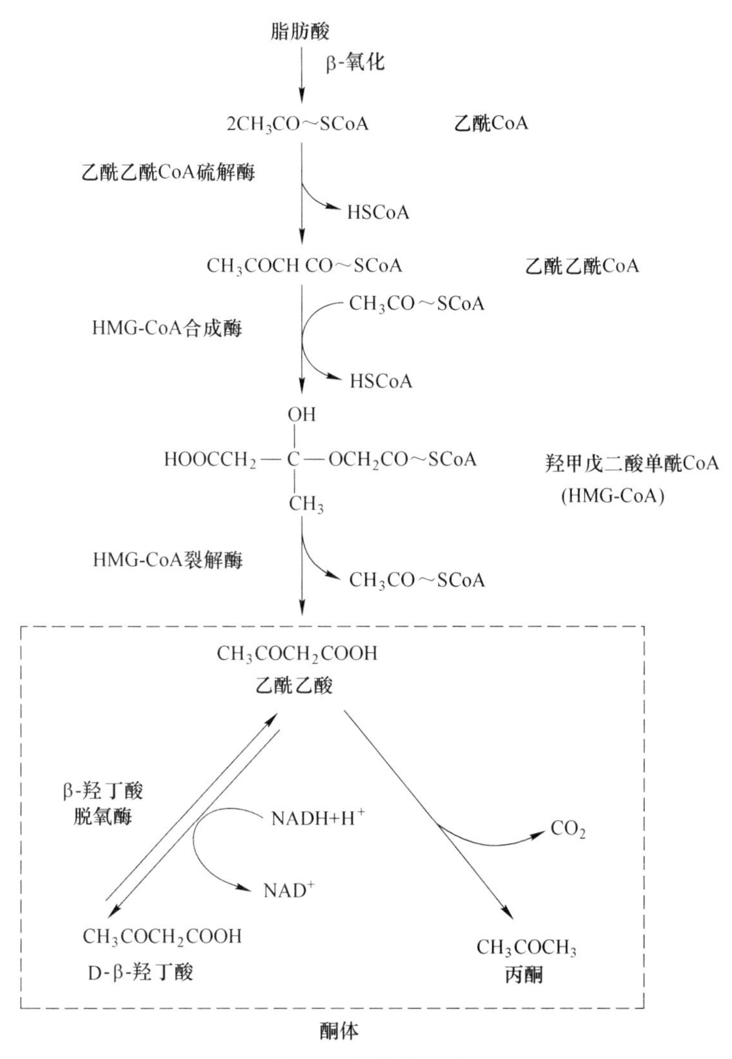

图 6-6 酮体的生成

方式。酮体分子小，易溶于水，能通过血脑屏障及肌肉毛细血管壁，是肌肉和脑组织的重要能量来源。脑组织不能氧化脂肪酸，却有很强的利用酮体的能力。当严重饥饿或糖供应不足时，酮体代替葡萄糖为脑组织及肌肉供能。酮体生成超过肝外组织利用能力时，引起血液中酮体升高，严重时可导致酮血症和酮尿症。

D 酮体生成的调节

(1) 餐食状态影响酮体生成。饱食后胰岛素分泌增加，脂解作用受抑制、脂肪动员减少，酮体生成减少。饥饿时，胰高血糖素等脂解激素分泌增多，脂肪动员加强，脂肪酸β-氧化及酮体生成增多。

(2) 糖代谢影响酮体生成。餐后或糖供给充分时，糖分解代谢旺盛、供能充分，肝内脂肪酸氧化分解减少，酮体生成被抑制。相反，饥饿或糖利用障碍时，脂肪酸氧化分解增强，生成乙酰 CoA 增加；同时因糖来源不足或糖代谢障碍，草酰乙酸减少，乙酰 CoA 进入三羧酸循环受阻，导致乙酰 CoA 大量堆积，酮体生成增多。

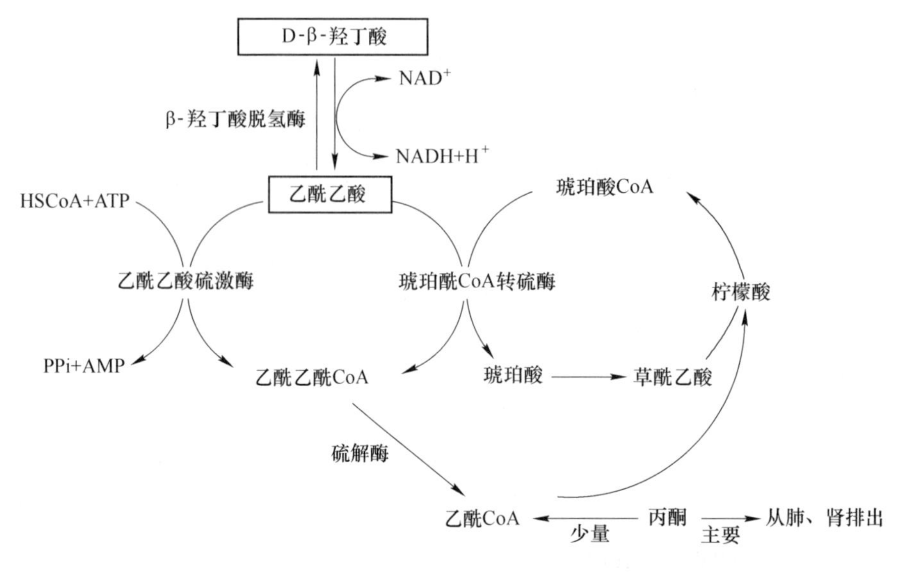

图 6-7 酮体的氧化利用

（3）丙二酸单酰 CoA 抑制酮体生成。糖代谢旺盛时，乙酰 CoA 及柠檬酸增多，别构激活乙酰 CoA 羧化酶，促进丙二酸单酰 CoA 合成，后者竞争性抑制肉碱脂酰转移酶Ⅰ，阻止脂酰 CoA 进入线粒体进行 β-氧化，从而抑制酮体生成。

6.2.2 甘油三酯的合成代谢

机体合成甘油三酯的主要器官是肝、脂肪组织和小肠。其中肝的合成能力最强，比脂肪组织大 8~9 倍。合成甘油三酯的直接原料是 α-磷酸甘油和脂酰辅酶 A。

6.2.2.1 α-磷酸甘油的合成

α-磷酸甘油合成途径有两条：一是糖代谢中间产物磷酸二羟丙酮还原生成 α-磷酸甘油，是 α-磷酸甘油的主要来源；二是在甘油激酶催化下，甘油磷酸化生成 α-磷酸甘油。

6.2.2.2 脂酰辅酶 A 的合成

脂酰辅酶 A 可由脂肪酸活化生成。机体内主要以糖代谢生成的乙酰辅酶 A 为原料，先合成脂肪酸，然后脂肪酸再被活化成脂酰辅酶 A。

6.2.2.3 脂肪酸的生物合成

人体内脂肪酸可来自食物，除必需脂肪酸外，非必需脂肪酸可由体内合成主要来自葡萄糖的代谢。

A 合成部位

脂肪酸合成酶系存在于肝、肾、脑、肺、乳腺及脂肪等组织，以肝最为活跃，脂肪酸合成主要在干细胞的胞质中进行。脂肪组织是储存脂肪的仓库，它本身也可以合成脂肪酸及脂肪，但主要是摄取和储存由小肠吸收的食物脂肪酸和肝合成的脂肪酸。

B 合成原料

合成脂肪酸的原料主要包括乙酰辅酶 A、HCO_3^-、NADPH+H^+、ATP 等。乙酰辅酶 A

是合成脂肪酸的碳源，主要来自线粒体内糖代谢；NADPH 是供氢体，主要来源于戊糖磷酸途径；ATP 为合成过程提供能量。细胞内的乙酰 CoA 在线粒体内产生，而合成脂肪酸的酶系存在于胞液，所以线粒体内的乙酰 CoA 必须进入胞液才能成为合成脂肪酸的原料。乙酰 CoA 不能自由通过线粒体内膜，主要通过柠檬酸-丙酮酸循环完成。在此循环中，乙酰 CoA 首先在线粒体内与草酰乙酸缩合生成柠檬酸，后者通过线粒体内膜上的特异载体转运进入胞液。在胞液中，柠檬酸裂解酶使柠檬酸裂解释出乙酰 CoA 及草酰乙酸。进入胞液的乙酰 CoA 即可以合成脂肪酸，而草酰乙酸则在苹果酸脱氢酶的作用下还原成苹果酸，苹果酸主要以丙酮酸形式进入线粒体，羧化生成草酰乙酸，草酰乙酸继续参与转运乙酰 CoA，如图 6-8 所示。

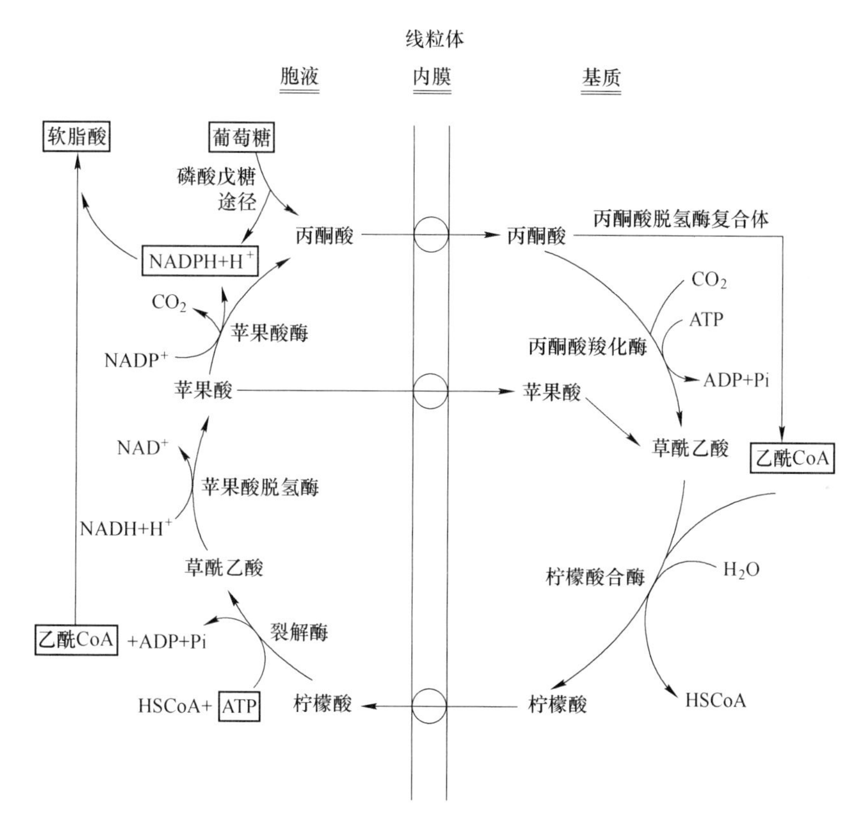

图 6-8 柠檬酸-丙酮酸循环

脂肪酸的合成除需乙酰 CoA 外，还需 NADPH、HCO_3^-、ATP 及 Mn^{2+} 等，脂肪酸合成所需的 NADPH 主要来自磷酸戊糖途径，胞液中异柠檬酸脱氢酶和苹果酸酶催化的反应也可提供少量的 NADPH。

C 软脂酸合成过程

在胞液中，以乙酰 CoA 为原料合成脂肪酸的过程并不是 β-氧化的逆过程，而是以丙二酸单酰 CoA 为基础的连续反应。

a 丙二酸单酰 CoA 的合成

这是脂肪酸合成的第一步反应。此反应由乙酰 CoA 羧化酶催化，此酶是脂肪酸合成的关键酶，辅基为生物素，Mn^{2+}为激活剂。其反应式为：

$$CH_3CO\sim SCoA+HCO_3^-+ATP \xrightarrow[\text{生物素、}Mg^{2+}]{\text{乙酰CoA羧化酶}} HOOCCH_2CO\sim SCoA+ADP+Pi \quad (6\text{-}5)$$

乙酰 CoA 羧化酶有两种存在形式，一种是无活性的单体，另一种是有活性的多聚体，通常由 10~20 个单体呈线状排列构成，催化活性增加 10~20 倍。柠檬酸、异柠檬酸可使此酶由无活性的单体聚合成有活性的多聚体，而软脂酰 CoA 和其他长链脂酰 CoA 则使多聚体解聚成单体，抑制此酶的活性。

b　软脂酸的合成

1 分子乙酰 CoA 和 7 分子丙二酸单酰 CoA 在脂肪酸合成酶系的催化下，由 NADPH 供氢合成软脂酸。其总反应式为：

$$\underset{(2C)}{\text{乙酰CoA}}+7\underset{(3C)}{\text{丙二酸单酰CoA}} \xrightarrow[\text{脂肪酸合成酶系}]{14NADPH+H^+ \to 14NADP^+} \underset{\text{软脂酸 (16C)}}{CH_3(CH_2)_{14}COOH}+7CO_2+6H_2O+8HSCoA \quad (6\text{-}6)$$

软脂酸的合成过程是一个重复加成的酶促反应，各种脂肪酸生物合成过程基本相似，均以丙二酸单酰 CoA 为基本原料，从乙酰 CoA 开始，经反复加成反应完成。每次延长两个碳原子，每次加成反应都要进行缩合、还原、脱水和再还原的步骤。经过 7 次循环后，生成 16 碳的软脂酰-ACP，最后经硫酯酶水解释放软脂酸，如图 6-9 所示。

D　软脂酸合成后的加工

脂肪酸合成酶系催化合成的脂肪酸是软脂酸，机体以软脂酸为母体，通过碳链的延长、脱饱和等作用，生成长度不同、饱和度不同的脂肪酸。

a　碳链的延长

碳链的延长可在内质网和线粒体内进行，以内质网为主，其延长过程基本是 β 氧化的逆过程，每一轮反应可增加两个碳原子。通过这种方式可以合成脂肪酸，也可合成碳链更长至 24 个或 26 个碳原子的脂肪酸。

b　不饱和脂肪酸的合成

人体所含有的不饱和脂肪酸主要有软油酸（$C_{16:1}$，Δ^9）、油酸（$C_{18:1}$，Δ^9）、亚油酸（$C_{18:2}$，$\Delta^{9,12}$）、亚麻酸（$C_{18:3}$，$\Delta^{9,12,15}$）和花生四烯酸（$C_{20:4}$，$\Delta^{5,8,11,14}$）等。动物因含有Δ^9及以下的去饱和酶，因此软油酸和油酸这两种单不饱和脂肪酸可由人体自身合成；由于缺乏Δ^9以上的去饱和酶，因而后三种多不饱和脂肪酸人体不能合成，必须由食物供给。

c　脂肪酸的活化

在胞质中进行，它与脂肪酸 β 氧化过程中的脂肪酸活化反应是相同的。在脂酰辅酶 A 合成酶作用下，脂肪酸与 HSCoA 反应生成脂酰辅酶 A。

6.2.2.4　甘油三酯的合成

在 α-磷酸甘油脂酰转移酶催化下，α-磷酸甘油与 2 分子脂酰辅酶 A 反应，生成磷脂酸；在磷脂酸磷酸酶作用下，磷脂酸脱下磷酸生成甘油二酯，甘油二酯再与 1 分子脂酰辅酶 A 作用生成甘油三酯。反应过程中，α-磷酸甘油脂酰转移酶是关键酶，如图 6-10 所示。

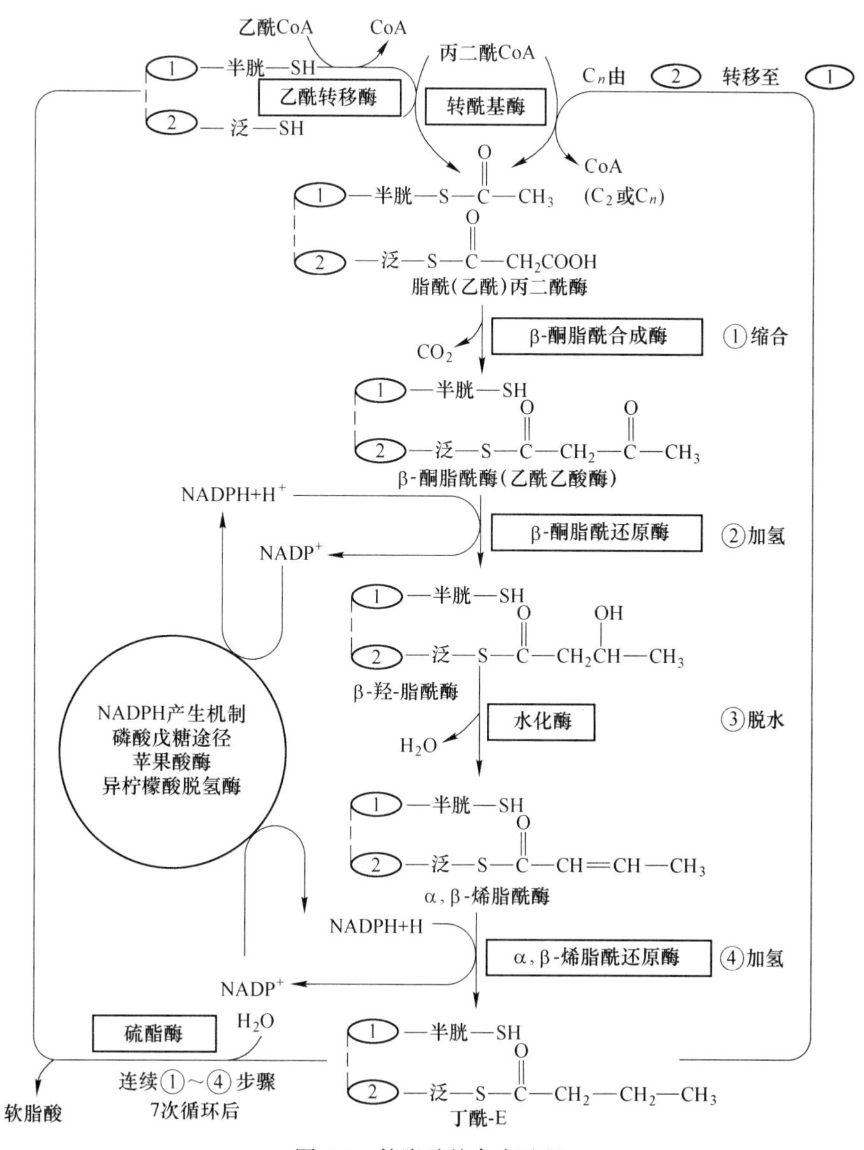

图 6-9 软脂酸的合成过程

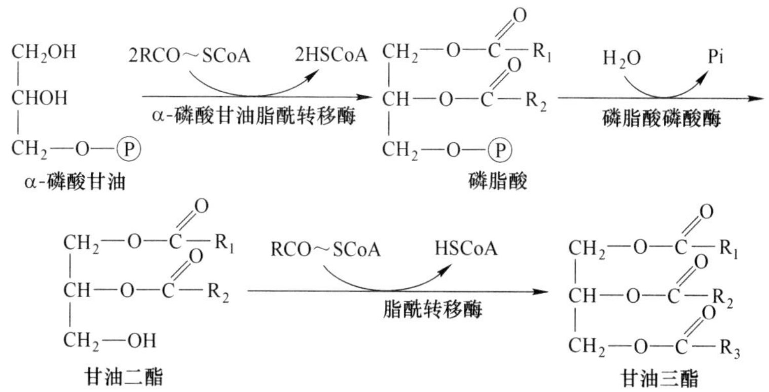

$$\alpha\text{-磷酸甘油}\ (CH_2OH-CHOH-CH_2-O-Ⓟ) \xrightarrow[\alpha\text{-磷酸甘油脂酰转移酶}]{2RCO\sim SCoA \quad 2HSCoA} \text{磷脂酸}\ (CH_2-O-CO-R_1,\ CH-O-CO-R_2,\ CH_2-O-Ⓟ) \xrightarrow[\text{磷脂酸磷酸酶}]{H_2O \quad Pi}$$

$$\text{甘油二酯}\ (CH_2-O-CO-R_1,\ CH-O-CO-R_2,\ CH_2-OH) \xrightarrow[\text{脂酰转移酶}]{RCO\sim SCoA \quad HSCoA} \text{甘油三酯}\ (CH_2-O-CO-R_1,\ CH-O-CO-R_2,\ CH_2-O-CO-R_3)$$

图 6-10 甘油三酯的合成

6.3 类脂的代谢

6.3.1 磷脂代谢

磷脂是分子中含有磷酸的脂质总称。机体中主要有两大类磷脂：一类是以甘油为骨架的甘油磷脂；另一类是以鞘氨醇为骨架的鞘磷脂。体内含量最多是甘油磷脂，甘油磷脂可分为磷脂酰胆碱（卵磷脂）、磷脂酰乙醇胺（脑磷脂）、磷脂酰丝氨酸、磷脂酰甘油、双磷脂酰甘油（心磷脂）、磷脂酰肌醇六大类，本节主要介绍甘油磷脂的代谢。

磷脂分子中既含有脂酰基等疏水基团，又含有磷酸、含氮碱或羟基等亲水基团，故它们可同时与极性及非极性物质结合，在非极性溶剂及水中具有很大的溶解度，是构成生物膜的重要成分和结构基础。

6.3.1.1 甘油磷脂的合成代谢

A 合成部位

全身各组织细胞的内质网中均有合成磷脂的酶系，均能合成甘油磷脂。但以肝、肠、肾等组织中磷脂合成最活跃。

B 合成原料

甘油磷脂合成的基本原料包括甘油、脂肪酸、磷酸盐及胆碱、乙醇胺、丝氨酸、肌醇等。此外，还需 ATP 和 CTP 参与。

C 合成的基本过程

甘油磷脂的合成包括以下两个途径：

（1）二脂酰甘油途径。磷脂酰胆碱和磷脂酰乙醇胺主要经此途径合成。胆碱和乙醇胺先经 ATP 磷酸化，生成磷酸胆碱和磷酸乙醇胺，然后它们再与 CTP 反应，分别生成有活性的胞苷二磷酸胆碱（CDP-胆碱）和胞苷二磷酸乙醇胺（CDP-乙醇胺）。其活化过程如图 6-11 所示。

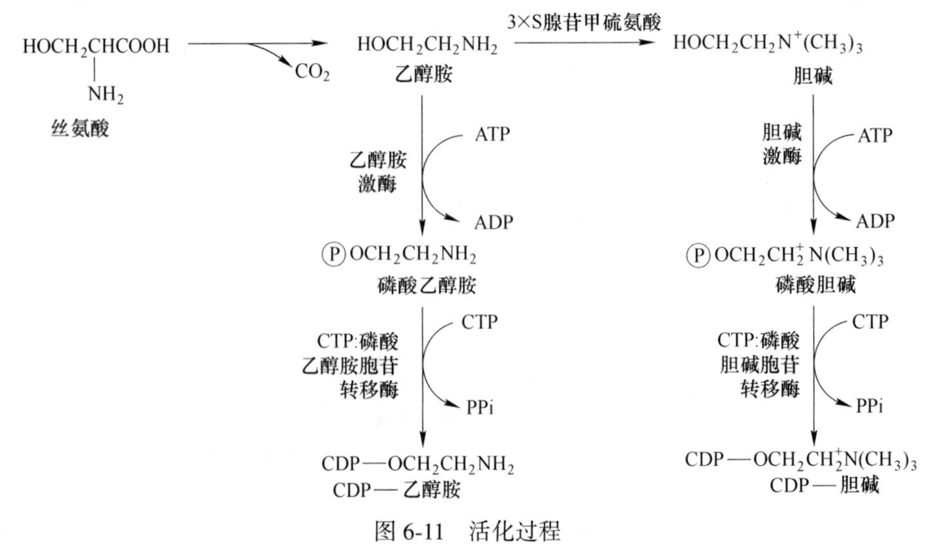

图 6-11 活化过程

生成的 CDP-乙醇胺和 CDP-胆碱再与二脂酰甘油作用，生成磷脂酰乙醇胺（脑磷脂）和磷脂酰胆碱（卵磷脂），磷脂酰乙醇胺也可甲基化生成磷脂酰胆碱这两类磷脂占组织及血液磷脂的 75%以上，合成途径如图 6-12 所示。

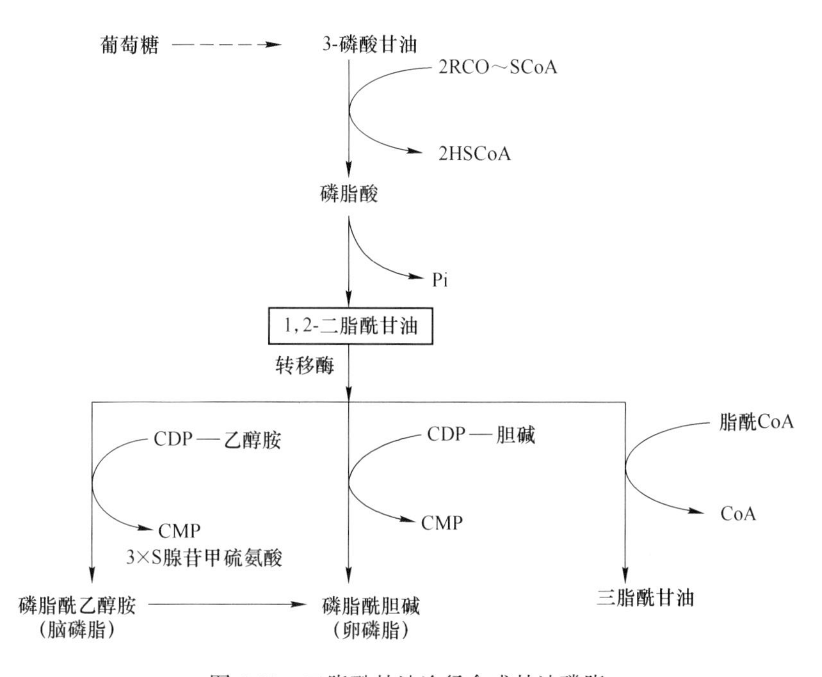

图 6-12　二脂酰甘油途径合成甘油磷脂

（2）CDP-二脂酰甘油途径。磷脂酰肌醇、磷脂酰丝氨酸和二磷脂酰甘油等主要由此途径合成。此途径中二脂酰甘油先活化成 CDP-二脂酰甘油，作为合成这类磷脂的活性前体，然后在相应合成酶的催化下，与肌醇、丝氨酸或磷脂酰甘油缩合，生成磷脂酰肌醇、磷脂酰丝氨酸和二磷脂酰甘油。磷脂酰丝氨酸也可继续转变成磷脂酰乙醇胺和磷脂酰胆碱，如图 6-13 所示。

6.3.1.2　甘油磷脂的分解代谢

甘油磷脂的分解代谢主要由磷脂酶催化完成，磷脂酶因其水解的化学键特异性不同，可分为磷脂酶 A_1、A_2、B_1、B_2、C、D 等六种，如图 6-14 所示。磷脂酶 A_1 主要存在于动物细胞的溶酶体内，蛇毒及某些微生物也含有。磷脂酶 A_1 催化甘油磷脂的第 1 位酯键断裂，生成脂肪酸和溶血磷脂 2。磷脂酶 A_2 存在于细胞膜和线粒体膜上，蛇毒也含有磷脂酶 A_2，催化甘油磷脂的第 2 位酯键断裂，生成不饱和脂肪酸和溶血磷脂 1。

溶血磷脂 1 和溶血磷脂 2 具有较强的表面活性，能破坏红细胞膜及其他组织细胞膜，产生溶血和组织坏死。当被蛇咬伤时，毒液进入体内，产生溶血磷脂，引起溶血和组织坏死。

磷脂酶 B_1 能催化溶血磷脂 1 的酯键断裂，磷脂酶 B_2 能催化溶血磷脂 2 的酯键断裂，生成脂肪酸和甘油磷酸胆碱或甘油磷酸乙醇胺，溶血磷脂失去溶解细胞膜的活性。磷脂酶 C 存在于细胞膜及某些细菌中，可特异地水解甘油磷脂分子中第 3 位磷酸酯键，生成二酰甘油及磷酸胆碱或磷酸乙醇胺。磷脂酶 D 存在于动物脑组织，能特异地水解磷酸与取代基之间的磷脂键，生成磷脂酸和胆碱或乙醇胺。

3-磷酸甘油
2RCO～SCoA
2HSCoA
磷脂酸
CTP
胞苷
转移酶
PPi
CDP-二脂酰甘油
合成酶
肌醇
CMP
磷脂酰肌醇
丝氨酸
CMP
磷脂酰丝氨酸
磷脂酰甘油
CMP
二磷脂酰甘油
(心磷脂)
CO2
磷脂酰乙醇胺
3×S腺苷甲硫氨酸
磷脂酰胆碱

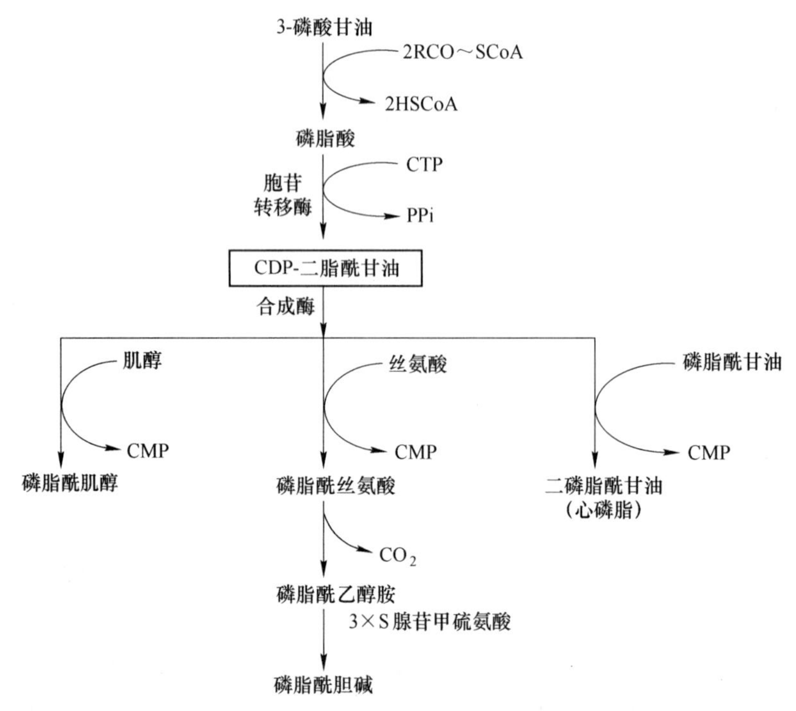

图 6-13　CDP-二脂酰甘油途径合成甘油磷脂

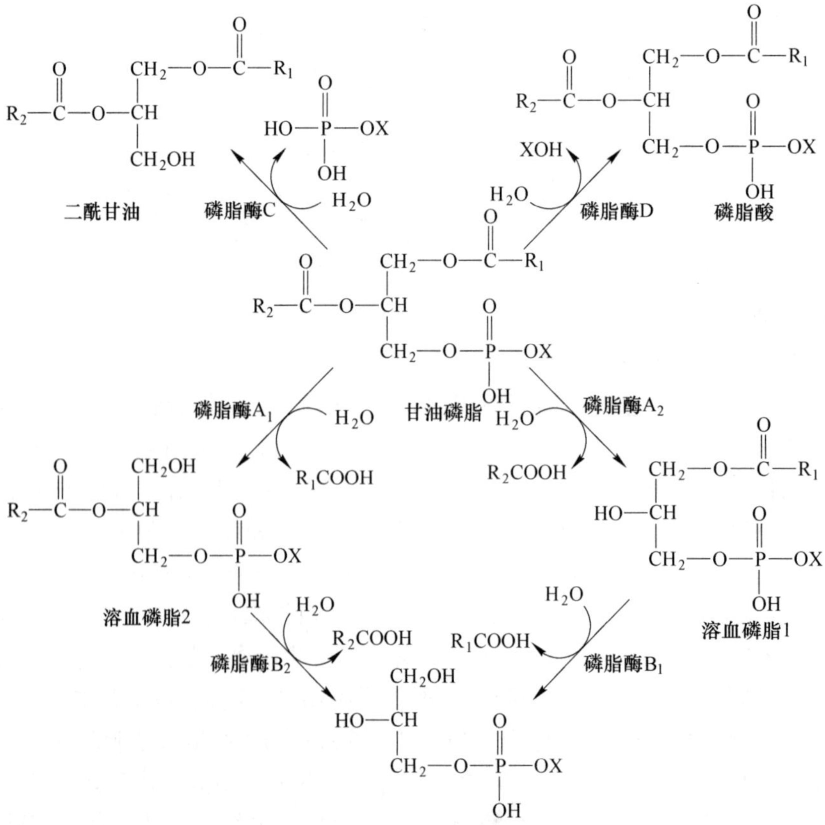

二酰甘油
磷脂酶C
H2O
XOH
H2O
磷脂酶D
磷脂酸
甘油磷脂
磷脂酶A1
H2O
R1COOH
H2O
磷脂酶A2
R2COOH
溶血磷脂2
溶血磷脂1
H2O
R2COOH
磷脂酶B2
H2O
R1COOH
磷脂酶B1

图 6-14　甘油磷脂的水解

6.3.2 胆固醇代谢

6.3.2.1 胆固醇的合成代谢

A 合成部位

成年人机体每日合成胆固醇 1.0~1.5g。肝的合成能力最强，是合成胆固醇的主要场所，其次是小肠，脑组织和成熟红细胞不能合成胆固醇。胆固醇合成主要在胞质及内质网中进行。

B 合成原料

乙酰辅酶 A 是体内合成胆固醇的基本原料，此外还需要 ATP 供能和 $NADPH+H^+$ 供氢。乙酰辅酶 A 和 ATP 主要来自线粒体中糖的有氧氧化，与脂肪酸合成过程一样，线粒体内的乙酰辅酶 A 需要经过柠檬酸-丙酮酸循环，才能进入胞质中。$NADPH+H^+$ 则主要来自戊糖磷酸途径，糖是胆固醇合成原料的主要来源。

C 合成反应

胆固醇的合成过程比较复杂，有将近 30 步酶促反应，大致可分为以下三个阶段：

（1）甲羟戊酸（MVA）的生成。此阶段发生在胞质中，2 分子乙酰辅酶 A 缩合成乙酰乙酰辅酶 A，后者再与 1 分子乙酰辅酶 A 缩合成羟基甲基戊二酸单酰辅酶 A（HMG-CoA）。再经羟基甲基戊二酸单酰辅酶 A 还原酶催化生成甲羟戊酸（MVA），羟基甲基戊二酸单酰辅酶 A 还原酶是胆固醇合成的关键酶。

（2）鲨烯的生成。MVA 先经磷酸化生成甲羟戊酸-5-焦磷酸，甲羟戊酸-5-焦磷酸脱去羧基生成异戊烯焦磷酸（IPP），随后生成二甲基丙烯焦磷酸（DPP），3 分子五碳的二甲基丙烯焦磷酸缩合成十五碳的焦磷酸法尼酯，2 分子的焦磷酸法尼酯再缩合成三十碳的多烯烃——鲨烯。

（3）胆固醇的合成。鲨烯以胆固醇载体蛋白为载体进入内质网，在内质网单加氧酶、环化酶等作用下，环化成羊毛固醇，羊毛固醇再经氧化、脱羧、还原等反应，最终生成二十七碳的胆固醇，如图 6-15 所示。

知识链接

诺贝尔奖风采

K. E. Bloch 是美籍德裔生物化学家。1938 年，K. E. Bloch 与 D. Rittenberg 合作开始研究胆固醇的生物合成，证实二碳分子是构成胆固醇碳原子的基础的推断。1951 年，德国生物化学家 F. Lynen 成功地分离出活性乙酸——乙酰辅酶 A，发现它是人体内所有脂质的前体。K. E. Bloch 和 F. Lymen 分别发现甲羟戊酸先被转化为异戊二烯，然后再被转化为角鲨烯，角鲨烯会被转化为羊毛固醇，再进一步转化成胆固醇。1964 年，K. E. Bloch 和 F. Lynen 共同获得诺贝尔生理学或医学奖。

D 胆固醇合成的调节

a HMG-CoA 还原酶的调节

HMG-CoA 还原酶是胆固醇合成的关键酶，其活性受多种因素的影响。肝 HMG-CoA

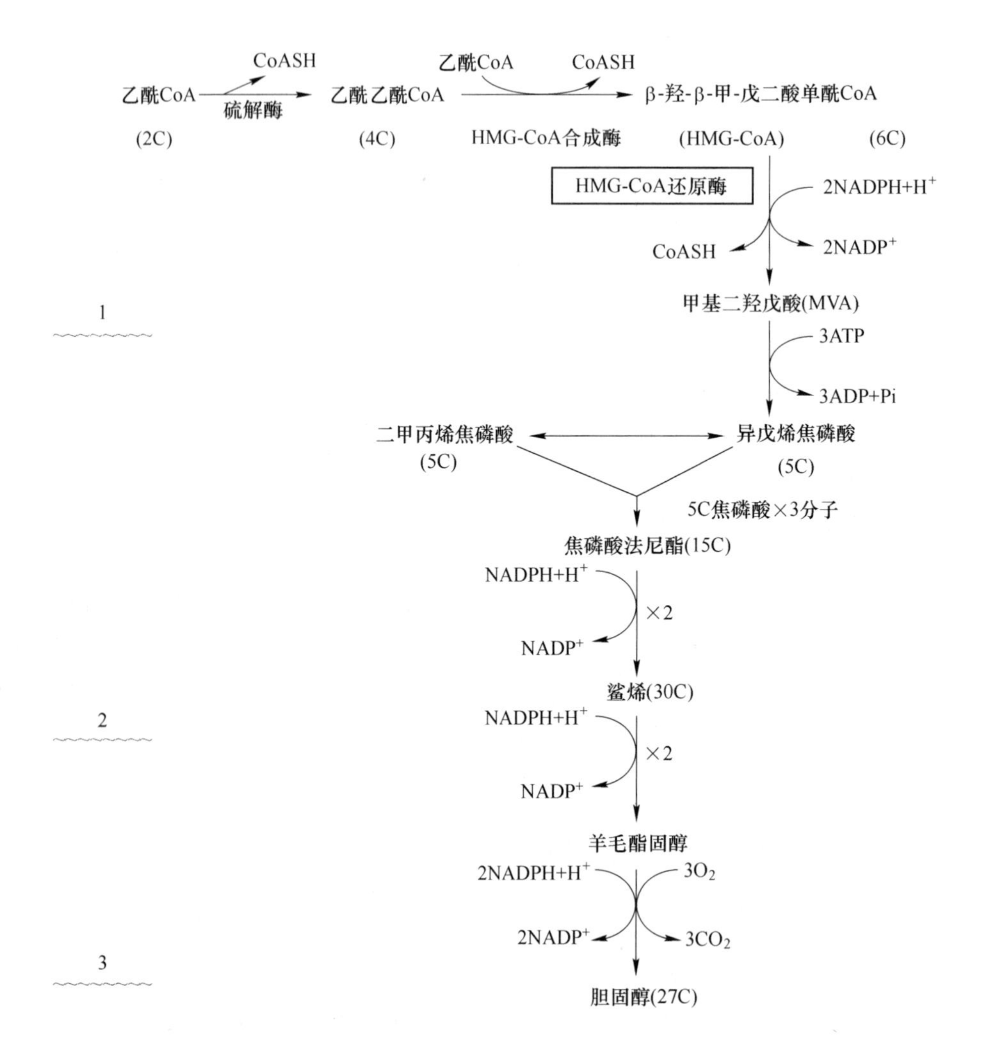

图 6-15　胆固醇的合成

还原酶活性有昼夜节律性的特点，午夜酶活性最高，中午酶活性最低，由此决定了胆固醇合成具有周期节律性的特点。

b　饥饿和饱食的影响

饥饿与禁食时，HMG-CoA 还原酶合成量减少，活性下降。同时合成胆固醇的原料乙酰 CoA、ATP、NADPH 也不足，最后使胆固醇合成减少。当摄入高糖、高脂饮食时，肝脏 HMG-CoA 还原酶活性增加，原料充足，胆固醇合成增加。

c　胆固醇

食入或体内合成的胆固醇可反馈抑制 HMG-CoA 还原酶活性，并抑制肝 HMG-CoA 还原酶的合成，导致胆固醇合成减少。但小肠黏膜细胞内 HMG-CoA 还原酶活性不受胆固醇的反馈抑制。因此，大量进食胆固醇仅抑制肝 HMG-CoA 还原酶活性，而肠道合成不受影响，血浆胆固醇浓度仍有一定程度的升高，比低胆固醇饮食时高 10%~25%；相反，低胆固醇饮食时，血浆胆固醇浓度也只能降低 10%~25%。因此，单靠限制膳食中的胆固醇含量，不能使血浆胆固醇大幅度降低。

d 激素

胰岛素能诱导肝 HMG-CoA 还原酶的合成，增加胆固醇合成；胰高血糖素降低 HMG-CoA 还原酶活性，减少胆固醇合成；糖皮质激素对一些激素诱导 HMG-CoA 还原酶的合成起拮抗作用，因而降低胆固醇合成；甲状腺素既可使胆固醇转化为胆汁酸，促进胆固醇排泄，又可增强 HMG-CoA 还原酶活性，增强胆固醇合成。但前者作用大于后者，总的效应是使血浆胆固醇含量下降。

6.3.2.2 胆固醇的酯化

胆固醇酯化是胆固醇吸收转运重要的步骤，血浆中和细胞内的游离胆固醇都可以被酯化成胆固醇酯，不同部位催化胆固醇酯化的酶及其反应过程不同。

（1）血浆中酯化。血浆中游离胆固醇在卵磷脂-胆固醇酰基转移酶（LCAT）的催化下，生成胆固醇酯及溶血磷脂。

（2）细胞内酯化。在组织及细胞内，游离胆固醇可在脂酰辅酶 A-胆固醇脂酰基转移酶（ACAT）的催化下，接受脂酰辅酶 A 的脂酰基酯化成胆固醇酯。

正常情况下，游离胆固醇（FC）与胆固醇酯（CE）含量呈一定比例，FC/CE = 1/3。当肝功能障碍时，酯化能力下降，导致游离胆固醇与胆固醇酯比值升高。因此，测定 FC/CE 可反映肝细胞功能。

6.3.2.3 胆固醇的代谢转化

胆固醇在体内不能被彻底氧化分解，在体内胆固醇的侧链经氧化、还原或降解转变成生理活性物质，只能以胆固醇原型或转化产物的形式排出体外。

A 胆固醇的转化

（1）转变成胆汁酸。体内胆固醇的主要代谢途径是在肝内转化成胆汁酸。正常人每日合成 1.0~15g 胆固醇，其中约 2/5 在肝转变成胆汁酸。胆汁酸作为胆汁的主要成分，随胆汁排入肠道。

（2）转变成维生素 D_3。在肝、小肠黏膜及皮肤等处的胆固醇，脱氢生成 7-脱氢胆固醇。储存在皮下的 7-脱氢胆固醇经紫外线照射可转变成维生素 D_3，人体每日可合成 200~400IU 的维生素 D_3，只要充分接受阳光照射，基本上可以满足生理需要。

（3）转变成类固醇激素。人体所有的类固醇激素均由胆固醇转化产生。胆固醇在肾上腺皮质细胞内可转变成皮质醇、皮质酮、醛固酮和性激素，在睾丸可转变成睾酮等雄激素，在卵巢可转变成黄体酮及雌二醇等。

B 胆固醇的排泄

（1）体内大部分胆固醇在肝转变成胆汁酸，并以胆汁酸盐的形式随胆汁排入肠道，随粪便排出体外，这是胆固醇排泄的主要途径。每日排出量约占胆固醇合成量的 40%。在小肠下段，大部分胆汁酸被肠黏膜细胞重吸收，经门静脉入肝，称为胆汁酸的肠肝循环；小部分胆汁酸经肠道细菌作用后排出体外。

（2）肝中胆固醇可与胆汁酸盐形成混合微粒，随胆汁经胆道排入肠道；胆固醇也可以通过肠黏膜脱落而排入肠腔；胆固醇被肠道细菌还原为类固醇后排出体外，如图 6-16 所示。

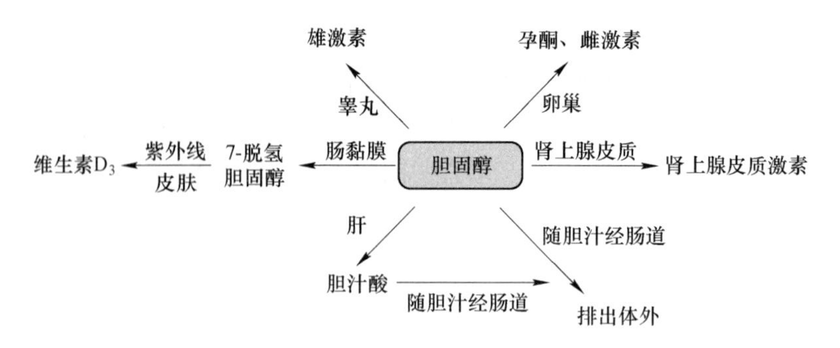

图 6-16 胆固醇的转化与排泄

本 章 小 结

脂类包括脂肪和类脂。脂肪的主要功能是储能和氧化供能；类脂包括胆固醇及其酯、磷脂和糖脂等，是构成生物膜的主要成分。体内需要而不能合成、必须从食物中摄取的脂肪酸称为必需脂肪酸，主要有亚油酸、亚麻酸和花生四烯酸。脂肪组织中储存的甘油三酯被脂肪酶最后水解为游离脂肪酸及甘油，并释放入血供给全身各组织氧化利用，这一过程称为脂肪动员。脂肪动员的关键酶是甘油三酯脂肪酶，又称激素敏感脂肪酶。

脂肪酸的氧化过程可分为以下三个阶段：

（1）脂肪酸在胞液中活化成脂酰 CoA；

（2）脂酰 CoA 通过载体肉碱转运进入线粒体基质；

（3）脂肪酸的 β-氧化，脂酰基每进行一次 β-氧化，经过脱氢、加水、再脱氢和硫解四步连续反应，生成 1 分子乙酰 CoA 以及比原来的脂酰 CoA 少两个碳原子的脂酰 CoA。如此反复进行，直到含偶数碳的脂酰 CoA 全部生成乙酰 CoA。生成的乙酰 CoA 可进入三羧酸循环继续氧化，最终生成水和二氧化碳，同时释放能量。

在肝细胞中，脂肪酸 β-氧化反应生成的乙酰 CoA 部分转变成乙酰乙酸、β-羟丁酸和丙酮等氧化中间产物，总称为酮体。酮体生成后，很快透出肝细胞膜，随血液被输送到心肌、骨骼肌、肾及大脑等组织进行氧化。酮体是机体利用脂肪酸氧化供能的一种形式。在长期饥饿或糖供给不足的情况下，酮体可替代糖成为脑、肌肉和肾组织的主要能源。人体内甘油三酯的合成部位主要在肝、脂肪组织及小肠的内质网，合成原料主要有乙酰 CoA，此外，还需 NADPH、HCO_3^-、ATP 及 Mn^{2+} 等。

含磷酸的脂类称为磷脂，其中含甘油的称为甘油磷脂。根据与磷酸基相连的取代基不同可将甘油磷脂分子分为多种，其中磷脂酰胆碱在体内含量最多，其次是磷脂酰乙醇胺。

胆固醇合成的原料主要是乙酰 CoA，需要 ATP 供能和 NADPH 供氢。胆固醇在体内可转化成胆汁酸、类固醇激素和维生素 D_3 等。

思 考 题

6-1 什么是脂肪动员，什么是激素敏感脂肪酶？

6-2 简述体内饱和脂肪酸氧化的部位、过程、关键酶。

6-3 什么是酮体，酮体是如何生成和氧化的，其生理意义是什么？

6-4 简述胆固醇合成的原料、部位及关键酶。

6-5 胆固醇在体内能转变成哪些物质？

7 氨基酸代谢

【学习目标】

（1）掌握蛋白质的生理功能、必需氨基酸的概念、种类及蛋白质的营养互补作用。
（2）掌握氨基酸脱氨基作用，转氨酶的作用，氨的代谢。
（3）熟悉氮平衡、蛋白质腐败作用，α-酮酸的代谢。
（4）熟悉一碳单位的概念、来源、代谢、相互转化和生理功能。
（5）熟悉含硫氨基酸的代谢、芳香族氨基酸的代谢。
（6）了解蛋白质的消化与吸收。

氨基酸是蛋白质的基本组成单位，其重要生理功能之一是作为原料参与细胞内蛋白质的合成。体内的蛋白质处于不断合成与分解的动态平衡。组织蛋白质首先分解成为氨基酸，然后再进一步代谢，所以氨基酸代谢是蛋白质分解代谢的中心内容。氨基酸代谢包括合成代谢和分解代谢两方面，本章重点论述分解代谢。

7.1 蛋白质的营养价值与消化、吸收

蛋白质的重要生理功能是维持组织和细胞的生长、更新和修复。另外，蛋白质是生命活动的物质基础，参与了几乎所有的生命活动，如催化、代谢调节、免疫、血液凝固、运输、协调运动等，因此，每日需要从膳食中摄取足量优质的蛋白质。蛋白质也可以作为能源物质在体内氧化分解供应能量，是体内能量来源之一，每克蛋白质在体内氧化分解产生17kJ（4kal）能量。

7.1.1 蛋白质的需要量和营养价值

7.1.1.1 氮平衡

氮平衡是一种通过测定摄入氮与排出氮量，间接反映体内蛋白质代谢状况的实验。蛋白质的元素组成特点是氮含量较为恒定，蛋白质的含氮量平均约为16%。故测定食物的含氮量可以估算出所摄入蛋白质的量。排出的氮量主要来源于粪便和尿液中的含氮化合物，主要是蛋白质分解代谢的终产物。因此，测定每天蛋白质氮的摄入量与尿及粪便中的排氮量，即可以反映人体蛋白质的代谢概况。人体氮平衡有以下三种情况：

（1）氮的总平衡。摄入氮=排出氮，反映体内蛋白质的合成与分解处于动态平衡，即氮的“收支”平衡，见于正常成人。

（2）氮的正平衡。摄入氮>排出氮，反映体内蛋白质的合成大于分解。常见于婴幼儿、青少年、孕妇、乳母及疾病恢复期患者。

（3）氮的负平衡。摄入氮<排出氮，反映体内蛋白质的合成小于分解。常见于膳食中

蛋白质供应量不足或体内蛋白质长期大量耗损情况，如饥饿、严重烧伤、出血及消耗性疾病患者。

7.1.1.2　生理需要量

根据氮平衡实验计算，正常成人在长期不进食蛋白质条件下，每日蛋白质最低分解量约为20g。由于食物蛋白质与人体蛋白质组成有差异，不可能全部被利用，故正常成人每日最低需要30~50g蛋白质来长期保持氮的总平衡。我国营养学会推荐正常成人每日蛋白质需要量为80g。

7.1.1.3　蛋白质的营养价值

人体内有八种氨基酸不能合成，必须由食物供给。这些体内需要而又不能自身合成的氨基酸，称为营养必需氨基酸。它们是缬氨酸、异亮氨酸、亮氨酸、苏氨酸、甲硫氨酸、赖氨酸、苯丙氨酸和色氨酸。其余12种氨基酸体内可以合成，称为非必需氨基酸。组氨酸和精氨酸虽能在人体内合成，但合成量不多，若长期缺乏也能造成负氮平衡，因此有人将这两种氨基酸也归为营养必需氨基酸。

蛋白质的营养价值是指食物蛋白质在体内的利用率。蛋白质营养价值的高低主要取决于食物蛋白质中必需氨基酸的种类、数量和比例。一般来说，含有必需氨基酸种类多、数量足的蛋白质，其营养价值高，反之营养价值低。由于动物性蛋白质所含必需氨基酸的种类和比例与人体需要接近，故营养价值高。植物蛋白质往往有一种或几种必需氨基酸含量较低或缺乏，故单独食用时营养价值较低。如将几种营养价值较低的蛋白质混合食用，则必需氨基酸可以互相补充，从而提高其营养价值，称为食物蛋白质的互补作用。例如谷类蛋白质中赖氨酸较少而色氨酸较多，而大豆蛋白质与之相反，两者混合食用，可使必需氨基酸互相补充，以提高营养价值。故提倡食物多样化，并注意合理搭配。

7.1.2　蛋白质的消化与吸收

7.1.2.1　蛋白质的消化

食物蛋白质在胃肠道多种消化酶的催化下，最终水解为氨基酸，如图7-1所示。食物蛋白质的消化由胃开始，但主要在小肠进行。蛋白质在胃中经胃蛋白酶作用水解成多肽及

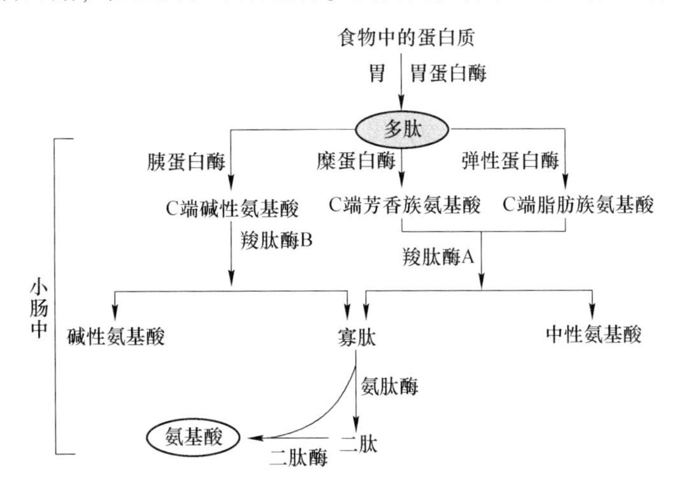

图7-1　蛋白质的消化过程

少量氨基酸；在小肠中，未经消化或消化不完全的蛋白质经胰液分泌的多种蛋白酶（包括胰蛋白酶、糜蛋白酶、弹性蛋白酶及羧肽酶A和羧肽酶B）和肠黏膜细胞分泌的寡肽酶（包括氨肽酶和二肽酶）的协同作用，逐步水解为寡肽和氨基酸。

7.1.2.2 氨基酸的吸收

小肠是各种氨基酸吸收的主要部位。其吸收方式主要通过氨基酸的转运载体吸收和γ-谷氨酰基循环两种方式进行。

7.1.3 蛋白质在肠中的腐败作用

在消化过程中，食物中的蛋白质约95%被消化吸收，而有少量未消化的蛋白质和未被吸收的消化产物，被大肠下段细菌群作用的过程称腐败作用。腐败作用主要是细菌无氧分解过程。腐败作用的大多数产物对人体有害，但也生成少量脂肪酸和维生素等可被人体利用的物质。

7.1.3.1 胺类的生成

肠道细菌的蛋白酶将未被消化的蛋白质水解成氨基酸，它再经脱羧作用生成各种胺类。某些氨基酸在肠道脱羧基生成的胺类见表7-1。

表7-1 氨基酸脱羧基生成的胺类

氨基酸	胺	生物学效应
组氨酸	组胺	扩血管、降血压，过敏反应
色氨酸	色胺	缩血管、升血压
酪氨酸	酪胺	升血压、转变成假神经递质
苯丙氨酸	苯乙胺	转变成假神经递质
赖氨酸	尸胺	降血压
鸟氨酸	腐胺	毒性物质

7.1.3.2 氨的生成

肠道内未被吸收的氨基酸在肠道细菌作用下水解生成氨及血液中尿素渗入肠道，经肠道细菌尿素酶的作用水解生成氨。肠道pH值可影响氨的吸收，降低肠道pH值，可减少氨的吸收。

7.1.3.3 其他有害物质

其他有害物质主要有色氨酸分解生成的吲哚、甲基吲哚，酪氨酸分解生成的对苯酚、甲苯酚，半胱氨酸分解生成的硫醇、甲烷及H_2S气体等。正常情况下，上述有害物质大部分随粪便排出体外，只有小部分被吸收，经肝的代谢转变为低毒甚至无毒物质，故不会发生中毒现象。

7.2 氨基酸的一般代谢

7.2.1 氨基酸的代谢概况

人体内的蛋白质处于分解与合成的动态平衡之中。正常成年人每日有组织蛋白质的

1%~2%被降解，其中主要是骨骼肌中的蛋白质，大约70%~80%又被重新利用合成新的蛋白质。体内各种组织蛋白质寿命差异很大，短则数十秒，长则数月。

食物蛋白质经消化与吸收的氨基酸、体内合成的非必需氨基酸以及组织蛋白质分解产生的氨基酸混合为一体，共同分布于体内各处，参与代谢，构成氨基酸代谢库。由于氨基酸不能自由通过细胞膜，所以各组织中氨基酸的分布是不均一的。例如骨骼肌中的氨基酸占总代谢库的50%以上，肝约占10%，肾约占4%，血浆占1%~6%。氨基酸代谢概况如图7-2所示。

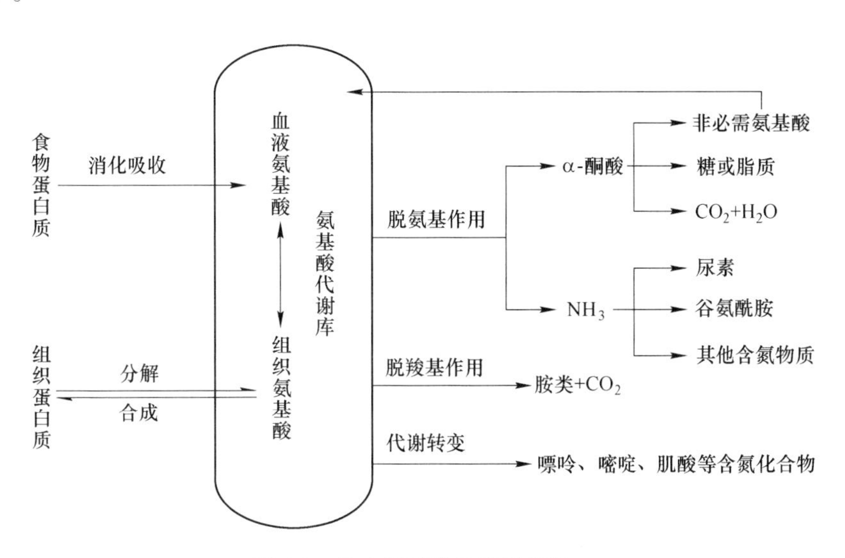

图7-2 体内氨基酸的代谢状况

7.2.2 氨基酸的脱氨基作用

氨基酸分解代谢的最主要反应是脱氨基作用。氨基酸的脱氨基作用在体内大多数组织中均可进行。氨基酸可以通过转氨基、氧化脱氨基、联合脱氨基等方式脱去氨基生成α-酮酸，其中以联合脱氨基最重要。

7.2.2.1 转氨基作用

在转氨酶催化下，α-氨基酸的氨基转移至α-酮酸的酮基上，生成相应的α-氨基酸，原来的氨基酸则转变成α-酮酸，此反应称为转氨基作用，其反应式为：

$$\mathrm{H}-\underset{\mathrm{COOH}}{\overset{\mathrm{R_1}}{\mathrm{C}}}-\mathrm{NH_2} + \underset{\mathrm{COOH}}{\overset{\mathrm{R_2}}{\mathrm{C}}}=\mathrm{O} \xrightleftharpoons{\text{转氨酶}} \underset{\mathrm{COOH}}{\overset{\mathrm{R_1}}{\mathrm{C}}}=\mathrm{O} + \mathrm{H}-\underset{\mathrm{COOH}}{\overset{\mathrm{R_2}}{\mathrm{C}}}-\mathrm{NH_2} \tag{7-1}$$

反应（7-1）是可逆的。转氨基作用既是氨基酸分解代谢过程，也是体内某些氨基酸合成的重要途径。

转氨酶的辅酶是磷酸吡哆醛（维生素B_6的磷酸酯）。磷酸吡哆醛接受氨基酸分子中的氨基生成磷酸吡哆胺，后者将氨基传递给α-酮酸又生成磷酸吡哆醛，从而实现氨基转移。除甘氨酸、苏氨酸、赖氨酸、脯氨酸外，体内大多数氨基酸均可进行转氨基作用。

体内存在着多种氨基转移酶，不同氨基酸与α-酮酸之间的转氨基作用只能由专一的氨基转移酶催化。例如：

$$\begin{array}{c} COOH \\ | \\ (CH_2)_2 \\ | \\ CHNH_2 \\ | \\ COOH \\ \text{谷氨酸} \end{array} + \begin{array}{c} CH_3 \\ | \\ C{=}O \\ | \\ COOH \\ \text{丙酮酸} \end{array} \underset{}{\overset{ALT}{\rightleftharpoons}} \begin{array}{c} COOH \\ | \\ (CH_2)_2 \\ | \\ C{=}O \\ | \\ COOH \\ \alpha\text{-酮戊二酸} \end{array} + \begin{array}{c} CH_2 \\ | \\ CHNH_2 \\ | \\ COOH \\ \text{丙氨酸} \end{array} \quad (7\text{-}2)$$

$$\begin{array}{c} COOH \\ | \\ (CH_2)_2 \\ | \\ CHNH_2 \\ | \\ COOH \\ \text{谷氨酸} \end{array} + \begin{array}{c} COOH \\ | \\ CH_2 \\ | \\ C{=}O \\ | \\ COOH \\ \text{草酰乙酸} \end{array} \underset{}{\overset{AST}{\rightleftharpoons}} \begin{array}{c} COOH \\ | \\ (CH_2)_2 \\ | \\ C{=}O \\ | \\ COOH \\ \alpha\text{-酮戊二酸} \end{array} + \begin{array}{c} COOH \\ | \\ CH_2 \\ | \\ CHNH_2 \\ | \\ COOH \\ \text{天冬氨酸} \end{array} \quad (7\text{-}3)$$

在各种氨基转移酶中，以L-谷氨酸和α-酮酸的氨基转移酶最为重要。例如谷丙氨转氨酶（Alanine Transaminase，ALT）和谷草转氨酶（Aspartate Transaminase，AST）在体内广泛存在，但各组织中的含量不同，见表7-2。

表7-2 正常人各组织中ALT及AST活性 （U/g组织）

组　织	ALT	AST
肝	44000	142000
肾	19000	91000
心	7100	156000
骨骼肌	4800	99000
胰腺	2000	28000
脾	1200	14000
肺	700	10000
血清	16	20

正常时，氨基酸转移酶主要存在于细胞内，血清中的活性很低。肝组织中ALT的活性最高，心肌组织中AST的活性最高。当某种原因使细胞膜通透性增高或细胞破裂时，氨基酸转移酶可大量释放人血，使血清中氨基转移酶活性明显升高。例如急性肝炎病人血清ALT活性显著升高；心肌梗死病人血清AST明显上升。临床上可以此作为疾病诊断和预后的参考指标之一。

知识链接

肝功能检验转氨酶的意义

肝中含有大量酶类，当肝损伤时，细胞膜通透性增加，酶类释放入血清。因此，通过血清酶检查可评估肝细胞的受损状况。临床上，常用于反映肝细胞的损伤与否及损伤程度的转氨酶包括丙氨酸氨基转移酶（ALT）和天冬氨酸氨基转移酶（AST）。AIT在各种急性病毒性肝炎、急性肝细胞损伤时，迅速释放入血清，作为肝细胞损伤最为敏感的指标。而在慢性肝炎或肝硬化时，AST升高程度超过ALT，当AST/ALT>1时，提示肝实质的广泛损害。因此，AST主要反映肝细胞损伤的程度。

7.2.2.2 氧化脱氨基作用

氧化脱氨基作用是指在酶的催化下氨基酸在氧化的同时脱去氨基的过程。催化氨基酸氧化脱氨基作用的酶有 L-氨基酸氧化酶、D-氨基酸氧化酶和 L-谷氨酸脱氢酶。其中以 L-谷氨酸脱氢酶的作用最为重要。L-谷氨酸脱氢酶的辅酶为 NAD^+，此酶分布广，尤其在肝、肾中活性较高，催化 L-谷氨酸生成 α-酮戊二酸和 NH_3，此反应可逆，其反应式为：

$$\underset{\text{L-谷氨酸}}{\mathrm{HOOC{-}CH_2{-}CH_2{-}CHNH_2{-}COOH}} \xrightleftharpoons[\mathrm{NAD(P)^+}\ \to\ \mathrm{NAD(P)H+H^+}]{\text{L-谷氨酸脱氢酶}} \mathrm{HOOC{-}CH_2{-}CH_2{-}C({=}NH){-}COOH} \xrightleftharpoons[-H_2O]{+H_2O} \underset{\alpha\text{-酮戊二酸}}{\mathrm{HOOC{-}CH_2{-}CH_2{-}C({=}O){-}COOH}} + NH_3 \qquad (7\text{-}4)$$

L-谷氨酸脱氢酶广泛分布于肝、肾、脑等组织中，活性较强。它是一种变构酶，其活性可受一些物质的调节，ATP、GTP 是它的变构抑制剂，ADP、GDP 是变构激活剂。当 ATP、GTP 不足时，谷氨酸加速氧化，这对氨基酸氧化供能起着重要的调节作用。

7.2.2.3 联合脱氨基作用

A 转氨酶与 L-谷氨酸脱氢酶的联合脱氨基作用

体内氨基酸的脱氨基作用主要是通过转氨酶和 L-谷氨酸脱氢酶的联合作用实现的。首先，氨基酸与 α-酮戊二酸在转氨酶催化下，生成相应的 α-酮酸和谷氨酸，然后谷氨酸在 L-谷氨酸脱氢酶的作用下，脱去氨基生成 α-酮戊二酸，并释放出 NH_3，这种脱氨基方式称为联合脱氨基作用。如图 7-3 所示。

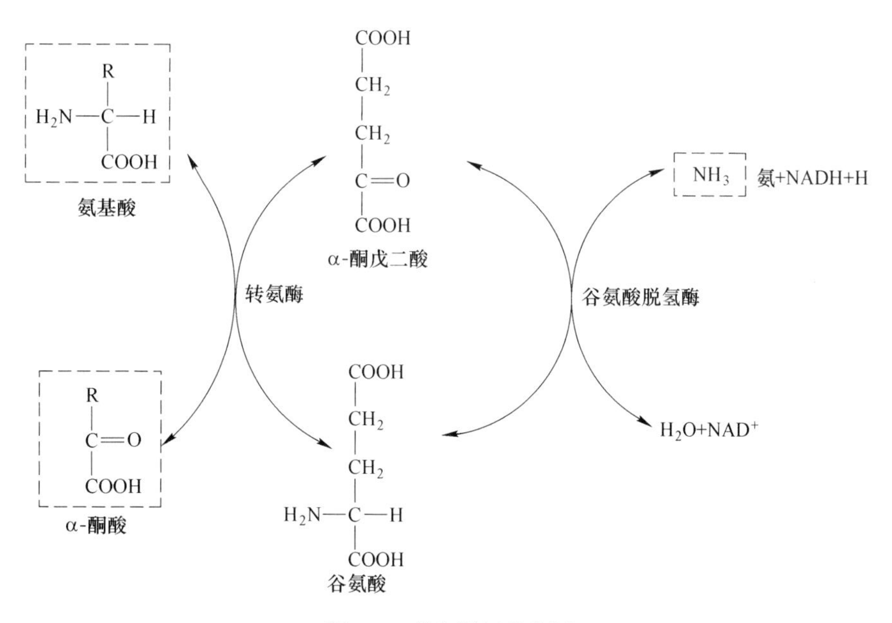

图 7-3 联合脱氨基作用

联合脱氨基作用是可逆的过程，因此，这一过程也是体内合成非必需氨基酸的主要途径。联合脱氨基作用主要在肝、肾等组织中进行。

B 嘌呤核苷酸循环

骨骼肌和心肌中L-谷氨酸脱氢酶的活性很低，难以进行上述的联合脱氨基作用，而是通过嘌呤核苷酸循环过程脱去氨基。在此过程中，氨基酸首先通过连续的转氨基作用将氨基转移给草酰乙酸，生成天冬氨酸；天冬氨酸与次黄嘌呤核苷酸（IMP）反应生成腺苷酸代琥珀酸，后者经裂解，释放出延胡索酸并生成腺嘌呤核苷酸（AMP）。AMP 在腺苷酸脱氨酶作用下脱去氨基生成 IMP，最终完成了氨基酸的脱氨基作用。IMP 可以再参加循环，延胡索酸则可经三羧酸循环转变成草酰乙酸，再次参加转氨基反应，如图 7-4 所示。

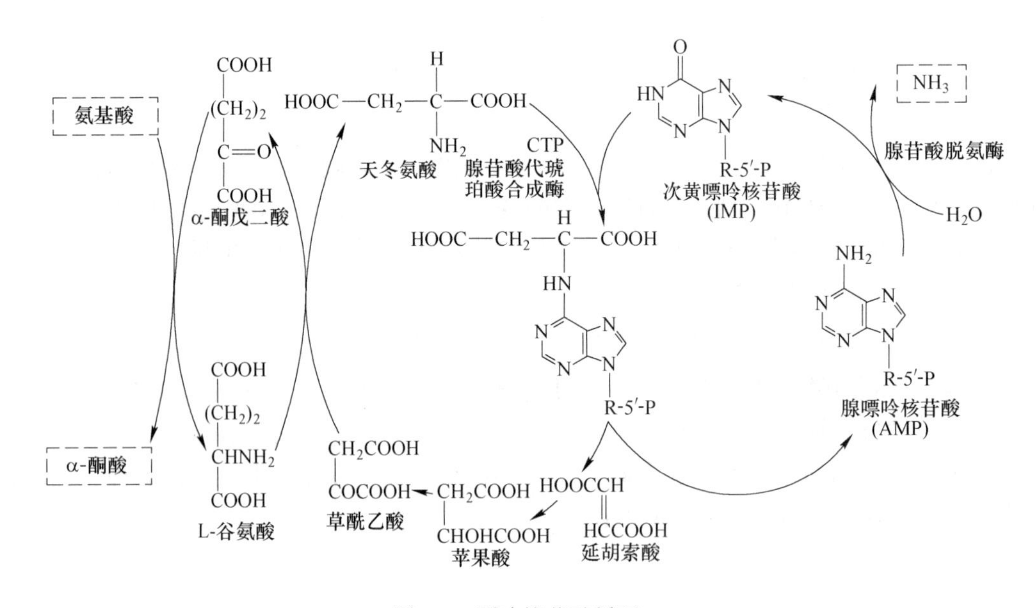

图 7-4 嘌呤核苷酸循环

7.2.3 α-酮酸的代谢

氨基酸脱氨基作用生成的α-酮酸可进一步分解代谢。α-酮酸主要有以下三方面代谢途径。

7.2.3.1 生成非必需氨基酸

体内的一些非必需氨基酸可通过相应的α-酮酸经氨基化而生成。这些α-酮酸可来自糖代谢和三羧酸循环的产物，如丙酮酸、草酰乙酸、α-酮戊二酸分别转变成丙氨酸、天冬氨酸和谷氨酸。

7.2.3.2 转变为糖或脂肪

分别用各种不同的氨基酸饲养实验性糖尿病犬时，发现喂食大多数氨基酸可使实验动物尿中排出的葡萄糖含量增加，而喂食亮氨酸和赖氨酸只能使酮体排出量增加。因此，将在体内可以转变成糖的氨基酸称为生糖氨基酸，能转变为酮体者称为生酮氨基酸，二者兼有者称为生糖兼生酮氨基酸，见表 7-3。

表 7-3 氨基酸生糖及生酮性质的分类

类别	氨基酸
生酮氨基酸	亮氨酸、赖氨酸
生糖兼生酮氨基酸	异亮氨酸、苯丙氨酸、酪氨酸、苏氨酸、色氨酸
生糖氨基酸	丝氨酸、缬氨酸、组氨酸、精氨酸、半胱氨酸、脯氨酸、丙氨酸、谷氨酸、谷氨酰胺、天冬氨酸、天冬酰胺、甲硫氨酸、甘氨酸

7.2.3.3 氧化供能

α-酮酸在体内可以通过三羧酸循环与氧化磷酸化彻底氧化，产生 CO_2 和 H_2O，并释放能量供生理活动的需要。可见，氨基酸也是一类能源物质。

7.3 氨的代谢

体内代谢产生的氨及消化道吸收的氨进入血液，形成血氨。正常生理情况下，血氨水平在 47~65μmol/L。氨具有毒性，特别是脑组织对氨的作用尤为敏感。

7.3.1 体内氨的三个重要来源

7.3.1.1 氨基酸脱氨基作用和胺类分解均可产生氨

氨基酸脱氨基作用产生的氨是体内氨的主要来源。胺类的分解也可以产生氨。其反应为：

$$RCH_2NH_2 \xrightarrow{\text{胺氧化酶}} RCHO + NH_3 \tag{7-5}$$

7.3.1.2 肠道细菌作用产生氨

蛋白质和氨基酸在肠道细菌腐败作用下可产生氨，肠道内尿素经细菌尿素酶水解也可产生氨。肠道产氨量较多，每天约为 4g，当腐败作用增强时，氨的产生量增多。肠道内产生的氨主要在结肠吸收入血。在碱性环境中，NH_4^+ 易转变成 NH_3，而 NH_3 比 NH_4^+ 易于穿过细胞膜而被吸收。因此肠道偏碱时，氨的吸收增强。临床上对高血氨病人采用弱酸性透析液作结肠透析，而禁止用碱性的肥皂水灌肠就是为了减少氨的吸收。

7.3.1.3 肾小管上皮细胞分泌的氨主要来自谷氨酰胺

谷氨酰胺在谷氨酰胺酶的催化下水解成谷氨酸和氨，这部分氨分泌到肾小管管腔中与尿中的 H^+ 结合成 NH_4^+，以铵盐的形式由尿排出体外。这对调节机体的酸碱平衡起着重要作用。酸性尿有利于肾小管细胞中的氨扩散入尿，而碱性尿则妨碍肾小管细胞中 NH_3 的分泌，此时氨被吸收入血，成为血氨的另一个来源。因此，临床上对因肝硬化而产生腹水的病人，不宜使用碱性利尿药，以免血氨升高。

7.3.2 体内氨的转运

氨是毒性代谢产物，各组织产生的氨必须以无毒的方式经血液运输至肝合成尿素，或运输到肾以铵盐的形式随尿排出。现已知，氨在血液中主要以丙氨酸和谷氨酰胺两种形式进行转运。

7.3.2.1 丙氨酸-葡萄糖循环

肌肉中的氨基酸经转氨基作用将氨基转移给丙酮酸，丙酮酸接受氨基生成丙氨酸，丙氨酸经血液循环运至肝脏，在肝中通过联合脱氨基作用脱下氨合成尿素。脱氨后生成的丙酮酸异生为葡萄糖。葡萄糖由血液运至肌肉组织，在其中分解为丙酮酸，供再次接受氨基生成丙氨酸。如此循环地将氨从肌肉转运到肝，将这一途径称为丙氨酸-葡萄糖循环，如图 7-5 所示。通过这个循环，既可使肌肉中的氨以无毒的丙氨酸形式运输到肝脏，同时，肝又为肌肉提供了生成丙酮酸的葡萄糖。

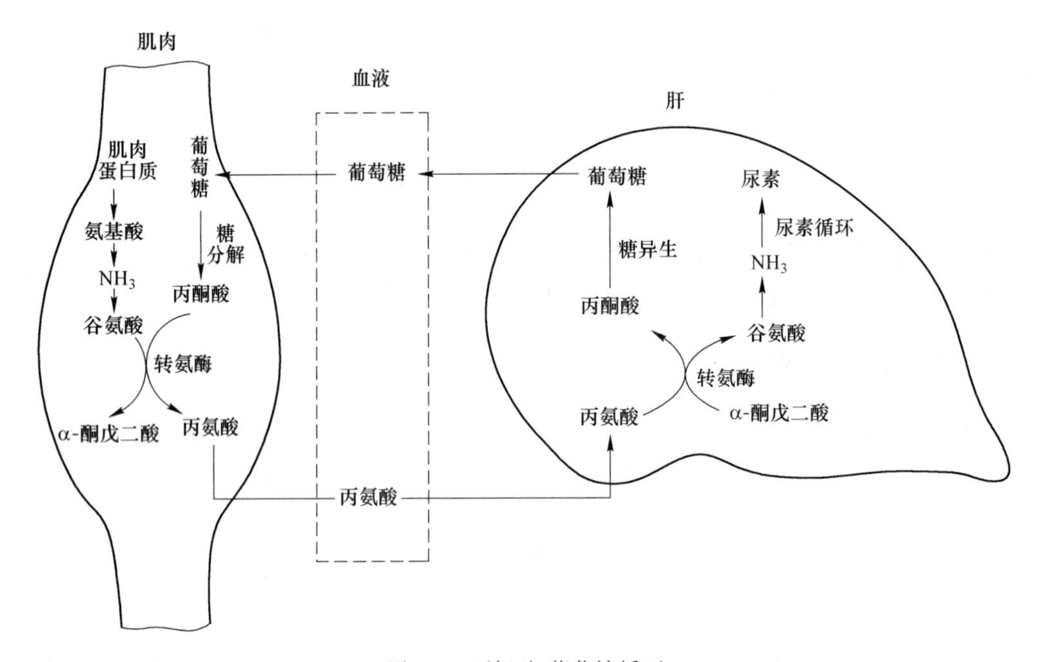

图 7-5 丙氨酸-葡萄糖循环

7.3.2.2 谷氨酰胺的运氨作用

谷氨酰胺是从脑、肌肉等组织向肝或肾运输氨的另一种形式。氨与谷氨酸在谷氨酰胺合成酶的作用下合成谷氨酰胺，经血液运到肝或肾，再经谷氨酰胺酶水解为谷氨酸及氨，氨在肝可合成尿素，在肾则以铵盐的形式由尿排出。谷氨酰胺的合成与分解是由不同酶催化的不可逆反应，其合成需消耗 ATP。因此，谷氨酰胺是储存氨、运输氨及解除氨的重要形式，如图 7-6 所示。

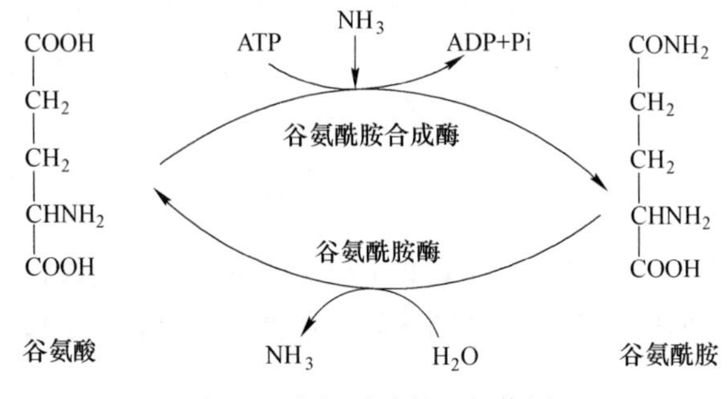

图 7-6 谷氨酰胺的运氨作用

7.3.3 体内氨的去路

氨在体内的代谢去路有：在肝内合成尿素，在肾小管上皮细胞合成谷氨酰胺，合成非必需氨基酸，以及合成其他含氮化合物。其中，合成尿素是氨的主要代谢去路，正常成年人尿素占排氮总量的 80% ~ 90%。

肝是合成尿素的主要器官。实验证明，如果将犬的肝切除，则血中尿素含量明显降低，而氨及氨基酸浓度升高。1932 年，Krebs 等人提出了尿素合成的鸟氨酸循环（Ornithine Cycle）学说。详细过程如下。

7.3.3.1 氨甲酰磷酸的合成

在 ATP、Mg^{2+}及 N-乙酰谷氨酸（AGA）存在的情况下，氨与 CO_2 可以在肝细胞线粒体内存在的氨甲酰磷酸合成酶 I 的催化下，合成氨甲酰磷酸。此反应不可逆，消耗 2 分子 ATP。AGA 由乙酰辅酶 A 和谷氨酸合成，它是氨甲酰磷酸合成酶 I 的别构激活剂。其反应式为：

$$NH_3+CO_2+H_2O \xrightarrow[Mg^{2+},\ AGA;\ 2ATP \rightarrow 2ADP+Pi]{\text{氨甲酰磷酸合成酶I}} H_2N-\overset{\overset{\large O}{\|}}{C}-O\sim PO_3H_2 \tag{7-6}$$

7.3.3.2 瓜氨酸的合成

在鸟氨酸氨甲酰转移酶催化下，氨甲酰磷酸与鸟氨酸反应生成瓜氨酸。此反应不可逆。其中所需的鸟氨酸由胞质经线粒体膜上的载体转运进线粒体，瓜氨酸合成后由线粒体内膜上载体转运至胞质。其反应式为：

$$\underset{\text{鸟氨酸}}{\begin{array}{l}NH_2\\ |\\ (CH_2)_3\\ |\\ CH-NH_2\\ |\\ COOH\end{array}} + \underset{\text{氨甲酰磷酸}}{\begin{array}{l}NH_2\\ |\\ C=O\\ |\\ O\sim PO_3H_2\end{array}} \xrightarrow{\text{鸟氨酸氨甲酰转移酶}} \underset{\text{瓜氨酸}}{\begin{array}{l}\boxed{\begin{array}{l}NH_2\\ |\\ C=O\end{array}}\\ |\\ NH\\ |\\ (CH_2)_3\\ |\\ CH-NH_2\\ |\\ COOH\end{array}} + Pi \tag{7-7}$$

7.3.3.3 精氨酸的合成

瓜氨酸在胞质中经精氨酸代琥珀酸合成酶催化，与天冬氨酸缩合成精氨酸代琥珀酸，后者又在精氨酸代琥珀酸裂解酶催化下，裂解成精氨酸及延胡索酸。其中，精氨酸代琥珀酸合成酶是鸟氨酸循环过程中的限速酶。其反应式为：

$$\underset{\text{瓜氨酸}}{\begin{array}{l}\boxed{\begin{array}{l}NH_2\\ |\\ C=O\end{array}}\\ |\\ NH\\ |\\ (CH_2)_3\\ |\\ CH-NH_2\\ |\\ COOH\end{array}} + \underset{\text{天冬氨酸}}{\begin{array}{l}\quad\ \ COOH\\ \quad\ \ \ |\\ H_2N-C-H\\ \quad\ \ \ |\\ \quad\ \ CH_2\\ \quad\ \ \ |\\ \quad\ \ COOH\end{array}} \xrightarrow[ATP \xrightarrow{Mg^{2+}} H_2O,\ AMP+PPi]{\text{精氨酸代琥珀酸合成酶}} \underset{\text{精氨酸代琥珀酸}}{\begin{array}{l}NH_2\quad\ \ COOH\\ |\qquad\quad\ \ |\\ C=N-C-H\\ |\qquad\quad\ \ |\\ NH\qquad CH_2\\ |\qquad\quad\ \ |\\ (CH_2)_3\ \ COOH\\ |\\ CH-NH_2\\ |\\ COOH\end{array}} \tag{7-8}$$

$$\underset{\text{精氨酸代琥珀酸}}{H_2N-C(=N-CH(COOH)-CH_2-COOH)-NH-(CH_2)_3-CH(NH_2)-COOH} \xrightarrow{\text{精氨酸代琥珀酸裂解酶}} \underset{\text{精氨酸}}{H_2N-C(=NH)-NH-(CH_2)_3-CH(NH_2)-COOH} + \underset{\text{延胡索酸}}{HOOC-CH=CH-COOH} \quad (7\text{-}9)$$

7.3.3.4　精氨酸水解生成尿素

胞质中精氨酸在精氨酸酶的作用下，水解生成尿素和鸟氨酸。鸟氨酸通过线粒体内膜上的运载体的转运进入线粒体，然后再参与下一轮尿素循环过程。其反应式为：

$$\underset{\text{精氨酸}}{H_2N-C(=NH)-NH-(CH_2)_3-CH(NH_2)-COOH} + H_2O \xrightarrow{\text{精氨酸酶}} \underset{\text{尿素}}{H_2N-C(=O)-NH_2} + \underset{\text{鸟氨酸}}{H_2N-(CH_2)_3-CH(NH_2)-COOH} \quad (7\text{-}10)$$

现将鸟氨酸循环生成尿素的过程总结，如图 7-7 所示。

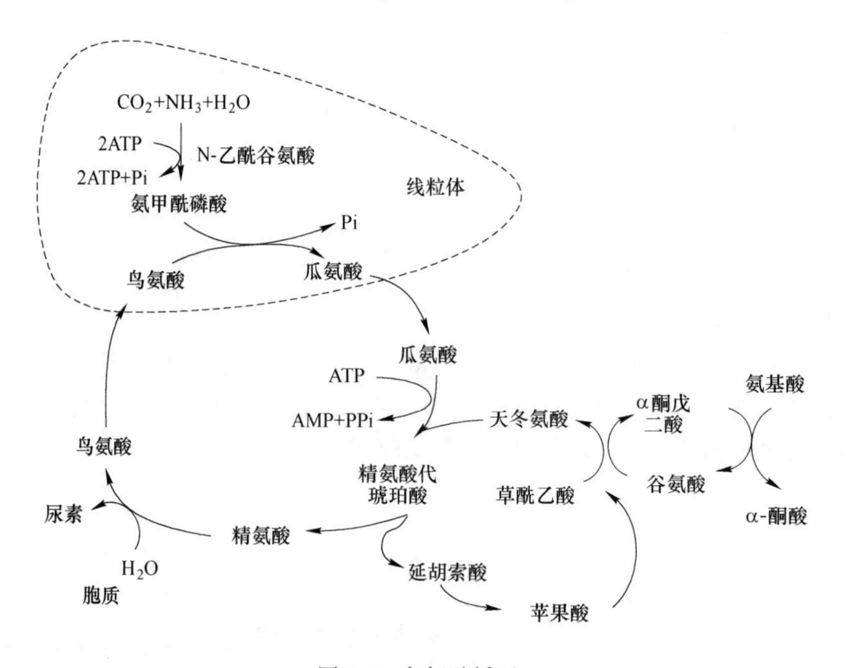

图 7-7　鸟氨酸循环

由此可见，尿素分子中的两个氮原子，一个来自氨基酸脱氨基作用生成的氨；另一个来自天冬氨酸。天冬氨酸又可由其他氨基酸转变而来，故尿素分子中的两个氮原子都是直接或间接来自多种氨基酸。另外，尿素合成是一个耗能过程，合成 1 分子尿素就要消耗 3 分子的 ATP（消耗四个高能磷酸键的能量）。

血液中的尿素、尿酸、肌酸、肌酐、游离氨和胆红素等非蛋白含氮化合物主要通过肾排泄，血液中尿素含量可作为反映肾小球滤过功能的常用指标。

7.3.3.5 高血氨与氨中毒

正常生理情况下，血氨的来源与去路保持动态平衡，血氨浓度处于较低水平。氨在肝中合成尿素是维持这种平衡的关键。当肝功能严重损伤时，尿素合成障碍，血氨浓度增高，称为高血氨症。

高血氨时，大量氨进入脑组织，可与脑中 α-酮戊二酸结合生成谷氨酸，氨再与谷氨酸进一步结合生成谷氨酰胺。消耗了大脑中大量的 α-酮戊二酸，使得三羧酸循环减弱，从而导致脑组织中 ATP 的生成减少，引起大脑供能缺乏，严重时可产生昏迷，即肝性脑病。

7.4 个别氨基酸代谢

氨基酸代谢除一般代谢途径外，有些氨基酸还有特殊的代谢途径，生成某些具有重要生理意义的物质。

7.4.1 氨基酸脱羧基作用

有些氨基酸可通过脱羧基作用生成相应的胺类，氨基酸脱羧酶的辅酶是磷酸吡哆醛。胺类含量虽然不高，但具有重要的生理功能。

7.4.1.1 γ-氨基丁酸

谷氨酸脱羧生成 γ 氨基丁酸（γ-aminobutyric acid，GABA）。催化反应的酶为谷氨酸脱羧酶，此酶在脑及肾组织中活性强。其反应式为：

$$\begin{array}{c} COOH \\ | \\ (CH_2)_2 \\ | \\ CH—NH_2 \\ | \\ COOH \\ \text{L-谷氨酸} \end{array} \xrightarrow[\searrow CO_2]{\text{L-谷氨酸脱羧酶}} \begin{array}{c} COOH \\ | \\ (CH_2)_2 \\ | \\ CH_2NH_2 \\ \gamma\text{-氨基丁酸} \end{array} \qquad (7\text{-}11)$$

GABA 是抑制性神经递质，对中枢神经有高度抑制作用。磷酸吡哆醛是氨基酸脱羧酶的辅酶。临床上常用大量的维生素 B_6。治疗妊娠呕吐和小儿抽搐，是通过增强谷氨酸脱羧作用，产生较多 GABA，从而抑制神经的兴奋性以减轻症状。

7.4.1.2 5-羟色胺

色氨酸在色氨酸羟化酶作用下首先生成 5-羟色氨酸，后者再经脱羧酶作用生成 5-羟色胺（5-HT）。在脑的视丘下部，大脑皮质含量很高，5-HT 是一种抑制性神经递质，与睡眠、疼痛和体温调节有密切关系。在外周组织，5-HT 具有强烈的收缩血管功能。其反应式为：

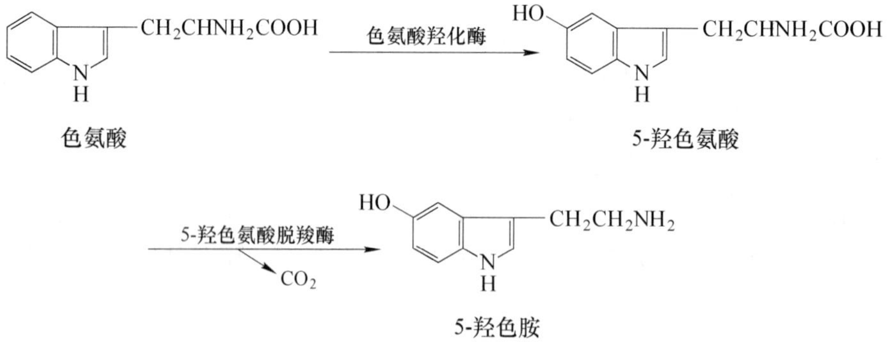

色氨酸 $\xrightarrow{\text{色氨酸羟化酶}}$ 5-羟色氨酸 $\xrightarrow[-CO_2]{\text{5-羟色氨酸脱羧酶}}$ 5-羟色胺

(色氨酸：吲哚-3-CH_2CHNH_2COOH；5-羟色氨酸：HO-吲哚-3-CH_2CHNH_2COOH；5-羟色胺：HO-吲哚-3-$CH_2CH_2NH_2$)

(7-12)

知识链接

5-羟色胺与睡眠

5-羟色胺最早从血清中发现，又名血清素，广泛存在于哺乳动物组织中，主要分布于松果体和下丘脑。研究发现，降低动物脑内的5-羟色胺水平，动物出现不同程度的失眠。在动物失眠期间，通过静脉或脑内注射5-羟色胺，经过一定时间的潜伏期，动物的睡眠能得到恢复。此外，将5-羟色胺用于治疗严重失眠的患者，症状得到一定程度的改善。以上研究证明了5-羟色胺能够引起睡眠的发生。

7.4.1.3 组胺

组胺是由组氨酸脱羧而生成的。组胺在体内广泛分布在乳腺、肺、肝、肌肉及胃黏膜等的肥大细胞中，它是一种强烈的血管扩张剂，引起毛细血管扩张、通透性增加，造成血压下降，甚至休克；它还可使平滑肌收缩，引起支气管痉挛而发生哮喘。组胺还能促进胃黏膜细胞分泌胃蛋白酶及胃酸。其反应式为：

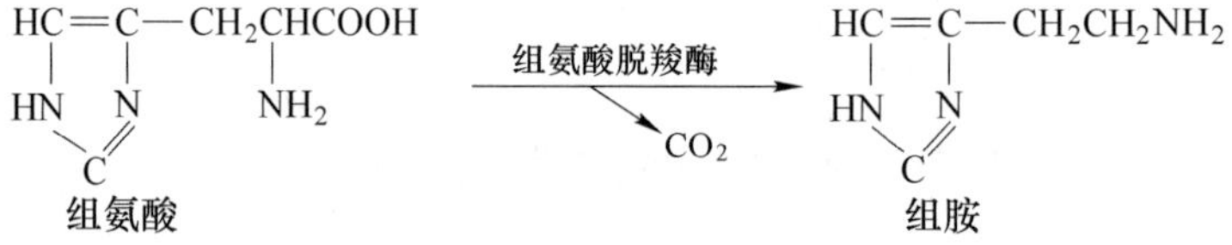

组氨酸 (咪唑环 $HC{=}C{-}CH_2CHCOOH$，NH_2) $\xrightarrow[-CO_2]{\text{组氨酸脱羧酶}}$ 组胺 (咪唑环 $HC{=}C{-}CH_2CH_2NH_2$) (7-13)

7.4.1.4 多胺

多胺是指有多个氨基酸的胺类化合物，某些氨基酸的脱羧基作用可以产生多胺。例如鸟氨酸脱羧基生成腐胺，然后转变成多胺，包括精脒和精胺，如图7-8所示。

精脒和精胺是调节细胞生长的重要物质。实验证明，凡是生长旺盛的组织，如胚胎、再生肝、癌瘤等组织，其鸟氨酸脱羧酶（多胺合成的限速酶）的活性较强，多胺的含量增加。临床上测定癌症患者血、尿中的多胺含量作为观察病情和辅助诊断的生化指标之一。

7.4.1.5 牛磺酸

半胱氨酸的巯基经连续氧化形成磺酸基（$—SO_3H$），然后脱羧，便形成牛磺酸。其反应式为：

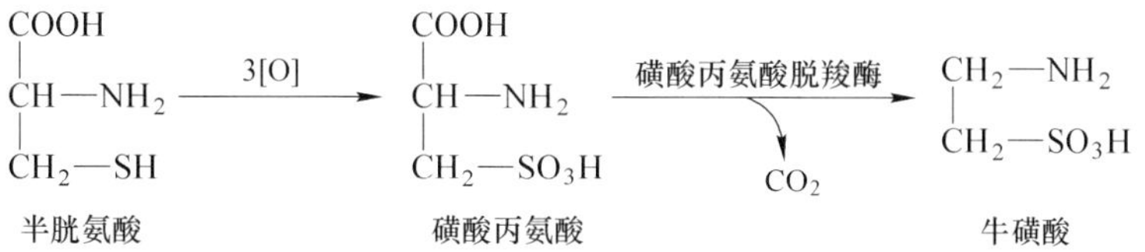

$$\underset{\text{半胱氨酸}}{\begin{array}{l}COOH\\|\\CH—NH_2\\|\\CH_2—SH\end{array}} \xrightarrow{3[O]} \underset{\text{磺酸丙氨酸}}{\begin{array}{l}COOH\\|\\CH—NH_2\\|\\CH_2—SO_3H\end{array}} \xrightarrow[\searrow CO_2]{\text{磺酸丙氨酸脱羧酶}} \underset{\text{牛磺酸}}{\begin{array}{l}CH_2—NH_2\\|\\CH_2—SO_3H\end{array}} \tag{7-14}$$

鸟氨酸 $NH_2(CH_2)_3CHCOOH$（NH_2）
↓ CO_2
腐胺 $NH_2(CH_2)_4NH_2$
↓
精脒 $NH_2(CH_2)_4NH(CH_2)_3NH_2$
↓
精胺 $NH_2(CH_2)_3NH(CH_2)_4NH(CH_2)_3NH_2$

S-腺苷蛋氨酸 腺苷—S^+(CH_3)—$CH_2CH_2CHCOOH$（NH_2）
↓ CO_2
S-腺苷甲硫基丙胺 腺苷—S^+(CH_3)—$CH_2CH_2CH_2NH_2$
↓
腺苷—S—CH_3

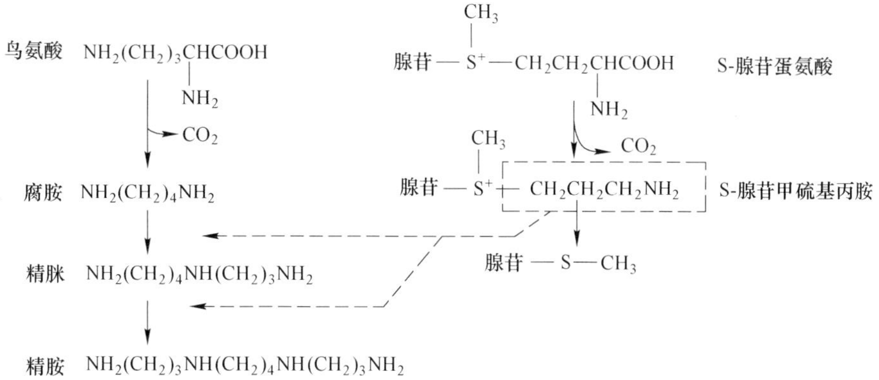

图 7-8 多胺的生成

牛磺酸主要在肝内用于合成结合型胆汁酸，还能促进婴幼儿脑组织和智力的发育。

7.4.2 一碳单位的代谢

某些氨基酸在分解代谢过程中产生的含有一个碳原子的有机基团，称为一碳单位，包括甲基（$—CH_3$）、甲烯基（$—CH_2—$）、甲炔基（$—CH═$）、甲酰基（$—CHO$）及亚氨甲基（$—CH═NH$）等。一碳单位不能游离存在，常与四氢叶酸（FH_4）结合而转运和参与代谢。一碳单位参与嘌呤和胸腺嘧啶的合成，在核酸的生物合成中占有重要地位。

7.4.2.1 一碳单位的载体

四氢叶酸是一碳单位的运载体。哺乳动物体内四氢叶酸可由叶酸经二氢叶酸还原酶催化，通过两步还原反应生成。其反应式为：

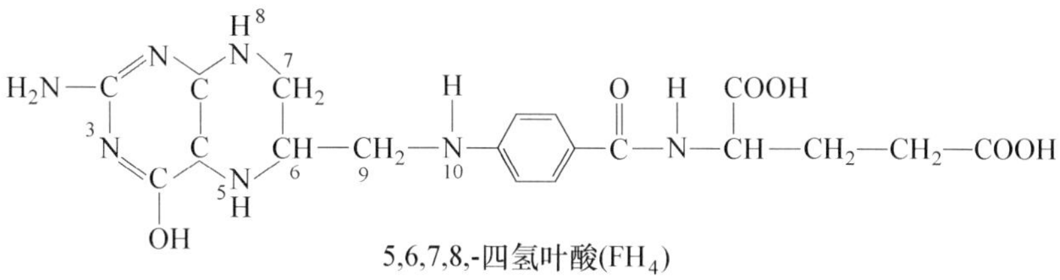

$$\text{(蝶啶环: } H_2N—C^2, N^3, C^4—OH, N^5H, C^6H, C^7H_2, N^8H\text{)}—CH_2^{9}—\overset{H}{N^{10}}—C_6H_4—\overset{O}{\overset{\|}{C}}—\overset{H}{N}—\overset{COOH}{CH}—CH_2—CH_2—COOH \tag{7-15}$$

5,6,7,8,-四氢叶酸(FH_4)

$$\text{叶酸} \xrightarrow[NADPH(H^+)\ \ NADP^+]{\text{二氢叶酸还原酶}} \text{二氢叶酸} \xrightarrow[NADPH(H^+)\ \ NADP^+]{\text{二氢叶酸还原酶}} \text{四氢叶酸} \tag{7-16}$$

一碳单位通常结合在 FH_4 分子的 N^5 和 N^{10} 位上。如 N^5-甲基四氢叶酸（$N^5—CH_3—FH_4$）、N^5,N^{10}-甲烯四氢叶酸（$N^5,N^{10}—CH_2—FH_4$）、N^{10}-甲酰四氢叶酸（$N^{10}—CHO—FH_4$）、N^5,N^{10}-甲炔四氢叶酸（$N^5,N^{10}═CH—FH_4$）及 N^5-亚氨甲基四氢叶酸（$N^5—CH═NH—FH_4$）等。

7.4.2.2 一碳单位与氨基酸代谢

一碳单位主要来源于丝氨酸、甘氨酸、组氨酸及色氨酸的分解代谢。在适当条件下，各种不同形式的一碳单位可以相互转变。在这些反应中，N^5—CH_3—FH_4 的生成基本是不可逆的。

7.4.2.3 一碳单位的生理作用

（1）作为合成嘌呤、嘧啶的原料（见图 7-9），在核酸的生物合成中具有重要意义。如 N^{10}—CHO—FH_4 提供嘌呤环的 C_2；N^5,N^{10}═CH—FH_4，提供嘌呤环的 C_8。N^5,N^{10}—CH_2—FH_4 为胸苷酸（dTMP）合成提供甲基。一碳单位代谢将氨基酸与核酸代谢密切联系起来。

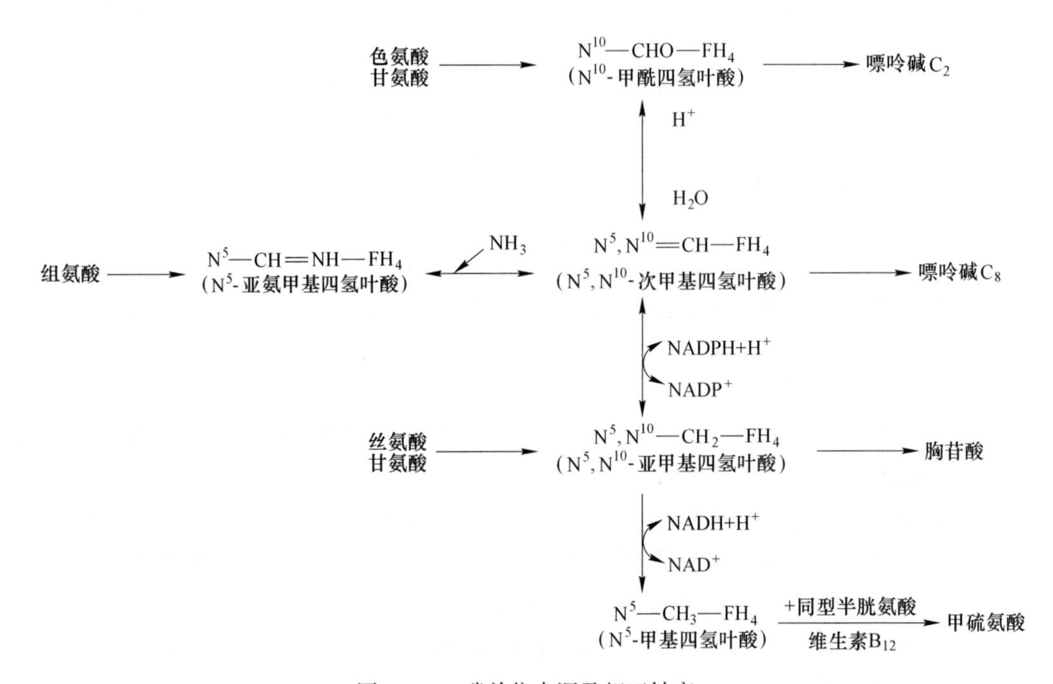

图 7-9 一碳单位来源及相互转变

（2）作为甲基的供体。N^{10}—CH_3—FH_4，间接提供甲基，S-腺苷基甲硫氨酸直接提供甲基，用于肾上腺素、肌酸及胆碱等的合成。

7.4.3 含硫氨基酸代谢

含硫氨基酸包括甲硫氨酸、半胱氨酸和胱氨酸。这三种氨基酸的代谢是相互联系的，甲硫氨酸可以转变为半胱氨酸和胱氨酸，而且半胱氨酸和胱氨酸可以互相转变，但两者都不能转变为甲硫氨酸，所以甲硫氨酸是营养必需氨基酸。

7.4.3.1 甲硫氨酸代谢

A 甲硫氨酸与转甲基作用

甲硫氨酸可在 ATP 提供腺苷情况下，由腺苷转移酶作用生成 SAM。SAM 称为活性甲硫氨酸，是体内甲基重要的直接供体。其反应式为：

$$\begin{array}{l} S-CH_3 \\ | \\ CH_2 \\ | \\ CH_2 \\ | \\ CHNH_2 \\ | \\ COOH \\ \text{甲硫氨酸} \end{array} + ATP \xrightarrow{\text{腺苷转移酶} \nearrow PPi+Pi} \begin{array}{l} H_3C-S^+-\text{腺苷} \\ \quad\ \ | \\ \quad\ CH_2 \\ \quad\ \ | \\ \quad\ CH_2 \\ \quad\ \ | \\ \quad\ CHNH_2 \\ \quad\ \ | \\ \quad\ COOH \\ \text{S-腺苷甲硫氨酸} \end{array} \qquad (7\text{-}17)$$

许多含甲基的生理活性物质，如胆碱、肌酸、肉碱以及肾上腺素等都是直接由 SAM 提供甲基合成的。

B 甲硫氨酸循环

甲硫氨酸由 ATP 提供腺苷生成 S-腺苷甲硫氨酸，后者经转甲基作用生成 S-腺苷同型半胱氨酸，再经水解生成同型半胱氨酸。同型半胱氨酸再接受 $N^5—CH_3—FH_4$ 提供的甲基，重新生成甲硫氨酸。这一循环称为甲硫氨酸循环，如图 7-10 所示。

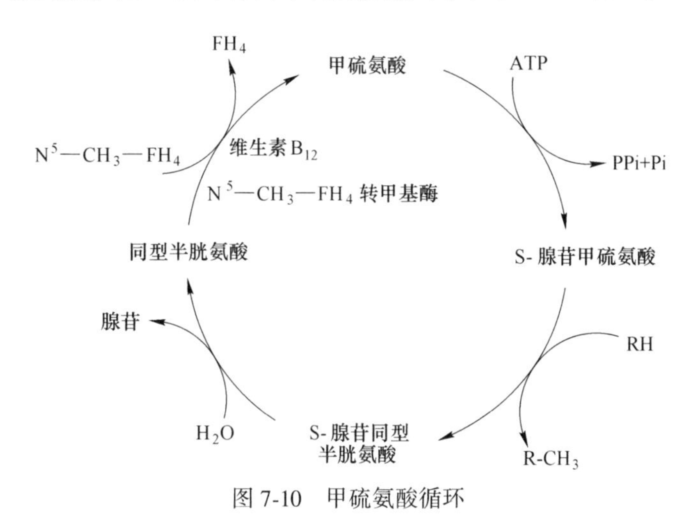

图 7-10 甲硫氨酸循环

这个循环的生理意义是由 $N^5—CH_3—FH_4$ 提供甲基合成甲硫氨酸，再通过此循环的 SAM 提供甲基，以进行体内广泛的甲基化反应，见表 7-4。$N^5—CH_3—FH_4$ 可看成是体内甲基的间接供体。

表 7-4 由 SAM 参加的一些转甲基作用

甲基接受体	甲基化产物	甲基接受体	甲基化产物
去甲肾上腺素	肾上腺素	RNA	甲基化的 RNA
胍乙酸	肌酸	DNA	甲基化的 DNA
磷脂酰乙醇胺	磷脂酰胆碱	蛋白质	甲基化的蛋白质
γ-氨基丁酸	卡尼汀	烟酰胺	N-甲基烟酰胺

7.4.3.2 半胱氨酸代谢

A 合成谷胱甘肽

半胱氨酸、谷氨酸和甘氨酸结合生成谷胱甘肽，有还原型和氧化型两种形式。还原性谷胱甘肽是体内重要的还原剂，保护生物膜上含有巯基的酶和蛋白质不被氧化。其反应式为：

$$\underset{\text{还原型谷胱甘肽}}{2G-SH} \underset{+2H}{\overset{-2H}{\rightleftharpoons}} \underset{\text{氧化型谷胱甘肽}}{G-S-S-G} \tag{7-18}$$

B　合成活性硫酸根

半胱氨酸是体内硫酸根的主要来源。半胱氨酸经非氧化脱氨基作用可分解生成 H_2S、NH_3 和丙酮酸。H_2S 经氧化生成硫酸根，硫酸根一部分以无机盐的形式随尿排出，另一部分再经 ATP 活化生成 3′-磷酸腺苷-5′-磷酰硫酸（PAPS），可作为硫酸基的供体，使某些物质形成硫酸酯，参与体内多种重要反应。其反应式为：

$$\text{半胱氨酸} \longrightarrow H_2S \longrightarrow SO_4^{2-} \xrightarrow[\text{ATP} \curvearrowright \text{PPi}]{\text{ATP硫酸化酶}} AMP-SO_3^- \xrightarrow[\text{ATP} \curvearrowright \text{ADP}]{\text{腺苷酰硫酸磷酸激酶}} \text{PAPS} \tag{7-19}$$

7.4.4　芳香族氨基酸代谢

芳香族氨基酸包括苯丙氨酸、酪氨酸和色氨酸。酪氨酸可由苯丙氨酸羟化生成。苯丙氨酸和色氨酸为营养必需氨基酸。

7.4.4.1　苯丙氨酸的代谢

苯丙氨酸羟化酶催化大部分的苯丙氨酸生成酪氨酸，是苯丙氨酸的重要代谢途径。苯丙氨酸羟化酶缺乏时，苯丙氨酸不能正常地转变成酪氨酸，经转氨基作用生成苯丙酮酸，造成苯丙氨酸蓄积。大量的苯丙酮酸由尿排出，尿中有霉臭味或鼠气味，称之为苯丙酮尿症。这是一种先天性氨基酸代谢酶缺陷病，患者多为婴幼儿。由于苯丙酮酸增多，对中枢神经系统有毒性，因此患儿的智力发育障碍，生长发育迟缓，脑电图异常。

7.4.4.2　酪氨酸的代谢

A　转变成儿茶酚胺

酪氨酸经酪氨酸羟化酶作用生成多巴，后者经脱羧反应生成多巴胺，再经 β-羟化生成去甲肾上腺素，后者经甲基化生成肾上腺素。多巴胺、去甲肾上腺素和肾上腺素三者统称为儿茶酚胺类激素，如图 7-11 所示。这些物质在体内属于神经递质或激素，具有重要的生理功能。

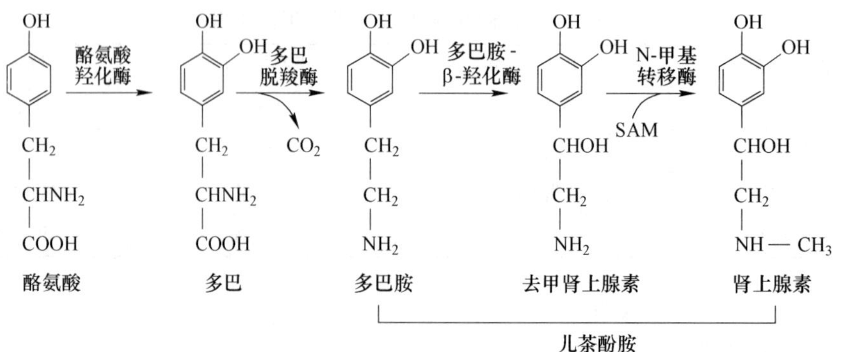

图 7-11　儿茶酚胺的合成

B 转变成黑色素

经黑色素细胞酪氨酸酶的催化，酪氨酸羟化生成多巴，后者经氧化、脱羧等反应生成吲哚-5,6-醌，最后聚合为黑色素如图 7-12 所示。先天性缺乏酪氨酸酶的患者，因不能合成黑色素，患者皮肤及毛发呈白色，称为白化病。

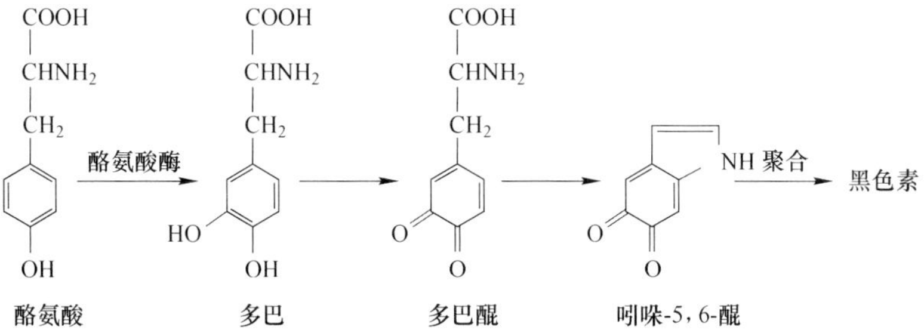

图 7-12 黑色素的合成

C 转变成甲状腺素

甲状腺激素是酪氨酸的碘化衍生物。甲状腺激素有两种，即四碘甲腺原氨酸（甲状腺素，T_4）和三碘甲腺原氨酸（T_3），如图 7-13 所示。T_3 的生物活性比 T_4 大 3~8 倍，但含量远比 T_4 少。临床上通过测定 T_3、T_4 的含量可判断甲状腺功能状态。

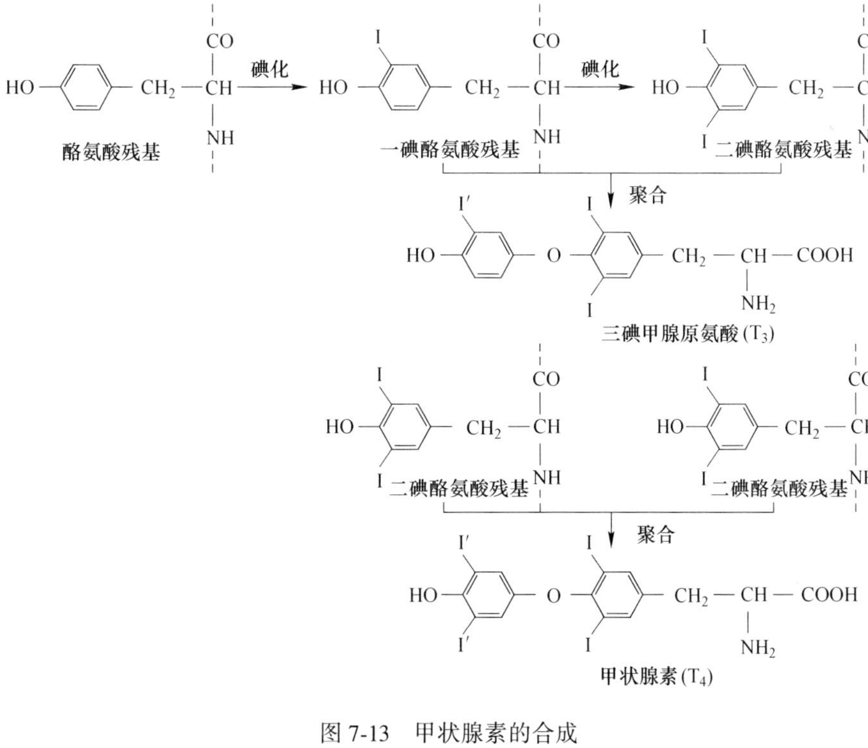

图 7-13 甲状腺素的合成

D 酪氨酸的分解代谢

酪氨酸在酪氨酸转氨酶催化下，生成对羟苯丙酮酸，进一步氧化为尿黑酸，后者在尿黑酸氧化酶作用下分解为乙酰乙酸和延胡索酸，如图 7-14 所示。如果先天缺乏尿黑酸氧化酶，尿黑酸不能氧化而从尿中排出，尿黑酸在空气中氧化而呈黑色，称为尿黑酸症。

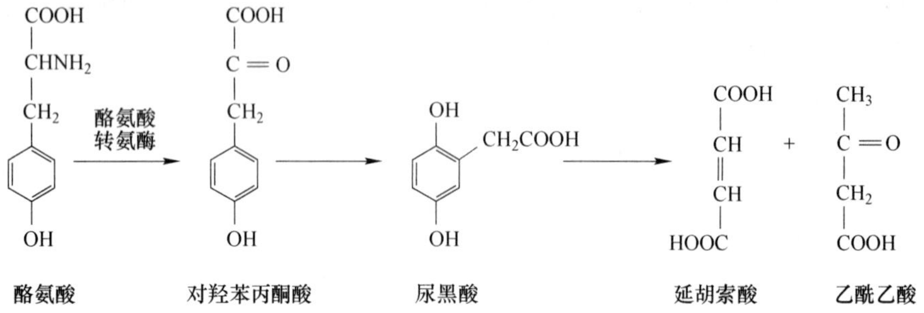

酪氨酸 —(酪氨酸转氨酶)→ 对羟苯丙酮酸 → 尿黑酸 → 延胡索酸 + 乙酰乙酸

图 7-14 酪氨酸的分解代谢

现将苯丙氨酸及酪氨酸代谢总结，如图 7-15 所示。

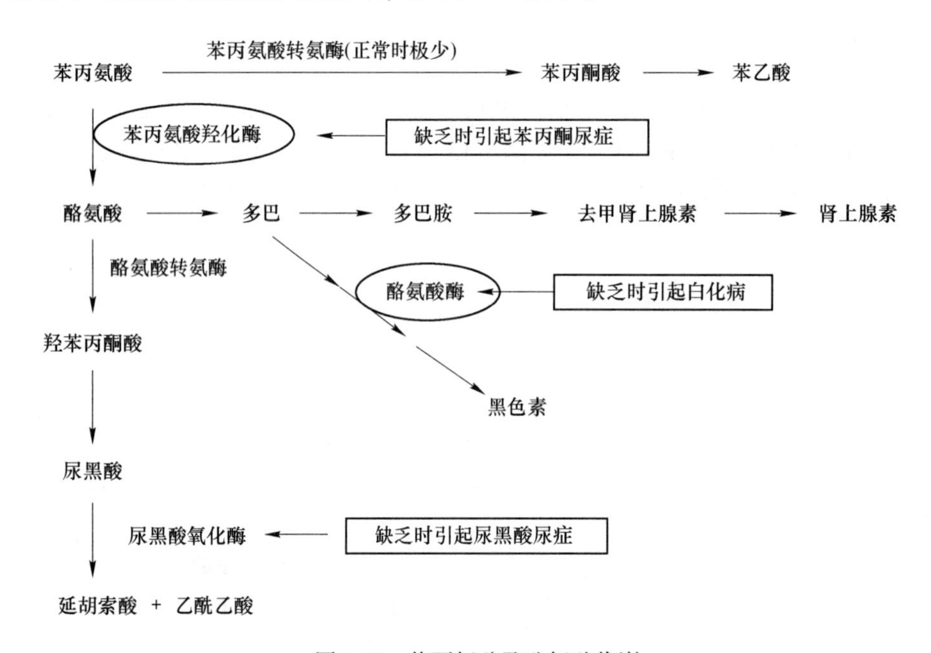

图 7-15 苯丙氨酸及酪氨酸代谢

7.4.4.3 色氨酸的代谢

色氨酸除生成 5-羟色胺外，还可以生成一碳单位、极少量的烟酸。此外，色氨酸分解可产生丙酮酸与乙酰乙酸，所以色氨酸是一种生糖兼生酮氨基酸。

本 章 小 结

氨基酸除作为合成蛋白质的原料外，还可转变成某些激素、神经递质及核苷酸等含氮物质。人体内氨基酸的来源有食物蛋白质的消化吸收、组织蛋白质的分解和体内合成。外源性与内源性的氨基酸共同构成氨基酸代谢库，参与体内代谢。

氨基酸的分解代谢包括一般代谢和个别代谢。氨基酸的一般分解代谢途径是针对氨基酸的α-氨基和α-酮酸共性结构的分解。氨基酸通过转氨基作用、氧化脱氨基作用等方式脱去氨基，生成α-酮酸。有毒的氨以丙氨酸和谷氨酰胺的形式运往肝或肾，在肝经鸟氨酸循环合成尿素，脱去氨基生成的α-酮酸，可转变成糖或脂质，经氨基化生成营养非必需氨基酸，也可彻底氧化分解并提供能量。

氨基酸代谢除共有的一般代谢途径外，因其侧链不同，有些氨基酸还有其特殊的代谢途径。氨基酸脱羧基作用产生的胺类化合物具有重要的生理功能；某些氨基酸分解代谢过程中产生的一碳单位可用于嘌呤和嘧啶核苷酸的合成；含硫氨基酸代谢产生的活性甲基，参与体内重要含甲基化合物的合成；芳香族氨基酸代谢产生重要的神经递质、激素及黑色素。

思 考 题

7-1 简述体内氨基酸的来源和主要代谢去路。

7-2 举例说明氨基酸脱氨基的主要方式。

7-3 血氨的来源和去路。

7-4 什么是一碳单位，哪些氨基酸在代谢过程中可产生一碳单位，生理意义是什么？

7-5 体内重要的转氨酶有哪几种？

8 核苷酸代谢

【学习目标】

(1) 掌握嘌呤核苷酸合成代谢的原料和基本途径及分解代谢的终产物。

(2) 掌握嘧啶核苷酸合成代谢的原料和基本途径及分解代谢的终产物。

(3) 熟悉核苷酸各类抗代谢物的生化机制。

(4) 了解嘌呤核苷酸和嘧啶核苷酸从头合成的反馈调节。

核苷酸是核酸的基本组成单位，分为嘌呤核苷酸和嘧啶核苷酸两大类。人体内的核苷酸主要由机体自身合成，因此核苷酸不属于营养必需物质。食物中的核酸多与蛋白质结合为核蛋白。核蛋白在胃中受胃酸的作用，分解为核酸和蛋白质。核酸进入小肠后，受胰液和小肠液中各种水解酶的作用逐步水解，水解产物均可被肠黏膜吸收，大部分在肠黏膜细胞内又进一步分解，吸收后的戊糖参与体内的糖代谢，嘌呤和嘧啶主要被分解排出体外，如图 8-1 所示。

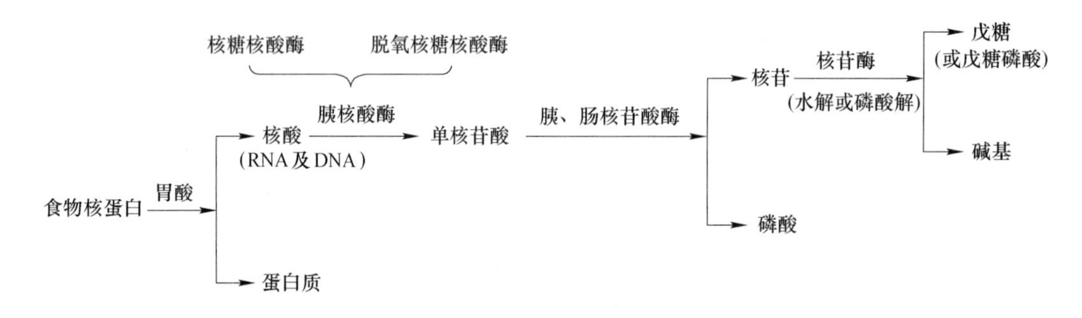

图 8-1 食物核酸的消化

核苷酸不仅作为核酸的基本组成单位，参与 RNA 和 DNA 的生物合成，而且还参与能量代谢、物质代谢的调节和构成酶的辅因子等。体内核苷酸代谢与临床有密切的联系，核苷酸代谢障碍已被证实与很多遗传、代谢性疾病有关，核苷酸抗代谢药物已被临床广泛应用。

8.1 嘌呤核苷酸的代谢

8.1.1 嘌呤核苷酸的合成代谢

嘌呤核苷酸的生物合成有从头合成和补救合成两条途径，两者的重要性因组织不同而异。一般情况下，从头合成是体内大多数组织核苷酸合成的主要途径。

8.1.1.1 嘌呤核苷酸的从头合成

A 从头合成途径

嘌呤核苷酸从头合成的特点是在磷酸核糖的基础上以小分子物质为原料逐渐合成嘌呤环。通过同位素示踪实验证明，嘌呤核苷酸的合成原料为甘氨酸、天冬氨酸、谷氨酰胺、一碳单位、CO_2 及 5-磷酸核糖，如图 8-2 所示。

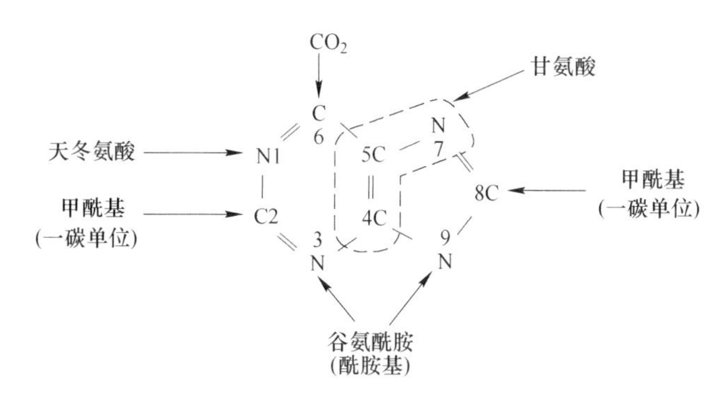

图 8-2 嘌呤碱合成的元素来源

从头合成在胞液中进行，可分为以下两个阶段：

（1）次黄嘌呤核苷酸（Inosine Monophosphate，IMP）的合成，如图 8-3 所示。

（2）IMP 转变成腺嘌呤核苷酸（Adenosine Monophosphate，AMP）和鸟嘌呤核苷酸（Guanosine Monophosphate，GMP），如图 8-4 所示。

从头合成过程的关键酶是磷酸核糖焦磷酸合成酶（PRPP 合成酶）、磷酸核糖酰胺转移酶、腺苷酸代琥珀酸合成酶、次黄嘌呤核苷酸脱氢酶及鸟苷酸合成酶。

AMP 和 GMP 在激酶作用下，分别转变成 ADP 和 GDP，进而再转变成 ATP 和 GTP。

B 从头合成的调节

机体对其合成速度发挥精细的调节，以满足细胞对嘌呤核苷酸的需求。调节的机制主要是对关键酶进行反馈抑制调节，具体调节如图 8-5 所示。

8.1.1.2 嘌呤核苷酸的补救合成

骨髓、脑及脾等组织利用现成的嘌呤碱或嘌呤核苷合成嘌呤核苷酸，这样的合成过程称为补救合成，是次要的合成途径。参与补救合成的酶有：

（1）腺嘌呤磷酸核糖转移酶（Adenosine Phosphribosyl Transferase，APRT），催化 AMP 的合成。其反应式为：

$$\text{腺嘌呤} + \text{PRPP} \xrightarrow{\text{APRT}} \text{ANP} + \text{PPi} \tag{8-1}$$

（2）次黄嘌呤-鸟嘌呤磷酸核糖转移酶（Hypoxanthine Guanonine Phosphribosyl Transferase，HGPRT），催化 IMP 和 GMP 的合成。其反应式为：

$$\text{次黄嘌呤} + \text{PRPP} \xrightarrow{\text{HGPRT}} \text{IMP} + \text{PPi} \tag{8-2}$$

$$\text{鸟嘌呤} + \text{PRPP} \xrightarrow{\text{HGPRT}} \text{GMP} + \text{PPi} \tag{8-3}$$

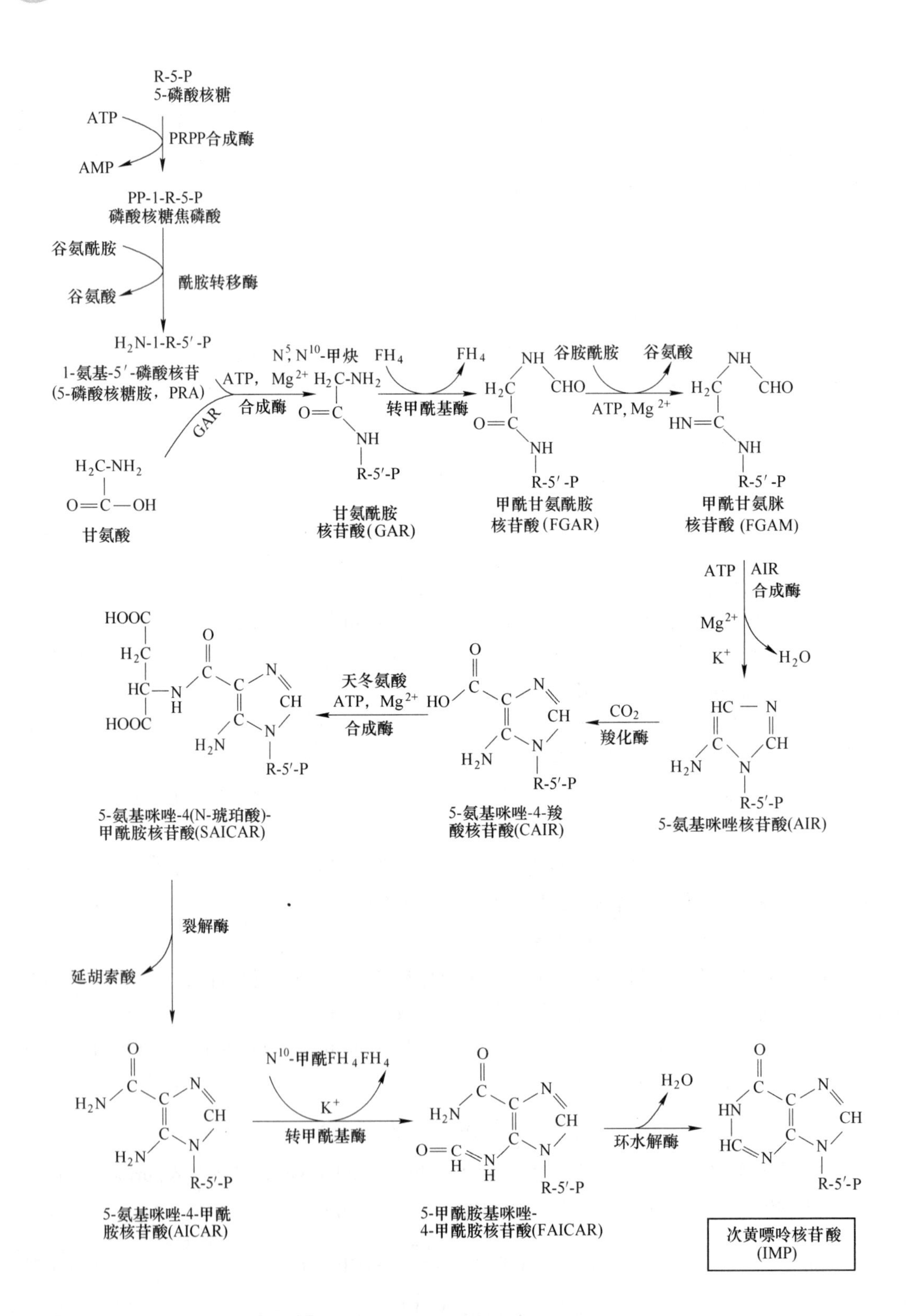
R-5-P
5-磷酸核糖
ATP
PRPP合成酶
AMP
PP-1-R-5-P
磷酸核糖焦磷酸
谷氨酰胺
酰胺转移酶
谷氨酸
H_2N-1-R-5′-P
1-氨基-5′-磷酸核苷
(5-磷酸核糖胺，PRA)
GAR
ATP，Mg^{2+}
合成酶
H_2C-NH_2
O=C—OH
甘氨酸
甘氨酰胺
核苷酸(GAR)
N^5, N^{10}-甲炔 FH_4
FH_4
转甲酰基酶
甲酰甘氨酰胺
核苷酸(FGAR)
谷胺酰胺
谷氨酸
ATP, Mg^{2+}
甲酰甘氨脒
核苷酸 (FGAM)
ATP
AIR
合成酶
Mg^{2+}
K^+
H_2O
5-氨基咪唑核苷酸(AIR)
CO_2
羧化酶
5-氨基咪唑-4-羧
酸核苷酸(CAIR)
天冬氨酸
ATP，Mg^{2+}
合成酶
5-氨基咪唑-4(N-琥珀酸)-
甲酰胺核苷酸(SAICAR)
裂解酶
延胡索酸
5-氨基咪唑-4-甲酰
胺核苷酸(AICAR)
N^{10}-甲酰FH_4 FH_4
K^+
转甲酰基酶
5-甲酰胺基咪唑-
4-甲酰胺核苷酸(FAICAR)
H_2O
环水解酶
次黄嘌呤核苷酸
(IMP)

图 8-3　IMP 的合成

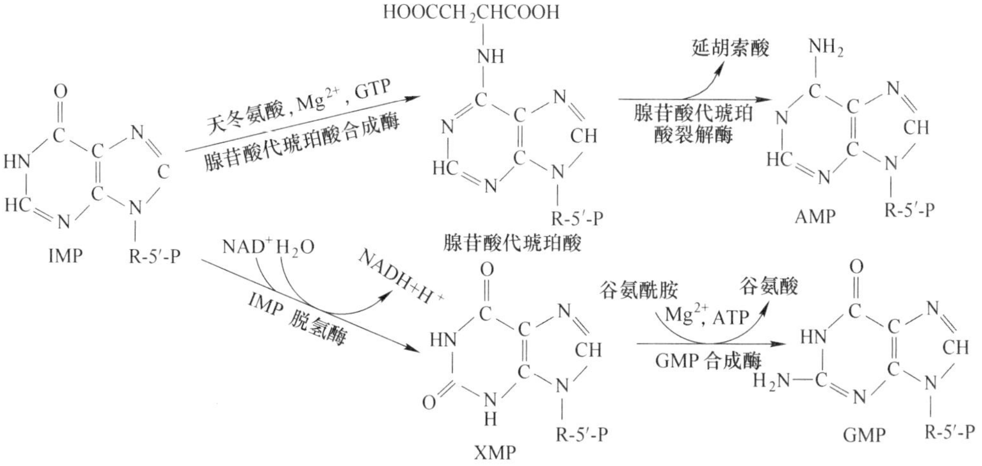

HOOCCH2CHCOOH
NH
天冬氨酸，Mg2+，GTP
腺苷酸代琥珀酸合成酶
延胡索酸
腺苷酸代琥珀酸裂解酶
NH2
IMP
腺苷酸代琥珀酸
AMP
R-5′-P
NAD+ H2O
NADH+H+
IMP 脱氢酶
谷氨酰胺
谷氨酸
Mg2+, ATP
GMP 合成酶
XMP
GMP

图 8-4 由 IMP 合成 AMP 及 GMP

R-5-P
ATP
PRPP合成酶
PRPP
酰胺转移酶
PRA
IMP
腺苷酸代琥珀酸
AMP
ADP
ATP
XMP
GMP
GDP
GTP
IMP
腺苷酸代琥珀酸
GTP
AMP
ADP
ATP
XMP
ATP
GMP
GDP
GTP

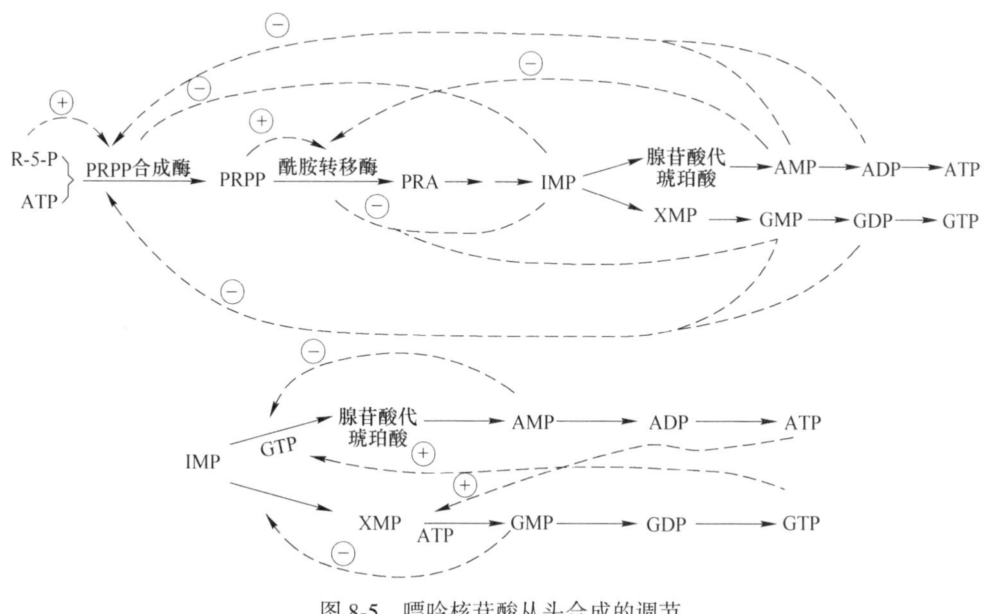

图 8-5 嘌呤核苷酸从头合成的调节

（3）腺苷激酶，催化腺嘌呤核苷磷酸化生成腺嘌呤核苷酸。其反应式为：

$$\text{腺嘌呤核苷} \xrightarrow[\text{ATP} \to \text{ADP}]{\text{腺苷激酶}} \text{AMP} \tag{8-4}$$

嘌呤核苷酸补救合成的意义不仅在于能利用现成的嘌呤或嘌呤核苷合成核苷酸，过程简单，可减少能量和一些氨基酸的消耗。更为重要的是，脑、骨髓等组织和细胞由于缺乏从头合成嘌呤核苷酸的酶体系，只能进行嘌呤核苷酸的补救合成。这一合成方式对这些组织和细胞具有非常重要的意义，其过程受阻可诱发一些疾病，如因遗传性基因缺陷导致

HGPRT 缺失引发的莱施-奈恩综合征。

8.1.1.3　嘌呤核苷酸的抗代谢物

嘌呤核苷酸的抗代谢物是一些嘌呤、氨基酸或叶酸的类似物，它们主要以竞争性抑制的方式干扰或阻断嘌呤核苷酸的合成，从而进一步影响核酸及蛋白质的生物合成，如图8-6所示。

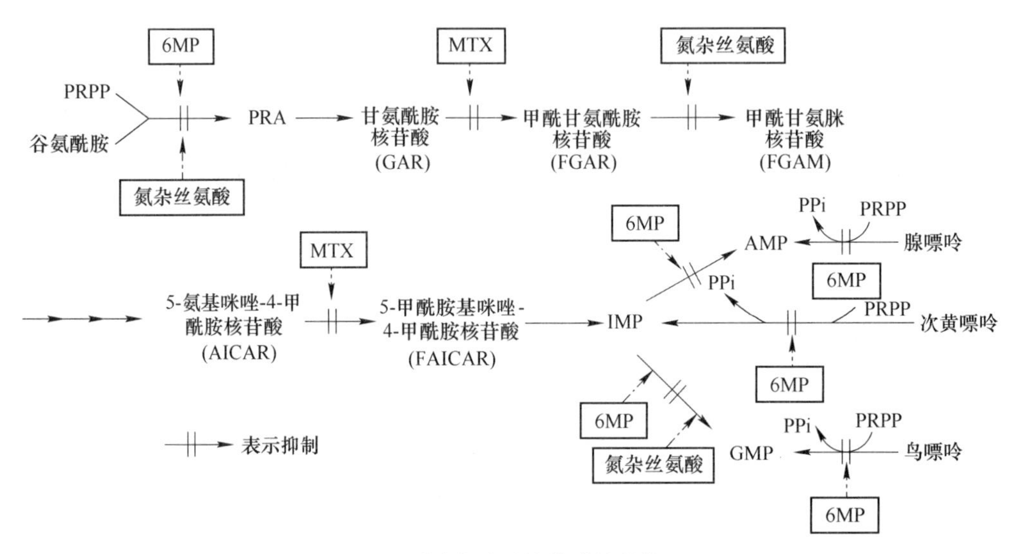

图 8-6　嘌呤核苷酸抗代谢物的作用

嘌呤类似物有6-巯基嘌呤（6-mercaptopurine，6-MP）、6-硫鸟嘌呤、8-氮杂鸟嘌呤等，其中以6-MP在临床上应用较多。6-MP的结构与次黄嘌呤相似，与次黄嘌呤唯一不同的是，嘌呤环 C_6 上连接的是巯基（硫）而不是羟基（氧）。6-MP在体内干扰嘌呤核苷酸合成的机制：

（1）6-MP经磷酸核糖化生成6-巯基嘌呤核苷酸，其结构与IMP相似，抑制IMP转变为AMP及GMP。

（2）反馈性抑制PRPP酰胺转移酶，使PRA合成受阻，阻断嘌呤核苷酸的从头合成。

（3）直接通过竞争性抑制次黄嘌呤鸟嘌呤磷酸核糖基转移酶活性，阻断嘌呤核苷酸的补救合成。

氨基酸类似物有氮杂丝氨酸及6-重氮-5-氧正亮氨酸等。二者的结构与谷氨酰胺类似，可干扰从头合成过程中谷氨酰胺的利用，从而抑制嘌呤核苷酸的合成。

叶酸类似物有氨蝶呤（Aminopterin）和氨甲蝶呤（Methotrexate，MTX），它们能竞争性抑制二氢叶酸还原酶，使叶酸不能还原成二氢叶酸和四氢叶酸，致嘌呤环中来自一碳单位的 C_2 及 C_8 均得不到供应，从而抑制嘌呤核苷酸的合成，临床上用于白血病等癌瘤的化疗。

8.1.2　嘌呤核苷酸的分解代谢

体内核苷酸的分解代谢类似于食物中核苷酸的消化过程。首先，细胞内的核苷酸在核苷酸酶的作用下水解成核苷，后者经核苷磷酸化酶催化，分解生成自由的碱基及1—磷酸核糖。嘌呤碱既可参加补救合成，也可进一步分解。人体内，嘌呤碱最终分解生成尿酸（Uric Acid），随尿排出体外。详细反应过程如图8-7所示。

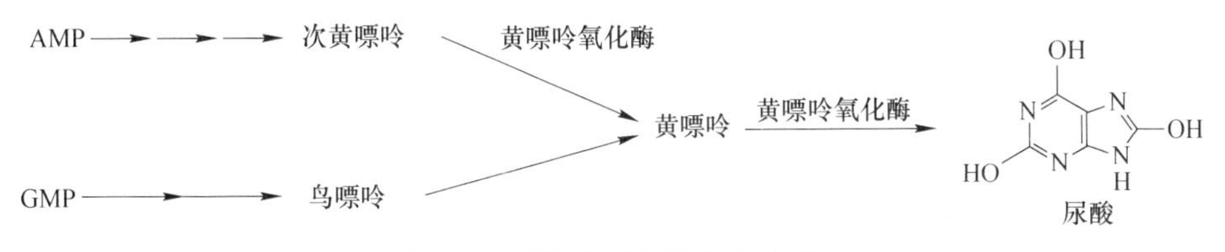

图8-7 嘌呤核苷酸的分解代谢

人体内嘌呤核苷酸的分解代谢主要在肝、小肠及肾中进行，因为在这些脏器中黄嘌呤氧化酶活性较强。

尿酸是人体嘌呤分解代谢的终产物，水溶性较差。当进食高嘌呤饮食、体内核酸大量分解（如白血病、恶性肿瘤等）或肾疾病而使尿酸排泄障碍时，均可导致血中尿酸升高。临床上常用别嘌呤醇（Allopurinol）治疗痛风症。别嘌呤醇与次黄嘌呤结构类似，只是分子中N_7与C_8互换了位置，故可抑制黄嘌呤氧化酶，从而抑制尿酸的生成。黄嘌呤、次黄嘌呤的水溶性较尿酸大得多，不会沉积形成结晶。同时，别嘌呤与PRPP反应生成别嘌呤核苷酸，这样一方面消耗PRPP而使其含量减少，另一方面别嘌呤核苷酸与IMP结构相似，又可反馈抑制嘌呤核苷酸从头合成的酶。这两方面的作用均可使嘌呤核苷酸的合成减少。

知识链接

现代文明病——痛风

痛风（Gout）是一种因嘌呤代谢障碍，血中尿酸含量升高为主要特征的疾病。由于尿酸水溶性较差，当血中尿酸盐浓度超过0.48mmol/L时，尿酸盐晶体即可沉积于关节、软组织、软骨及肾等处，导致关节炎、尿路结石及肾疾患，称为痛风。从发病人群的性别上看，痛风“重男轻女”，男女患者比例为20：1；从职业上看，痛风“重脑力轻体力”，多见于运动少、长期伏案工作的人；从嗜好上看，痛风“重荤轻素”，喜肉好酒的人易发病。痛风古称“富贵病”，因为此症好发在“达官贵人”的身上。

原发性痛风是由于某些嘌呤核苷酸代谢相关酶遗传性缺陷导致尿酸生成异常增加，引起高尿酸血症。继发性痛风多因进食高嘌呤饮食、体内核酸大量分解（如白血病、恶性肿瘤等）或肾疾病导致尿酸排泄障碍等，引起血中尿酸升高。另外，自毁性综合征（Lesch-Nyhan Syndrome）也归属于继发性痛风。

8.2 嘧啶核苷酸的代谢

8.2.1 嘧啶核苷酸的合成代谢

与嘌呤核苷酸一样，体内嘧啶核苷酸的合成也有两条途径，即从头合成与补救合成。

8.2.1.1 嘧啶核苷酸的从头合成

A 从头合成途径

与嘌呤核苷酸的从头合成途径不同，嘧啶核苷酸的合成是先合成嘧啶环，然后再与磷酸核糖相连而成。从头合成途径同位素示踪实验证明，嘧啶环的合成原料为谷氨酰胺、CO_2 和天冬氨酸，如图 8-8 所示。

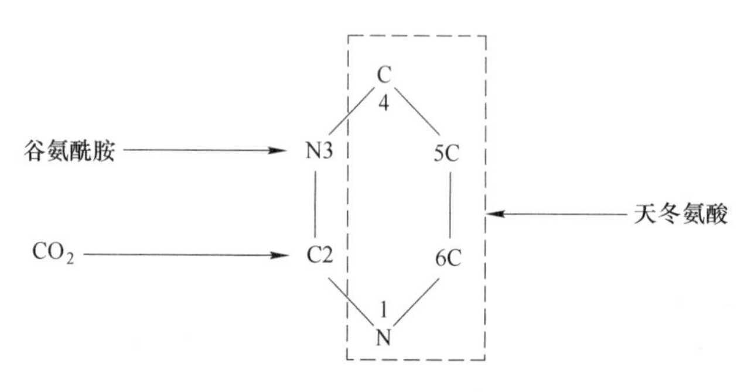

图 8-8 嘧啶碱合成的元素来源

嘧啶核苷酸的合成主要在肝细胞的胞液中进行，可分为以下两个阶段：

（1）尿嘧啶核苷酸（Uridine Monophosphate，UMP）的合成；

（2）三磷酸胞苷（Cytidine Triphosphate，CTP）的生成。

嘧啶核苷酸的合成代谢如图 8-9 所示。

B 从头合成的调节

细菌中，天冬氨酸氨基甲酰转移酶是嘧啶核苷酸合成的主要关键酶；哺乳类动物细胞中，氨基甲酰磷酸合成酶Ⅱ是嘧啶核苷酸合成的主要关键酶。在细菌和哺乳类动物细胞中磷酸核糖焦磷酸合成酶是两类核酸合成过程中共同所有的酶，它可同时接受嘧啶核苷酸和嘌呤核苷酸的反馈抑制，如图 8-10 所示。

8.2.1.2 嘧啶核苷酸的补救合成

生物体内嘧啶核苷酸的补救合成有以下两种方式（见图 8-11）。

（1）嘧啶碱在嘧啶磷酸核糖转移酶催化下，接受 PRPP 供给的磷酸核糖基，直接生成核苷酸，嘧啶磷酸核糖转移酶是嘧啶核苷酸补救合成的主要酶，但酶对胞嘧啶不起作用。

（2）嘧啶碱在核苷磷酸化酶的催化下，先与 1-磷酸核糖反应，生成嘧啶核苷，后者在嘧啶核苷激酶作用下，被磷酸化而形成核苷酸。

脱氧胸苷可通过胸苷激酶催化而生成 TMP，该酶在正常肝中活性很低，再生肝中活性上升，恶性肿瘤中明显升高，且与恶性程度有关。

8.2.1.3 嘧啶苷酸的抗代谢物

嘧啶核苷酸的抗代谢物是一些嘧啶、氨基酸或叶酸等的类似物。它们对代谢的影响及抗肿瘤作用与嘌呤抗代谢物相似，如图 8-12 所示。

嘧啶类似物主要有 5-氟尿嘧啶（5-fluorouracil，5-FU），其结构与胸腺嘧啶相似。在体内 5-FU 转变成氟尿嘧啶脱氧核糖核苷一磷酸（FdUMP）及氟尿嘧啶核糖核苷三磷酸

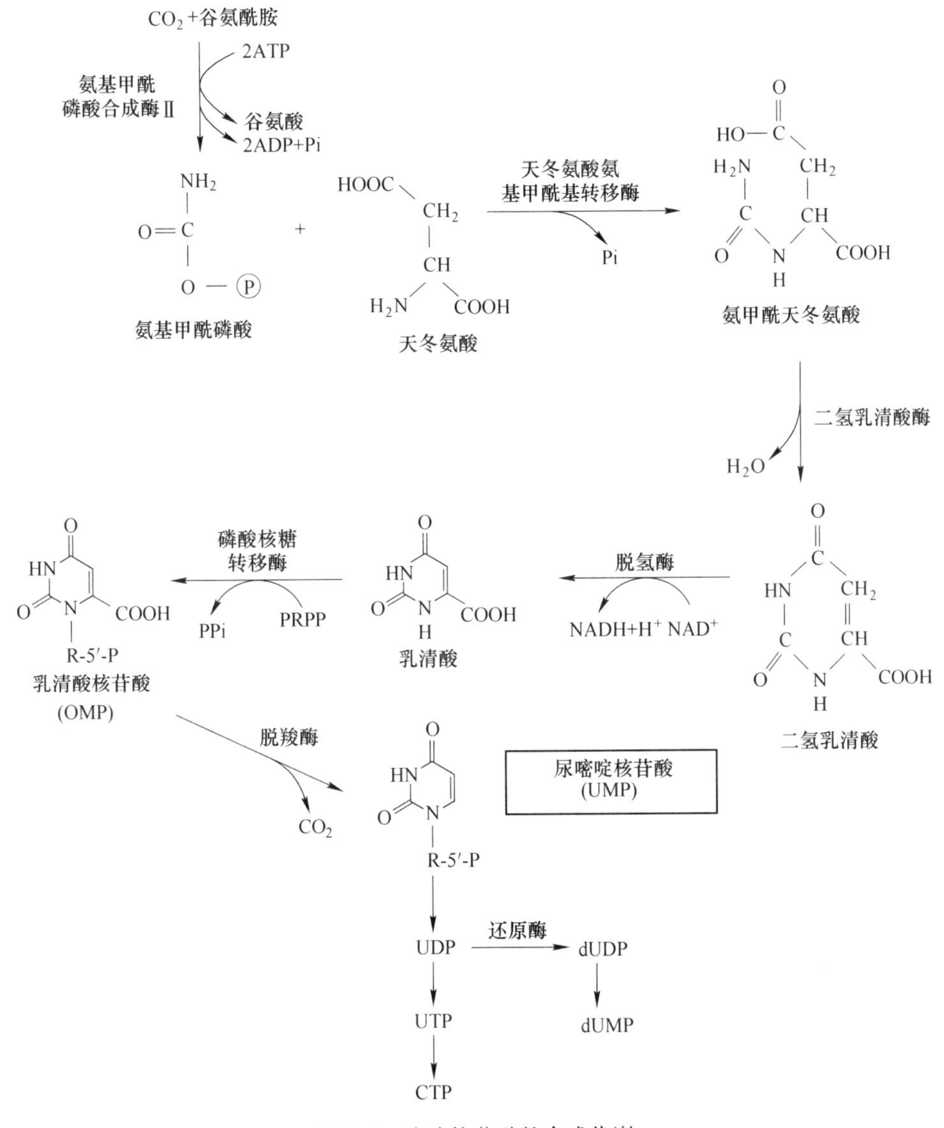

图 8-9 嘧啶核苷酸的合成代谢

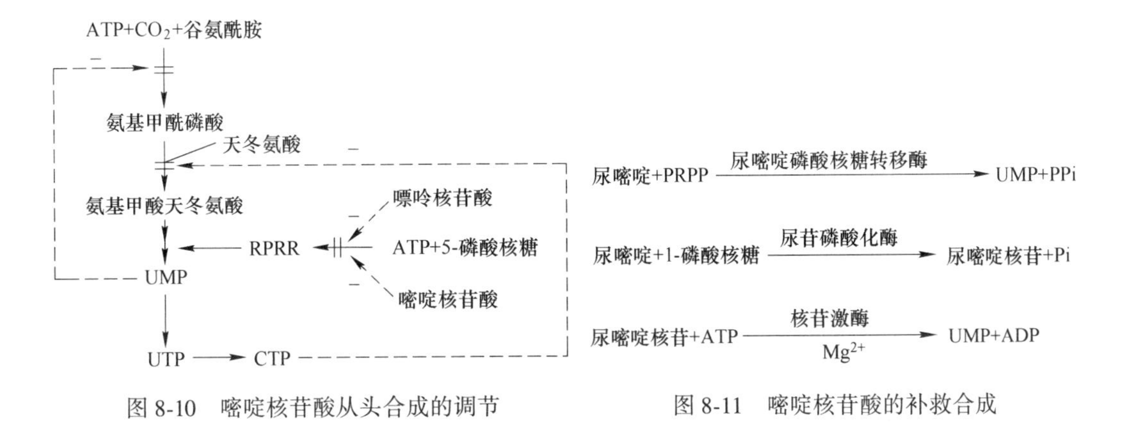

图 8-10 嘧啶核苷酸从头合成的调节

图 8-11 嘧啶核苷酸的补救合成

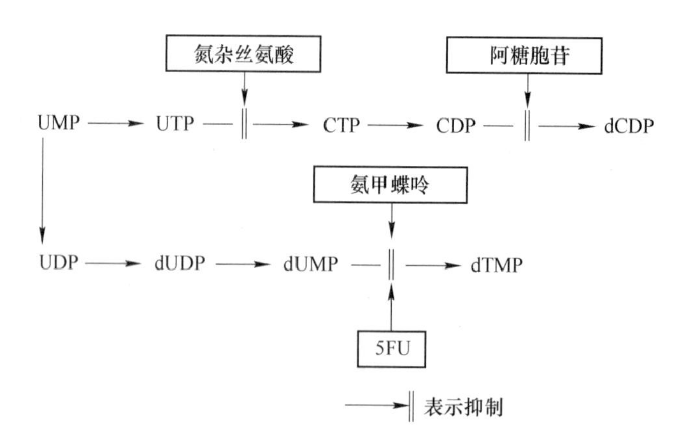

图 8-12 嘧啶核苷酸抗代谢物的作用

（FUTP）后，才能发挥作用。FdUMP 与 dUMP 结构相似，是胸苷酸合酶的抑制剂，阻断 dTMP 的合成。FUTP 以 FUMP 的形式掺入 RNA 分子，破坏 RNA 的结构与功能。因此，在临床上用于肝癌、胃癌等恶性肿瘤的化疗。

8.2.1.4 脱氧核糖核苷酸的生成

以上讨论的合成代谢属核糖核苷酸的合成，脱氧核糖核苷酸通过二磷酸核糖核苷水平的还原生成。核糖核苷酸还原酶催化几种二磷酸核糖核苷（ADP、GDP、UDP、CDP）转变为相应的二磷酸脱氧核糖核苷（dADP、dGDP、dUDP、dCDP）。然后，由激酶催化上述几种二磷酸脱氧核糖核苷磷酸化生成三磷酸脱氧核糖核苷。其反应式为：

$$\text{NDP} \xrightarrow[\text{NADPH+H}^+ \ \to \ \text{NADP}^+ + \text{H}_2\text{O}]{\text{核糖核苷酸还原酶}} \text{dNDP} \qquad (8\text{-}5)$$

dTMP 是由 dUMP 经甲基化而成。反应由胸苷酸合酶催化，N^5,N^{10}-甲烯四氢叶酸作为甲基供体。dUMP 可来自两个途径，一是 dUDP 水解，另一个是 dCMP 的脱氨基，以后者为主。其反应过程为：

$$\left.\begin{array}{l}\text{dUDP}\\ \text{dCMP}\end{array}\right\} \rightarrow \text{dUMP} \xrightarrow[N^5N^{10}\text{-CH}_2\text{-FH}_4 \ \to \ \text{FH}_4]{\text{TMP合酶}} \text{dTMP} \qquad (8\text{-}6)$$

8.2.2 嘌呤核苷酸的分解代谢

嘧啶核苷酸经过核苷酸酶及核苷酸磷酸化酶催化，水解下磷酸及核糖，产生嘧啶碱。嘧啶碱主要在肝内进一步开环分解，最终的分解产物为 NH_3、CO_2 和 β-氨基酸，如图 8-13 所示。胞嘧啶脱氨基转化成尿嘧啶，尿嘧啶还原成二氢尿嘧啶，再经水解开环最终

生成 NH_3、CO_2 及 β-丙氨酸。胸腺嘧啶降解成 NH_3、CO_2 及 β-氨基异丁酸，后者可作为一种氨基酸进一步分解或直接随尿排泄。β-氨基异丁酸在尿中的排泄量一定程度上可反映 DNA 的破坏程度。白血病患者、肿瘤患者经放疗或化疗后，由于 DNA 破坏过多，常导致尿中 β-氨基异丁酸排泄量增加。

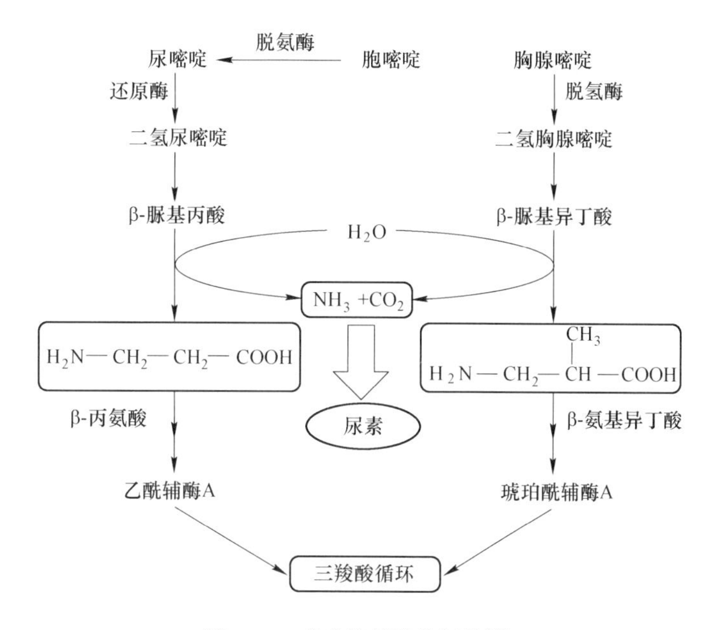

图 8-13　嘧啶核苷酸分解代谢

本 章 小 结

核苷酸具有多种重要的生物学功能，其中最主要的是作为核酸合成的原料。此外，还参与能量代谢及代谢调控等过程。

嘌呤核苷酸的合成有两条途径：从头合成和补救合成。从头合成的原料是 5-磷酸核糖、氨基酸、CO_2 及一碳单位等小分子物质，特点是在 PRPP 基础上经一系列酶促反应逐步合成嘌呤核苷酸。先生成 IMP，然后再分别转变成 AMP 和 GMP。从头合成受到精细的反馈调节。补救合成是机体对嘌呤或嘌呤核苷的再利用，尽管合成量仅占 10%，但对于不能够进行从头合成的器官或组织有重要的生理意义。

嘧啶核苷酸的合成也有从头合成和补救合成两条途径，从头合成的特点是先合成嘧啶环，后磷酸核糖化，合成过程也受反馈调节。

脱氧核糖核苷酸是二磷酸核糖核苷还原生成，催化反应的酶是核糖核苷酸还原酶；脱氧胸苷酸由一磷酸脱氧尿苷甲基化生成。

根据嘌呤和嘧啶核苷酸的合成过程，可以设计多种抗代谢物，包括嘌呤、嘧啶类似物、叶酸类似物、氨基酸类似物等。这些抗代谢物已应用于临床化疗癌瘤。

嘌呤核苷酸降解产生的嘌呤碱在人体内分解的终产物是尿酸。痛风症主要是由于嘌呤代谢异常，尿酸生成过多而引起的。嘧啶核苷酸降解产生的胞嘧啶和尿嘧啶最终分解为 β-丙氨酸，胸腺嘧啶降解产物则为 β-氨基异丁酸。

思 考 题

8-1 嘌呤碱基和嘧啶碱基合成的元素来源是什么？
8-2 核苷酸有哪些生物学作用？
8-3 什么是抗代谢物？简述其作用机理及应用。

9 水和无机盐代谢

【学习目标】

（1）掌握水和电解质的生理功能，水平衡，钠、氯、钾的代谢，血钙与血磷。

（2）熟悉体液的含量与分布，体液电解质分布特点，钙、磷代谢的调节，微量元素代谢。

（3）了解镁代谢，高血钾的治疗措施，缺钙出现手足抽搐的原因。

人体内的各种代谢都是在体液中进行的。体液由水、无机盐、低分子有机物和蛋白质组成，是广泛分布于细胞内、外的液体。它们的含量、分布和组成的改变，将直接影响细胞的正常代谢和功能，严重时可危及生命。

体液分布于全身各处。以细胞膜为界，把体液分为两大部分，即细胞内液和细胞外液。成年人体液约占体重的60%，其中细胞内液约占体重的40%，细胞外液约占体重的20%。细胞外液又包括血浆（约占体重的5%）和组织液（约占体重的15%），如图9-1所示。消化液、淋巴液、脑脊液及渗出液等可以认为是细胞外液的特殊部分，若这些特殊液体大量丢失，可影响体液的容量、渗透压和酸碱平衡。

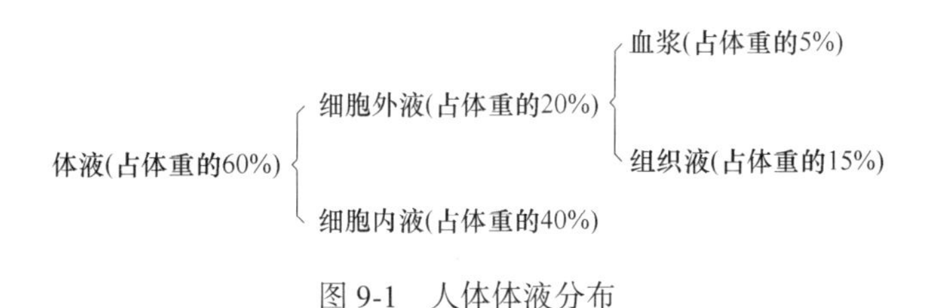

图9-1　人体体液分布

各部分体液具有各自不同的生理意义。细胞内液是大部分生化反应进行的场所，其容量和化学组成直接影响细胞的代谢和功能；血浆、组织液沟通了各组织和细胞之间的联系，同时也是细胞摄入所需营养物质和排出代谢产物的渠道，故细胞外液被视为机体的“内环境”。

体液量受年龄、性别和胖瘦等因素的影响。一般而言，体液量随年龄的增加而减少，见表9-1。由于脂肪组织含水量为15% ~ 30%，而肌肉组织含水量为75% ~80%，所以，体重相同的情况下，瘦者的体液量比肥胖者要多，女性脂肪较多，体液量少于男性。

表9-1　不同年龄体液量与分布

年龄	占体重/%				
	体液总量	细胞内液	细胞外液		
			总量	组织间液	血浆
新生儿	80	35	45	40	5

续表 9-1

年龄	占体重/%				
	体液总量	细胞内液	细胞外液		
			总量	组织间液	血浆
婴儿	70	40	30	25	5
儿童	65	40	25	20	5
成年人	60	40	20	15	5
老年人	55	30	25	18	7

9.1 水 代 谢

9.1.1 水的功能

水是生物体内含量最多、最重要的物质。水在维持生物体的生理活动和新陈代谢方面起着不可替代的作用。生物体内的水以两种形式存在：一种是与蛋白质、多糖等物质结合存在的结合水；另一种是可自由流动的自由水。

9.1.1.1 运输作用

水的黏度小、流动性大，有利于营养物质和代谢产物的运输。许多营养物质和代谢产物皆能溶于水中，即使是难溶或不溶于水的物质，也能与亲水性的蛋白质分子结合而分散于水相中，通过血液循环而运输。

9.1.1.2 促进并参与物质代谢

水是物质进行化学反应的良好媒介，各种营养物质、代谢产物等可溶于水中，利于参加化学反应。水还直接参与一些代谢反应，如水解、水化、脱水、加水脱氢等。

9.1.1.3 调节体温

水能调节体温，使机体不致因外环境温度的变化而使体温明显波动。这主要是由水的三种特性决定的：水的比热大，吸收或释放较多的热量而本身温度变化不大；水的蒸发热大，因而蒸发少量的汗就能散发大量的热；水的流动性大，通过血液循环和体液交换，使代谢产生的热量均匀分布于全身并从体表散发。

9.1.1.4 润滑作用

水是良好的润滑剂，能减少摩擦。如唾液有利于食物的吞咽及咽部湿润；关节腔的滑液可减少关节活动的摩擦；泪液可防止眼球干涩，有利于眼球的转动。

9.1.1.5 维持组织的形态和功能

结合水在维持组织和器官形态、硬度和弹性等方面有重要作用。如心肌含水量约为79%，血液含水量约为83%，两者相差无几，然而血液能在心肌有力的推动下进行循环，这是因为心肌主要是结合水，具有一定的形态，而血液中主要是自由水，故能循环流动。

9.1.2 水的摄入与排出

9.1.2.1 水的摄入

正常成年人每日需水量为2500ml。人体水的摄入途径如下。

（1）饮水。成年人每日以饮水方式摄入的水量约1200mL，饮水量随气候、劳动强度和生活习惯而不同，变化幅度较大。

（2）食物水。成年人每日随食物摄入的水量约1000mL，因食物种类和数量而异。

（3）代谢水。体内由糖、脂肪及蛋白质等营养物质氧化分解过程产生的水，称为代谢水，又称内生水。每日体内生成的代谢水约为300mL。

9.1.2.2 水的排出

人体水的排出途径如下。

（1）呼吸蒸发。成年人每日由肺呼吸以水蒸气形式排出的水量约350mL。肺的排水量随呼吸的深度和频率而变化。各种原因造成呼吸急促的患者由呼吸排出的水量增多。

（2）皮肤蒸发。皮肤排水有以下两种方式：

1）非显性汗，即体表水分的蒸发，成年人每日由皮肤蒸发的水约500mL，其中电解质含量甚微，故可将其视为纯水。

2）显性汗，是通过皮肤汗腺排出水分，其量的多少与环境温度、湿度及劳动强度有关。显性汗是低渗液，含少量 K^+、Na^+、Cl^-等电解质，故大量出汗时，除补充水分外，还应补充电解质。

（3）粪便排出。各种消化腺分泌进入胃肠道的消化液，包括唾液、胃液、胆汁、胰液和肠液等，平均每日分泌量约8000mL，其中98%在肠道被重新吸收，少量随粪便排出体外。成年人每日由粪便排出水量约150mL。消化液中含有大量电解质，呕吐、腹泻不但丢失大量水，同时也丢失电解质，造成体内水、电解质代谢紊乱。因此，出现以上情况时应补充水分和相应的电解质。

（4）肾排出。肾是机体排水的主要器官，对体内水的平衡起着重要的调节作用。正常成年人每日尿量平均为1500mL，受饮水、出汗、生活环境等因素的影响。正常成年人体内每日至少有35g固体代谢产物随尿排出，每克代谢产物至少需要15mL尿液才能溶解，所以成年人每日尿量至少需要500mL才能将代谢废物排尽，此量称为最低尿量。每日尿量低于500mL，临床上称为少尿，低于100mL称为无尿。尿量过少，会导致尿素等代谢废物在体内潴留，引起尿毒症。

正常成年人每日水的出入量大致相等，约为2500mL，见表9-2。每日摄入2500mL水可满足需要，称为生理需水量。但在缺水或不能进水时，每日仍然要从肺、皮肤、消化道和肾丢失约1500mL水，称为水的必然丢失量。因此，除去每日产生的300mL代谢水，成年人每日最少应补充1200mL水才能维持最低限度的水平衡，此量称为最低需水量，是临床补充水的依据。

表 9-2 正常成年人每日水的出入量

水的摄入量/mL		水的排出量/mL	
饮料（水、汤、其他流质）	1200	肾排出	1500
食物（固体、半固体）	1000	皮肤蒸发	500
代谢水	300	肺部呼出	350
		经粪便排出	150
共 计	2500	共 计	2500

9.2 电解质代谢

体内的电解质主要是各种无机盐，总量占体重的4%~5%。无机盐种类繁多，功能各异，有些无机盐含量甚微，却具有重要的生理功能。

9.2.1 电解质的功能

9.2.1.1 维持体液的渗透压和酸碱平衡

Na^+、Cl^-是维持细胞外液渗透压的主要离子；K^+、HPO_4^{2-} 是维持细胞内液渗透压的主要离子。当这些电解质的浓度发生改变时，细胞内、外液的渗透压也随之发生改变，从而影响水平衡。

体内各组织和细胞内的酶促反应必须在适宜的 pH 值条件下进行。正常人的组织间液及血浆的 pH 值为 7.35~7.45，在血液缓冲系统、肺和肾的调节下维持相对稳定。体液中的 Na^+、K^+、HCO_3^-、HPO_4^{2-} 等参与缓冲体系的构成，可以缓冲酸性物质和碱性物质对体液 pH 值的影响，从而维持体液的酸碱平衡。

9.2.1.2 维持神经肌肉的应激性

神经肌肉的应激性和兴奋性与多种无机离子的浓度及比例密切相关，Na^+、K^+能增强神经肌肉的应激性，而 Ca^{2+}、Mg^{2+}、H^+可降低神经肌肉的应激性。因此，当血浆 Na^+、K^+浓度增高时，神经肌肉的应激性增强，反之则降低，可出现肌肉软弱无力，肠蠕动减弱，甚至麻痹等；当血浆 Ca^{2+}、Mg^{2+}、H^+浓度增高时，神经肌肉的应激性降低，当血浆 Ca^{2+}浓度过低时，神经肌肉的应激性增高，出现手足搐搦甚至惊厥。

对于心肌细胞，Ca^{2+}与 K^+的作用恰好与神经肌肉相反。在上述影响心肌细胞的无机离子中，K^+、Ca^{2+}的影响最大，常被临床工作者重视。K^+可抑制心肌细胞的应激性，血钾高时，心脏舒张期延长，心率减慢，严重时可致心搏停止在舒张期；低血钾常出现心律失常，当血钾过低时，心搏停于收缩期。Ca^{2+}可增强心肌细胞的应激性，增加心肌收缩力。由于 Na^+和 Ca^{2+}可拮抗 K^+对心肌的作用，因此，临床上可通过静脉注射含 Ca^{2+}的溶液来纠正血浆 K^+浓度过高对心肌的不利影响。

9.2.1.3 构成组织和细胞成分

所有组织和细胞中都有电解质。如钙、镁、磷是骨和牙的主要成分；含硫酸根的蛋白多糖则参与软骨、皮肤和角膜等组织的构成。

9.2.1.4 参与细胞物质代谢

有些无机离子是某些酶的辅因子或激活剂。如 K^+ 参与细胞内糖原及蛋白质合成，Mg^{2+} 参与蛋白质、核酸、脂质的合成，Cl^- 是唾液淀粉酶的激活剂。这一切都说明无机盐在机体物质代谢及其调控中起着重要的作用。

9.2.2 体液电解质的含量及分布特点

体液中的无机盐常以离子的形式存在，故称为电解质。主要的阳离子有 K^+、Na^+、Ca^{2+}、Mg^{2+}，阴离子有 Cl^-、HCO_3^-、HPO_4^{2-} 和 $H_2PO_4^-$。细胞内液与细胞外液电解质的含量与分布有以下特点。

9.2.2.1 体液中电解质含量

各种电解质在细胞内、外液中的含量及分布见表 9-3。

表 9-3 体液中电解质的含量与分布

电解质		血浆/mmol·L⁻¹		组织液/mmol·L⁻¹		细胞内液/mmol·L⁻¹	
		离子	电荷	离子	电荷	离子	电荷
阳离子	Na^+	145	145	139	139	10	10
	K^+	4.5	4.5	4	4	158	158
	Mg^{2+}	0.8	1.6	0.5	1	15.5	31
	Ca^{2+}	2.5	5	2	4	3	6
	合计	152.8	156	145.5	148	186.5	205
阴离子	Cl^-	103	103	112	112	1	1
	HCO_3^-	27	27	25	25	10	10
	HPO_4^{2-}	1	2	1	2	12	24
	SO_4^{2-}	0.5	1	0.5	1	9.5	19
	蛋白质	2.25	18	0.25	2	8.1	65
	有机酸	5	5	6	6	16	16
	有机磷酸	—	—	—	—	23.3	70
	合计	138.75	156	144.75	148	79.9	205

9.2.2.2 体液的电解质分布特点

(1) 体液呈电中性。各部分体液的阳离子与阴离子电荷量相等，呈电中性。

(2) 细胞内、外液的电解质分布差异很大。细胞外液中的主要阳离子以 Na^+ 为主，主要的阴离子为 Cl^- 和 HCO_3^-；而细胞内液主要的阳离子为 K^+，主要的阴离子为 HPO_4^{2-} 和蛋白质。这种差异的存在与维持是完成人体生命活动必不可少的条件。

(3) 各种体液渗透压相等。细胞内液电解质总量高于细胞外液，但渗透压基本相等。这是因为细胞内液蛋白质和二价离子较多，而这些电解质产生的渗透压较小。

(4) 血浆蛋白质含量高于组织液。血浆与组织液二者之间的无机离子与小分子有机酸分布及含量相近，但血浆蛋白质含量明显大于组织液，这对于维持血容量和血浆与组织液之间水的交换有重要的作用。

9.2.3 钠、氯代谢

9.2.3.1 含量与分布

正常成年人体内钠含量约为45mmol/kg，其中约40%存在于骨骼中，10%存在于细胞内液，50%存在于细胞外液。血清钠浓度为135~145mmol/L。成年人体内氯的含量约为33mmol/kg，婴儿体内氯的含量多至52mmol/kg，其中70%存在于细胞外液，血清氯浓度为98~106mmol/L。

9.2.3.2 吸收与排泄

体内的钠与氯主要来自食盐，其摄入量因个人饮食习惯不同而有很大差异。成年人每日 NaCl 的需要量为4.5~9.0g。低盐饮食患者，每日摄入量也不应少于0.5~10g，以保证机体的需要。摄入体内的 NaCl 几乎全部被消化道所吸收，故因膳食而缺钠的现象一般很少见，仅在严重呕吐、腹泻、长期大量出汗时才导致钠过多丢失。

Na^+的摄入量与健康的关系很密切。若 Na^+摄入过多，主要通过肾排 Na^+进行调节。长期高 Na^+饮食的人，一方面加重肾负担，另一方面血容量长期处于较高水平，患高血压的可能性增大，成为诱发心血管疾患的危险因素。对于儿童、老年人或肾病患者，因肾功能较弱，应低盐饮食，不宜多食咸菜等高盐食品，以保护肾，避免水肿、高血压等疾患。

Na^+和 Cl^-主要经肾随尿排出，少量由粪便及汗腺排出。肾对 Na^+的排出有很强的调节能力，肾排钠的特点是“多吃多排，少吃少排，不吃不排”。人若连续数日摄入无盐饮食，肾排钠量近于零。因此，临床上对于低盐饮食的患者，如果无额外丢失，则不必顾虑会出现低钠症状。

9.2.4 钾代谢

9.2.4.1 含量与分布

K^+是细胞内液主要阳离子。正常成年人体内钾含量约为45mmol/kg（约2g/kg），其中98%左右分布在细胞内液，细胞外液仅占2%左右。血清钾浓度为3.5~5.5mmol/L。K^+分布有如下特点：

（1）K^+在细胞内、外的分布极不均匀。主要是由于细胞膜上的钠泵的作用。

（2）K^+进入细胞内的速度极慢。K^+进入细胞需依赖钠泵的主动转运，平衡速度较慢，约需15h才能达到细胞内、外的平衡，心脏病患者则需45h左右才能达到平衡。因此，临床上在给缺钾患者补钾时，严禁静脉推注而应尽量口服或静脉缓慢滴注，遵循“不宜过浓、不宜过多、不宜过快、不宜过早、见尿补钾”的原则，以免发生高血钾。

（3）物质代谢影响 K^+的分布。K^+由细胞外进入细胞内参与糖原和蛋白质的合成，每合成1g糖原或1g蛋白质，分别有0.15mmol 或0.45mmol K^+进入细胞内。故当糖原或蛋白质合成增强时，K^+由细胞外转入细胞内，血钾降低。相反，当糖原或蛋白质分解增强时，K^+由细胞内释放到细胞外，使血钾升高。故临床上可同时注射葡萄糖和胰岛素以纠正高血钾。在创伤恢复期，蛋白质合成增强，大量 K^+从细胞外进入细胞内，可使血钾降低，此时应注意补钾；当严重创伤、组织破坏、感染或缺氧时，蛋白质分解增强，细胞释出较多的K^+到细胞外，可引起高血钾。

（4）H^+浓度对K^+分布的影响。酸中毒时，血浆中H^+浓度升高，部分H^+与细胞内的K^+进行交换，引起高血钾；反之，碱中毒则可引起低血钾。

9.2.4.2 吸收与排泄

正常成年人每日钾的需要量为2~3g。食物中钾含量丰富，水果、蔬菜和肉类是钾的主要来源，食入后约90%被肠道吸收。因此，人只要能进食，一般不会缺钾。

钾主要通过肾排泄，每日有80%的钾随尿排出，10%经粪便排出，汗液中排钾量极少。肾排钾的特点是“多吃多排，少吃少排，不吃也排”。由于肾的排钾能力强而保钾能力差，即使在不摄入钾的情况下，每日仍然有钾从尿排出。所以，对于禁饮食或大量丢失钾（腹泻、肠瘘等）的患者，应及时补钾，防止发生低血钾。

知识链接

高血钾与低血钾

血钾浓度高于5.5mmol/L时称高血钾。其原因主要有：

（1）输入钾过多，如临床上输钾过多、过快，或输入大量的库存血，使短时间内进入体内的钾增多；

（2）排泄障碍，如肾衰竭、肾上腺皮质功能低下等使钾的排泄减少；

（3）大量钾向细胞外转移，如大面积烧伤或创伤、严重挤压伤或酸中毒等使细胞内钾转移到细胞外。

高血钾时，神经肌肉应激性增高，导致肌肉酸痛、极度疲乏、面色苍白、嗜睡等。同时，高血钾可使心肌兴奋性及收缩力降低，出现心搏无力、心动过缓，严重时心搏骤停在舒张状态。

血钾浓度低于3.5mmol/L时称低血钾。其原因主要有：

（1）钾摄入不足，如进食障碍、禁食等；

（2）钾排泄过多，如严重呕吐、腹泻，大量使用排钾利尿药等；

（3）大量钾向细胞内转移，如严重创伤恢复期、大量合成蛋白质、用胰岛素治疗糖尿病、碱中毒等。

低血钾时，神经肌肉兴奋性降低，出现肌无力，表现为倦怠、四肢无力、腹胀、呼吸困难、尿潴留等。同时，低血钾使心肌自动节律性增高，易产生期前收缩和异位心律，严重时心搏骤停在收缩状态。

9.3 钙、磷代谢

钙和磷在体内具有广泛的生理功能，维持机体生命活动的正常进行。体内钙、磷代谢紊乱可以导致多种疾病。

9.3.1 钙、磷的分布与功能

9.3.1.1 钙、磷的含量与分布

钙和磷是体内含量最多的无机盐。正常成年人体内总钙量为700~1400g，总磷量为400~800g。其中99%以上的钙和86%左右的磷以羟基磷灰石的形式构成骨盐，沉积于骨骼及牙齿中，其余部分则以溶解状态分布于体液和软组织中。细胞内含钙极少，只相当于细胞外液的千分之一。细胞膜上有钙泵，可把细胞内 Ca^{2+} 不断泵到细胞外，以维持细胞内外 Ca^{2+} 浓度梯度。

9.3.1.2 钙、磷的生理功能

体内绝大部分钙与磷以骨盐形式沉积在骨组织，是构成骨骼和牙齿的主要成分，赋予骨骼硬度，使骨骼能作为机体的支架，同时又是体内钙、磷的贮存库。

A 钙的生理功能

(1) 增强心肌收缩力。与促进心肌舒张的 K^+ 相拮抗，维持心肌的正常收缩与舒张。

(2) 降低毛细血管及细胞膜的通透性。临床上常用钙剂治疗荨麻疹等过敏性疾病，以减轻组织的渗出性病变。

(3) 降低神经肌肉的应激性。当血浆 Ca^{2+} 浓度降低时，引起神经肌肉的应激性增高，发生抽搐。

(4) 作为第二信使。通过 Ca^{2+} 依赖性蛋白激酶途径，Ca^{2+} 在生物信号转导过程中发挥重要作用。腺体分泌、肌肉收缩、糖原的生成与分解、离子的转移、基因表达都与 Ca^{2+} 有关。

(5) 是体内某些酶的激活剂或抑制剂。Ca^{2+} 参与多种酶促反应，对物质代谢起调节作用。

(6) 作为凝血因子。参与血液凝固过程。

B 磷的生理功能

(1) 参与辅酶的形成。磷是 NAD^+、$NADP^+$、TPP、FMN、FAD 等多种辅酶的重要组成成分。

(2) 参与能量的生成、储存与利用。如 ATP、GTP、UTP、磷酸肌酸等，都是体内重要的高能磷酸化合物。

(3) 参与物质代谢及其调节。磷以磷酸基的形式参与体内许多物质代谢（如核苷酸、核酸、磷脂、甘油醛-3-磷酸、葡糖-6-磷酸等）过程。此外，通过蛋白质或酶的磷酸化和脱磷酸的修饰方式改变酶的活性，对物质代谢进行调节，也可通过第二信使（cAMP、cGMP、IP_3）来传递信息，发挥对物质代谢的调节作用。

(4) 参与酸碱平衡的调节。血液中的磷酸盐构成缓冲体系，调节体液酸碱平衡。

9.3.2 钙、磷的吸收与排泄

9.3.2.1 钙的吸收和排泄

A 钙的吸收

机体对钙的需要量和吸收量随年龄及生理状态的改变有较大差异。钙的需要量为：婴儿 360~540mg/d，儿童 800mg/d，青春期 1200mg/d，成年人 800mg/d，妊娠期及哺乳期妇女 1500mg/d。食物钙主要在十二指肠及空肠上段被吸收。钙的吸收率一般为 25%~40%，体内缺钙或钙需要量增加时，吸收率增加。影响钙吸收的因素有多种。

（1）活性维生素 D。1,25-$(OH)_2$-D_3 是维生素 D_3 的活性形式，可促进小肠对钙和磷的吸收，是调节钙、磷代谢的主要因素。

（2）肠道 pH 值。能降低肠道 pH 值的物质可促进钙盐溶解，促进钙吸收，如乳酸、氨基酸、糖（主要是乳糖）、中链及短链脂肪酸等。特别是处于生长发育期的儿童，多食酸奶可调节肠道菌群。临床上补钙多用乳酸钙、葡萄糖酸钙等，可促进肠道内钙的吸收。

（3）食物成分。过多的碱性磷酸盐、草酸及植酸与钙结合生成不溶性钙盐，从而阻碍钙的吸收；钙、镁吸收有竞争作用，镁盐过多可抑制钙的吸收。

（4）年龄。钙的吸收率与年龄成反比。婴儿对食物钙吸收率达 50%以上，儿童为 40%，成年人则只能吸收 20%，尤其是 40 岁以后，不管其营养状况如何，钙吸收率都明显下降，平均每 10 年减少 5%~10%，女性比男性更显著。故老年人易出现许多与钙相关的病变，如骨质疏松、骨关节退行性变、易骨折等。

B 钙的排泄

正常成年人每日排出的钙约 80%经肠道排泄，20%经肾排出。肠道排出的钙主要是食物中未被吸收的以及消化液中的钙。肾排钙较恒定，不受食物含钙量的影响，主要随血钙浓度而增加或减少。当血钙降至 19mmol/L（7.5mg/dL）时，尿钙几乎为零。故临床上常采用简便易行的尿钙测定来大致了解血钙水平。正常成年人每日钙的摄入量与排出量大致相等，多进多排，少进少排，保持动态平衡。

9.3.2.2 磷的吸收与排泄

A 磷的吸收

正常成年人每日磷的需要量 1.0~1.5g。食物中的磷主要是有机磷酸酯（磷脂、磷蛋白及磷酸酯），经消化水解成无机磷酸盐后被吸收。小肠上段是磷吸收的主要部位，以空肠段吸收率最高，可达 70%~90%，故缺磷在临床上极为罕见。食物中的 Ca^{2+}、Mg^{2+}、Fe^{2+} 等过多时，可与磷结合成不溶性的磷酸盐，从而妨碍磷的吸收。

B 磷的排泄

磷的排泄与钙相反，60%~80%由肾排出，20%~40%随粪便排出。当肾功能不全时，尿磷减少，血磷升高。肾对磷的排泄主要受维生素 D 和甲状旁腺激素的调控。

9.3.3 血钙与血磷

9.3.3.1 血钙

血液中的钙几乎全部存在于血浆中，故血钙是指血浆中的钙。血钙正常参考范围为 2.25~2.75mmol/L（9~11mg/dL）。

血钙主要有离子钙和结合钙两种存在形式。其中，离子钙约为 47%，结合钙约为 53%。结合钙主要包括与血浆蛋白质（清蛋白）结合的蛋白结合钙和少量与柠檬酸结合的柠檬酸结合钙（也称复合钙）。离子钙和柠檬酸结合钙易透过毛细血管壁，故称为可扩散钙；蛋白结合钙不能透过毛细血管壁，称为非扩散钙。在体内发挥生理作用的是离子钙。

血浆蛋白结合钙与离子钙之间可相互转化，保持动态平衡。其反应式为：

$$蛋白质结合钙 \underset{HCO_3^-}{\overset{H^+}{\rightleftharpoons}} 蛋白质 + Ca^{2+} \tag{9-1}$$

血浆 pH 值影响该平衡。当血浆 pH 值下降时，结合钙释放出 Ca^{2+}，使 Ca^{2+}浓度升高；pH 升高时，蛋白结合钙增多，离子钙浓度下降。因此，碱中毒时，血浆中 Ca^{2+}的浓度降低，神经肌肉的兴奋性增高，可出现手足搐搦。

9.3.3.2 血磷

血磷通常是指血液中的无机磷酸盐，主要以 HPO_4^{2-} 和 $H_2PO_4^-$的形式存在。正常成年人血磷浓度为 1.0~1.6mmol/L（3~5mg/dL），儿童稍高，为 1.2~2.1mmol/L。血磷不如血钙稳定，其浓度可受生理因素的影响而变动。随着年龄的增大，血磷浓度缓慢降低，绝经后妇女却略有增高。

9.3.3.3 血钙与血磷的关系

血钙和血磷之间关系密切，相互影响。正常成年人钙、磷浓度（mg/dL）的乘积为 35~40，即 $[Ca] \times [P] = 35 \sim 40$。乘积大于 40 时，钙、磷以骨盐的形式沉积于骨组织中，有利于骨钙化；若乘积小于 35 时，则发生骨盐的溶解，导致儿童发生佝偻病，成年人发生软骨病。临床上常利用该指标来判断体内的钙、磷代谢情况及骨化程度。

9.3.4 钙、磷与骨的关系

骨是体内钙、磷最大的储存库。在人的一生中，骨始终进行着代谢更新，通过成骨作用和溶骨作用不断地与细胞外液进行钙、磷交换。在骨骼生长时，血中钙、磷沉积于骨组织，构成骨盐；在骨骼更新时，骨盐溶解，骨中的钙、磷释放入血。因此，骨的代谢影响血中钙、磷浓度，而血中钙、磷含量也影响骨的代谢。

9.3.4.1 骨的组成

骨组织主要由骨细胞、骨基质和无机盐三部分组成。骨细胞可合成和分泌骨基质，骨基质与无机盐以特殊方式附着在一起，使骨组织坚硬而富有韧性，构成了人体的支架组织。

A 骨细胞

骨细胞有骨原细胞、成骨细胞、破骨细胞和骨细胞四种，他们都起源于未分化的间质细胞。

B 骨盐

骨中的无机盐，称骨盐，占骨干重的 65%~70%，其主要成分为羟基磷灰石结晶和无定型的磷酸氢钙。羟基磷灰石是一种柱状或针状结晶，具有广大的吸附面，晶格之间可吸附体液中的 Ca^{2+}、Mg^{2+}、CIT、HCO_3^-等，这些离子可以与细胞外的离子进行自由交换，且速度较快。所以，骨在维持细胞外液钙和磷的含量中起着重要的作用。

C 骨基质

骨基质是骨的有机成分，占骨总量的 30%。骨基质中约 95%为胶原，其余为少量的糖蛋白、脂质和酶等。胶原和糖蛋白使骨有良好的韧性。

9.3.4.2 成骨作用与钙化

骨的生长、修复或重建过程，称为成骨作用。成骨作用包括两个方面：一是由成骨细胞合成与分泌胶原蛋白等骨的有机基质；二是经钙化作用形成骨盐并沉积于基质中。在成骨过程中，碱性磷酸酶起了相当重要的作用，故碱性磷酸酶活力的改变可作为成骨作用或成骨细胞活动的指标。生长发育的婴幼儿和某些佝偻病、骨质软化病、甲状旁腺功能亢进症等患者，血液中碱性磷酸酶活力升高。

9.3.4.3 溶骨作用与脱钙

在破骨细胞的作用下，骨基质水解和骨盐溶解的过程，称为溶骨作用。骨盐的溶解又称脱钙。坚硬的骨组织也处在不断更新之中，在新骨生成的同时，原有的旧骨持续溶解，达到动态平衡。破骨细胞的溶酶体可释放出多种水解酶，使骨组织的有机质被溶解；还可使柠檬酸和乳酸等酸性物质增加并扩散到溶骨区，促进局部骨盐溶解。

成骨作用与溶骨作用是构成骨代谢对立统一的两个方面，不断地交替进行，使骨组织得以更新。在骨骼生长发育时期，成骨作用大于溶骨，而老年人溶骨作用则显著增强。正常成年人两者基本保持平衡，有3%~5%的骨质需要更新，以改变骨骼的形态与结构，适应功能的需要。

9.4 微量元素及镁代谢

9.4.1 微量元素代谢

组成人体的元素有几十种，根据其在体内含量的不同，可分为常量元素和微量元素两大类。含量占人体总质量0.01%以上的称为常量元素，主要有碳、氢、氧、氮、硫、磷、钙、镁、钾、钠、氯等，其占人体总质量的99.95%以上；含量占人体总重量0.01%以下的称为微量元素，目前认为人体必需的微量元素主要有铁、锌、铜、碘、硒、钴、锰、铬、氟、钒、镍、锡、钼和硅等。微量元素主要来自食物，在人体内主要通过与蛋白质、酶、激素和维生素等结合而发挥作用。微量元素对维持人体健康和正常代谢起着不可忽视的作用。

9.4.1.1 铁的代谢

A 含量与分布

铁是体内含量最多的微量元素，正常成年人体内含铁总量为54~90mmol（3~5g），女性略低于男性。铁在体内分布很广，约75%存在于铁卟啉化合物（血红蛋白、肌红蛋白和细胞色素等）中；25%存在于其他含铁化合物（含铁血黄素、铁硫蛋白和运铁蛋白等）中。

B 来源、吸收与排泄

人体内铁的来源主要包括两方面：一是食物中的铁，含铁较丰富的食物主要有动物肝脏、鱼类、蛋黄、豆类及某些蔬菜（如菠菜、莴苣、韭菜等），一般膳食中含铁10~15mg/d，但吸收率在10%以下；二是体内血红蛋白分解释放的铁。成年人每日红细胞衰老破坏释放铁约25mg，80%用于重新合成血红蛋白，20%以铁蛋白等形式储存备用。

铁的吸收部位主要在十二指肠及空肠上段，溶解状态的铁易于吸收。影响铁吸收的主要因素有：

（1）胃酸可促进铁的吸收、有机铁的分解和铁盐的溶解；

（2）某些氨基酸、柠檬酸、苹果酸和胆汁酸能与铁结合形成可溶性螯合物，有利于铁的吸收；

（3）Fe^{2+}较Fe^{3+}易吸收，维生素C、半胱氨酸和谷胱甘肽等还原性物质可使Fe^{3+}还原成易吸收的Fe^{2+}；

（4）血红蛋白及其他铁卟啉蛋白在消化道中分解而释出的血红素铁，可直接被吸收；

（5）食物中的植酸、磷酸、草酸、鞣酸等能与铁结合成难溶的铁盐，因而妨碍铁的吸收。

肠中吸收入血的Fe^{2+}被血浆铜蓝蛋白氧化成Fe^{3+}，后与运铁蛋白结合而运输。血浆运铁蛋白将90%以上的铁运到骨髓，用于合成血红蛋白，小部分储存于肝、脾、骨髓等组织。

人体大部分的铁随粪便排出，少部分从尿液或皮肤排出。成年男子每日排泄铁0.5~1.0mg。

C 生理功能

铁是体内各种含铁蛋白质的重要组成成分，如血红蛋白、肌红蛋白、细胞色素体系、过氧化物酶、过氧化氢酶等。铁参与氧和二氧化碳的运输，组成呼吸链参与氧化磷酸化作用，作为过氧化物酶和过氧化氢酶的辅因子参与代谢。

9.4.1.2 锌的代谢

A 含量与分布

正常成年人体内含锌量2~3g，广泛分布于各组织中，以皮肤和毛发含锌量最高，约占全身总含锌量的20%，故测定头发含锌量既可以反映体内含锌总量，又可以反映膳食锌的供给情况。血浆锌含量为0.1~0.15mmol/L。

B 来源、吸收与排泄

许多天然食物中均含有锌，以贝类、肉类、肝和豆类尤为丰富。锌主要在小肠吸收，吸收率为20%~30%。锌吸收入血后与清蛋白结合而运输。主要随胰液和胆汁经肠道排泄，部分随尿和汗排出。

C 生理功能

（1）参与酶的组成。锌的生理功能通过含锌酶的作用来完成。现已知体内有200多种酶含锌，例如碳酸酐酶、DNA聚合酶、乳酸脱氢酶、谷氨酸脱氢酶等都含锌。锌缺乏会影响核酸和蛋白质生物合成，使儿童发育停滞，智力下降。

（2）对激素的作用。锌与胰岛素结合形成以Zn^{2+}为中心排列的胰岛素六聚体，使胰岛素活性增强。结合型胰岛素能与精蛋白结合，延长胰岛素的作用时间。缺锌者有糖耐量降低、胰岛素释放迟缓的表现。

（3）对大脑功能的影响。锌是脑组织中含量最多的微量元素。锌有抑制γ-氨基丁酸（GABA）合成酶的作用，在维持调节神经元的GABA浓度中发挥关键作用。妊娠妇女若缺乏锌，将引起后代学习、记忆能力下降。

（4）在基因调控中的作用。许多蛋白质如反式作用因子、类固醇激素及甲状腺素受体的DNA结合区，都有锌参与形成锌指结构，在基因转录调控中起着重要的作用。

锌在体内的储存量很少，所以食物中锌供应不足时，容易出现缺乏症，如伤口难愈、食欲减退、味觉丧失等。儿童缺锌可引起生长发育停滞、生殖器官发育不良等。妊娠妇女缺锌可造成胎儿畸形和智力低下等。

9.4.1.3 铜的代谢

A 含量与分布

成年人体内含铜量为100~150mg。人体各组织均含铜，其中以肝、脑、心脏、肾和胰腺含量较多。成年人血清铜含量约为0.02mmol/L。

B 吸收与排泄

成年人每日铜的需要量为1~3mg，食物中铜主要在十二指肠吸收，入血后与清蛋白结合，运至肝细胞，参与铜蓝蛋白的组成，然后再进入血浆。在组织中，铜以铜蛋白的形式储存，其中肝和脑是铜的重要储库。体内的铜80%以上随胆汁分泌至肠道排出体外，少量通过肾随尿液排出体外。

C 生理功能

（1）参与能量代谢。铜是细胞色素氧化酶的组成成分，参与生物氧化过程，起电子传递体的作用。

（2）参与铁的代谢。铜是血浆铜蓝蛋白的组成成分，参与铁的吸收、运输和利用，加速血红蛋白的合成及红细胞的成熟和释放。因此，对于缺铁性贫血患者，在补铁治疗效果不佳时，辅以微量铜可以提高疗效。

（3）参与自由基的清除。铜是超氧化物歧化酶的组成成分，该酶具有清除自由基、抗氧化、抗衰老作用。

（4）维持单胺氧化酶、抗坏血酸氧化酶的活性。促进弹性蛋白纤维交联结构的形成，维持血管壁、结缔组织和骨基质的韧性与弹性。

（5）参与毛发和皮肤色素的代谢。铜是酪氨酸酶的组成成分，该酶可催化黑色素的合成。缺铜时常引起毛发脱色。

9.4.1.4 碘的代谢

A 含量与分布

成年人体内含碘总量为25~50mg，其中70%~80%在甲状腺内。碘是合成甲状腺激素必需的原料。

B 吸收与排泄

成年人每日需碘量为100~300μg。碘最为有效的食物来源是碘化食盐。自然界中，含碘丰富的食物主要有干海藻、海带、紫菜等海产品。体内碘90%随尿排泄，约10%随粪便排出，极少量随汗液和呼吸排出。

C 生理功能

碘的主要生理功能是参与合成甲状腺激素（T_3和T_4），调节物质代谢，促进儿童的生长发育。它具有促进糖和脂质氧化分解、促进蛋白质合成、调节能量代谢、促进骨骼生长、维持中枢神经系统的正常功能等重要作用。成年人缺碘可引起单纯性甲状腺肿，胎儿和新生儿缺碘可影响个体和智力发育，引起呆小症。

9.4.1.5 硒的代谢

A 含量与分布

成年人体内含硒量为14~21mg，主要分布于肝、胰和肾。

B 吸收与排泄

成年人每日需要量为30~50μg，含硒丰富的食物有动物内脏、海产品和蛋类等。硒主要在十二指肠吸收，维生素E可促进硒的吸收。硒主要经肠道排泄，小部分由肾、肺及汗腺排出。

C 生理功能

硒是谷胱甘肽过氧化物酶（GSH-Px）活性中心的组成成分，GSH-Px催化还原型谷胱甘肽转变成氧化型谷胱甘肽，防止过氧化物对人体的损害，保护细胞膜结构和功能的完整性；硒参与辅酶A和辅酶Q的合成；硒还能拮抗和降低镉、汞、砷等元素的毒性作用；硒还具有抗癌作用，流行病学调查发现，癌症的病死率与膳食硒的摄入量呈负相关。

9.4.2 镁代谢

9.4.2.1 含量与分布

成年人体内镁的含量为20~28g，在体内的金属元素中仅次于钙、钾、钠，居第4位。体内的镁50%~60%沉积在骨骼，吸附在羟基磷灰石表面，是体内的镁库，20%存在于肌肉细胞内，其余分布在肝、脑、肾等组织和细胞中。

镁主要分布于细胞内，几乎不参与交换；细胞外液的镁只占总镁量的1%。正常血镁浓度为0.7~1.0mmol/L。

9.4.2.2 吸收与排泄

人体镁的需要量为0.2~0.4g/d。许多食物都含有镁，尤其是绿色蔬菜和谷物。镁的吸收主要在小肠，吸收率约30%，正常膳食可满足镁的需要量。钙与镁的吸收有竞争作用，食物中含钙过多则妨碍镁的吸收；草酸、脂肪也能妨碍镁的吸收。维生素D和高蛋白饮食则可促进镁的吸收。体内的镁60%~70%随粪便排出，其余自尿液中排出。

9.4.2.3 生理功能

（1）镁是多种酶的辅因子。镁能激活细胞内许多酶系统，参与核酸、蛋白质、糖、脂肪等重要代谢过程。

（2）镁对中枢神经系统具有抑制作用。Mg^{2+}和Ca^{2+}都能使神经肌肉兴奋性降低。对于心肌的兴奋性，Mg^{2+}有抑制作用，而Ca^{2+}则有兴奋作用。

（3）镁可使周围血管扩张。因而有降血压的作用。

（4）镁是骨细胞结构和功能所必需的元素。镁与骨骼的生长和更新有密切关系。

（5）镁有镇静作用。镁能使乙酰胆碱释放减少，阻滞冲动传导。

本章小结

人体体内水的代谢具有重要意义，其中水的生理功能有运输物质、参与代谢、调节体温、润滑、赋形。水的摄入途径有饮水、食物水、代谢水三种，成人每日需水量为2500mL。人体水的排出途径有皮肤、呼吸蒸发，粪便排出，肾排出。

人体内无机盐的代谢是维持人体生理功能正常运转的关键，无机盐的生理功能主要有维持渗透压和酸碱平衡、保证神经肌组织应激性、构成组织和细胞成分以及参与细胞物质代谢。在多种无机盐中钠、钾、氯是本章节集中介绍的，钠、钾、氯三种无机盐分布含量不同，均在消化道吸收，并经由肾脏排除，体内维持基本平衡状态，不易缺乏。而钙、镁、磷作为人体内含量较多的无机盐，三者分布含量不同，吸收、代谢排出的部位各不相同，但都对人体机能的正常运转具有重要意义。

其他微量元素的代谢，诸如铁、锌、铜、碘、硒、都从含量与分布、来源、吸收、排泄、生理功能进行分解说明，增加学生对人体水和无机盐代谢知识的掌握和了解。

思考题

9-1 大面积烧伤的患者血钾浓度有何变化，为什么？

9-2 当给患者注入胰岛素和葡萄糖时，血钾浓度有何变化，为什么？

9-3 碱中毒为什么会引起手足抽搐？

10 生 物 氧 化

【学习目标】

（1）掌握生物氧化的概念、特点、方式及生物学意义。

（2）掌握呼吸链的概念以及两条主要呼吸链的传递顺序。

（3）掌握 ATP 的结构、生产、利用、循环和贮存方式。

（4）熟悉氧化磷酸化的概念、偶联部位及电子传递抑制剂的作用部位。

（5）了解体内 CO_2 生成的主要方式。

（6）了解线粒体和微粒体氧化体系在能量代谢中的差别。

化学物质在生物体内的氧化分解过程称为生物氧化。由于机体的反应条件温和，因此生物氧化有其特点：需要有酶催化，而且是分阶段、逐步完成。细胞胞质线粒体、微粒体等均可进行生物氧化，但氧化过程及产物各不相同。在线粒体内的生物氧化，其产物是 CO_2 和 H_2O，需要消耗氧并伴随能量的产生，能量主要用于生成 ATP 等。而在微粒体、内质网等发生的氧化反应主要是对底物进行氧化修饰、转化等，并无 ATP 的生成。本章重点介绍线粒体氧化体系及能量的产生机制。

10.1 概　　述

10.1.1 生物氧化的概念和方式

10.1.1.1 生物氧化的概念

生物氧化（Biological Oxidation）主要是指糖、脂肪和蛋白质等营养物质在体内氧化分解，生成 CO_2 和 H_2O，同时释放能量的过程。生物氧化过程中细胞要摄取 O_2 和排出 CO_2，所以生物氧化也称为组织呼吸或细胞呼吸。

不同的物质进行生物氧化经历不同的反应过程，但又具有共同的规律。在高等动物和人，糖、脂肪、蛋白质的生物氧化大致可分为三个阶段。

10.1.1.2 生物氧化的方式

生物氧化中物质的氧化方式遵循氧化还原反应的一般规律，有加氧、脱氢、失电子的反应，同时还存在加水脱氢反应。通过加水脱氢反应能使代谢物间接获得氧，从而增加了代谢物脱氢的数量。

（1）加氧反应。底物分子中直接加入氧原子或氧分子，其反应式为：

$$\text{苯} + \frac{1}{2}O_2 \longrightarrow \text{苯酚（C}_6\text{H}_5\text{—OH）} \tag{10-1}$$

苯　　　　苯酚

（2）脱氢反应。底物分子脱下一对氢原子，其反应式为：

$$CH_3CH(OH)COOH \longrightarrow CH_3COCOOH + 2H \quad (10\text{-}2)$$

乳酸　　　　丙酮酸

（3）加水脱氢反应。底物先与水结合，然后再脱下一对氢原子，其反应式为：

$$CH_3CHO + H_2O \longrightarrow CH_3COOH + 2H \quad (10\text{-}3)$$

乙醛　　　　乙酸

（4）脱电子反应。从底物分子上脱去一个电子，其反应式为：

$$Fe^{2+} \longrightarrow Fe^{3+} + e \quad (10\text{-}4)$$

10.1.1.3　生物氧化的特点

物质在体内外氧化时所消耗的氧量、最终产物（CO_2、H_2O）和释放能量均相同。但体内的氧化反应又有以下特点：

（1）生物氧化是在细胞内温和的环境中（体温，pH 值接近中性），在一系列酶的催化下逐步进行的；

（2）物质中的能量是逐步释放，有利于机体捕获能量，提高 ATP 生成的效率；

（3）生物氧化中生成的水是由脱下的氢与氧结合产生的，CO_2由有机酸脱羧产生。

10.1.2　参与生物氧化的酶类

生物氧化是在一系列氧化还原酶的催化下分步进行的。每一步反应都由特定的酶催化，按其作用特点分为氧化酶类、需氧脱氢酶类、不需氧脱氢酶类等。

10.1.2.1　氧化酶类

氧化酶催化代谢物脱氢氧化，将脱下的氢直接交给氧生成水。如细胞色素氧化酶、抗坏血酸氧化酶、儿茶酚胺氧化酶等。此类酶的亚基常含有铁和铜等金属离子，作用方式概括如图 10-1 所示。

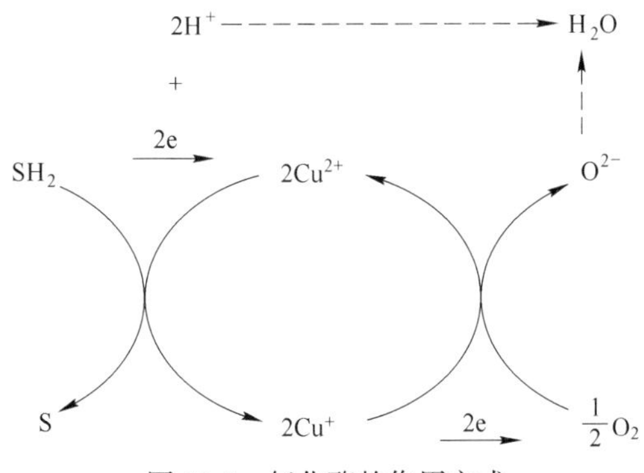

图 10-1　氧化酶的作用方式

10.1.2.2　需氧脱氢酶

需氧脱氢酶催化代谢物脱氢氧化，将脱下的氢经其辅基黄素单核苷酸 FMN 或黄素腺嘌呤二核苷酸 FAD 传递给氧生成过氧化氢，如黄嘌呤氧化酶、单胺氧化酶等。需氧脱氢酶的作用方式如图 10-2 所示。

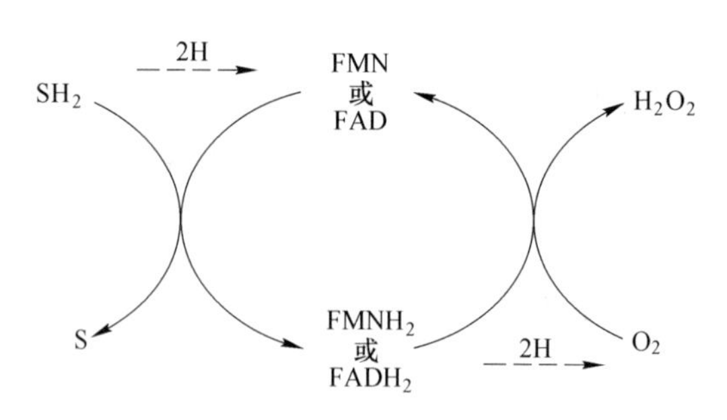

图 10-2 需氧脱酶的作用方式

10.1.2.3 不需氧脱氢酶

不需氧脱氢酶是生物氧化最主要的酶类，其直接受氢体不是 O_2，而是以辅酶为直接受氢体，催化代谢物脱氢，并将脱下的氢经一系列传递体的传递交给氧生成水，如线粒体内三羧酸循环中的脱氢酶、胞液中的乳酸脱氢酶等。不需氧脱氢酶参与生物氧化的反应过程如图 10-3 所示。

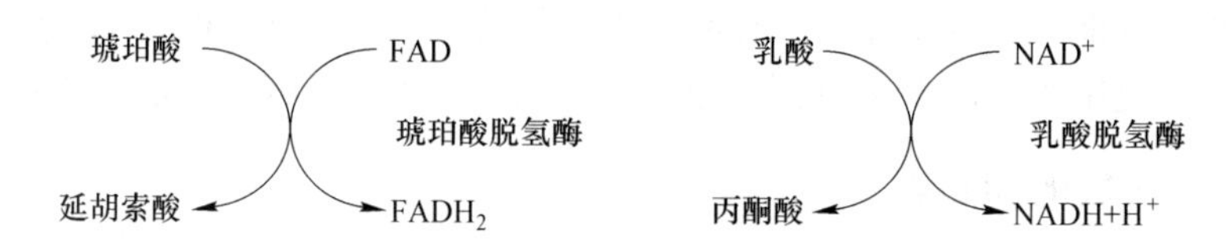

图 10-3 不需氧脱氢酶参与生物氧化的反应过程

10.1.2.4 其他酶类

除上述酶类，体内还有其他氧化还原酶类，如加单氧酶、加双氧酶、过氧化氢酶和过氧化物酶等。它们主要参与线粒体外的生物氧化过程。

10.1.3 生物氧化过程中 CO_2 生成

生物氧化中生成的 CO_2 不是代谢物的碳原子与氧的直接化合，而是来源于有机酸的脱羧基反应，按被脱羧基在有机酸中的位置及是否伴有脱氢反应，可将脱羧基作用分为以下类型。

（1）α-单纯脱羧，其反应式为：

$$\underset{\alpha\text{-氨基酸}}{R-\overset{\alpha}{\underset{\underset{NH_2}{|}}{CH}}-\boxed{COO}\ H} \xrightarrow[\text{磷酸吡哆醛}]{\text{氨基酸脱羧酶}} \underset{\text{胺}}{R-CH_2NH_2} + CO_2 \qquad (10\text{-}5)$$

（2）α-氧化脱羧，其反应式为：

$$\underset{\text{丙酮酸}}{CH_3\overset{\alpha}{C}O\boxed{COO}\,H} + HSCoA \xrightarrow[NAD^+ \quad NADH+H^+]{\text{丙酮酸脱氢酶系}} \underset{\text{乙酰辅酶A}}{CH_3CO\sim SCoA} + CO_2 \qquad (10\text{-}6)$$

（3）β-单纯脱羧，其反应式为：

$$\underset{\text{草酰乙酸}}{\begin{matrix} {}^{\beta}CH_2-\boxed{COO}H \\ {}^{\alpha}| \\ COCOOH \end{matrix}} \xrightleftharpoons{\text{丙酮酸羧化酶}} \underset{\text{丙酮酸}}{CH_3COCOOH}+CO_2 \tag{10-7}$$

（4）β-氧化脱羧，其反应式为：

$$\underset{\text{异柠檬酸}}{\begin{matrix} {}^{\alpha}CHOH-COOH \\ | \\ CH-\boxed{COO}H \\ {}^{\beta}| \\ CH_2-COOH \end{matrix}} \xrightarrow[NAD^+ \quad NADH+H^+]{\text{异柠檬酸脱氢酶}} \underset{\alpha\text{-酮戊二酸}}{\begin{matrix} CO-COOH \\ | \\ CH_2 \\ | \\ CH_2-COOH \end{matrix}} +CO_2 \tag{10-8}$$

10.2 线粒体氧化体系与呼吸链

生物氧化过程中，线粒体是生物氧化的主要场所，代谢物脱下的成对氢原子（2H）通过多种酶和辅酶所催化的连锁反应逐步传递，最终与氧结合生成水并释放能量。由于此过程与细胞呼吸有关，所以将此传递链称为呼吸链（Respiratory Chain）。在呼吸链中，酶和辅酶按一定顺序排列在线粒体内膜上。其中传递氢的酶或辅酶称之为递氢体，传递电子的酶或辅酶称之为电子传递体。不论递氢体还是电子传递体都起传递电子的作用（$2H \rightleftharpoons 2H^+ + 2e$），所以呼吸链又称电子传递链（Electrontransfer Chain）。

10.2.1 呼吸链的组成成分及作用

现已发现组成呼吸链的成分有多种，主要可分为以下五大类。

10.2.1.1 烟酰胺腺嘌呤二核苷酸

烟酰胺腺嘌呤二核苷酸（NAD^+）或称辅酶Ⅰ（CoⅠ）是多种不需氧脱氢酶的辅酶，是连接代谢物与呼吸链的重要环节。分子中除含烟酰胺（维生素PP）外，还含有核糖、磷酸及一分子腺苷酸（AMP），烟酰胺能进行可逆的加氢或脱氢反应。

在生理pH值条件下，烟酰胺中的吡啶氮为五价氮，它能可逆地接受电子而成为三价氮，与氮对位的碳也较活泼，能可逆地加氢还原，故可将NAD^+视为递氢体。反应时，NAD^+中的烟酰胺部分可接受一个氢原子及一个电子，尚有一个质子（H^+）留在介质中。其反应式为：

$$\underset{NAD^+(\text{或}NADP^+)}{\text{(吡啶环，4-H，3-}CONH_2\text{，}N^+-R)} + H + H^+ + e \rightleftharpoons \underset{NADH\ (\text{或}NADPH)}{\text{(二氢吡啶环，4-}H_2\text{，3-}CONH_2\text{，}N-R)} + H^+ \tag{10-9}$$

10.2.1.2 黄素蛋白

黄素蛋白种类很多，其辅基有两种，一种为黄素单核苷酸（FMN），另一种为黄素腺嘌呤二核苷酸（FAD），两者均含核黄素（维生素B_2）。

黄素蛋白是以 FMN 或 FAD 为辅基的不需氧脱氢酶。催化代谢物脱下的氢，可逆地由辅基 FMN 或 FAD 的异咯嗪环上的 1 位和 10 位 2 个氮原子接受，接受氢生成还原态的 $FMNH_2$或 $FADH_2$，故 FMN 和 FAD 是递氢体。其反应式为：

$$\text{氧化型FMN或FAD} \underset{-2H}{\overset{+2H}{\rightleftharpoons}} \text{还原型FMN或FAD} \tag{10-10}$$

10.2.1.3 铁硫蛋白

铁硫蛋白又称铁硫中心，其特点是分子中含铁原子和硫原子，一个 Fe 离子与四个半胱氨酸残基的 S 原子相连，而复杂的铁硫中心可以有两个、四个 Fe 离子与等量的无机 S 原子相连，同时 Fe 离子与半胱氨酸残基的 S 原子相连，如 Fe_2S_2 和 Fe_4S_4。铁硫蛋白分子中只有一个 Fe 离子能可逆地进行氧化还原反应，每次只能传递一个电子，是单电子传递体，如图 10-4 所示。

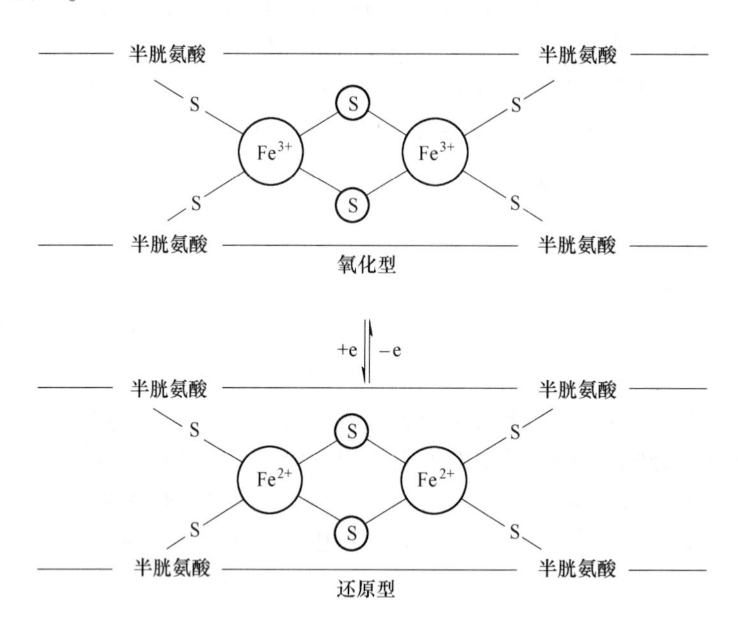

图 10-4 铁硫蛋白传递电子示意图

10.2.1.4 泛醌

泛醌又称辅酶 Q（CoQ），是一种脂溶性的苯醌类化合物，其分子中的苯醌结构能可逆地进行加氢和脱氢反应。UQ 是呼吸链中唯一的不与蛋白质紧密结合的递氢体。

泛醌因侧链的疏水作用，它能在线粒体内膜中迅速扩散，接受一个电子和一个质子还原成半醌，再接受一个电子和一个质子还原成二氢泛醌，后者又可脱去电子和质子而被氧化为泛醌。因此，它在呼吸链中是一种递氢体。其反应式为：

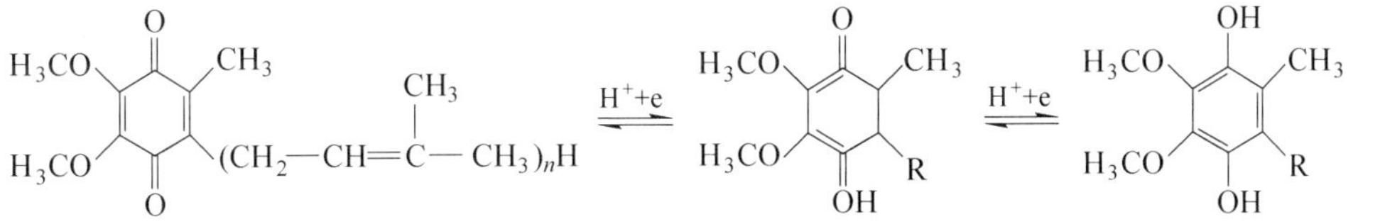

泛醌（醌型或氧化型）$\underset{}{\overset{H^+ + e}{\rightleftharpoons}}$ 泛醌H·（半醌型）$\underset{}{\overset{H^+ + e}{\rightleftharpoons}}$ 二氢泛醌（氢醌型或还原型）

（10-11）

10.2.1.5　细胞色素类

细胞色素（Cytochromes，Cyt）是结合蛋白质，其辅基为铁卟啉，铁原子处于卟啉结构的中心。根据它们不同的吸收光谱细胞色素分为三类，即 a、b、c，每一类中又因其最大吸收峰的微小差别再分为几种亚类。线粒体的呼吸链至少含有五种不同的细胞色素，即 Cyt b、c、c_1、a、a_3。各种细胞色素的主要差别在于铁卟啉辅基的侧链以及铁卟啉与蛋白质部分的连接方式的不同。Cyt b 的铁-原卟啉Ⅸ与血红素相同，Cyt c 的铁-原卟啉环Ⅸ上的乙烯侧链与蛋白质部分的半胱氨酸残基相连接，Cyt a 中与原卟啉Ⅸ环相连的一个甲基被甲酰基取代、一个乙烯基侧链被多聚异戊烯长链取代，如图 10-5 所示。

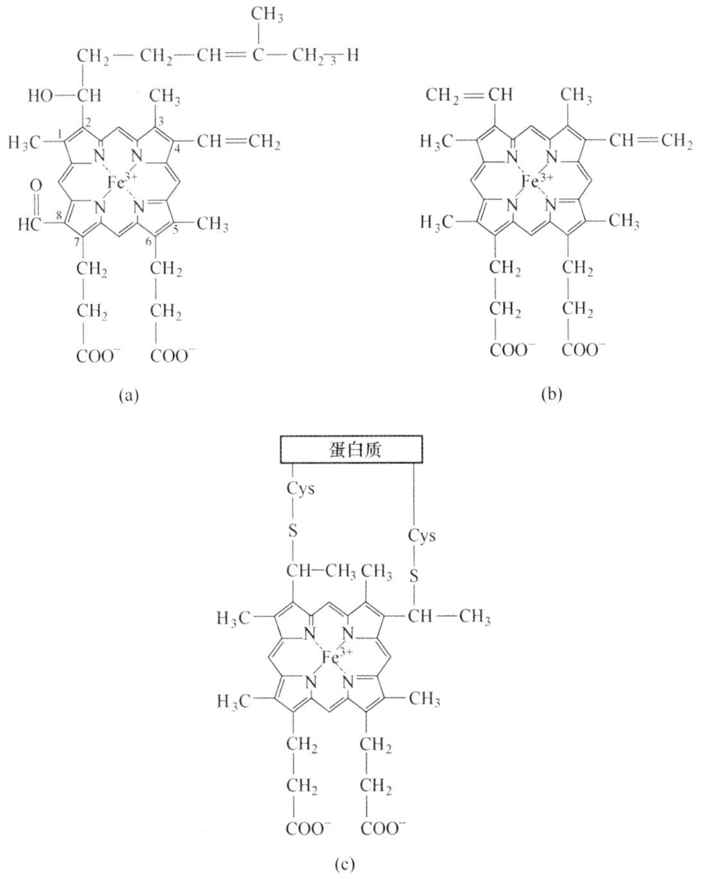

(a)　(b)

蛋白质

(c)

图 10-5　细胞色素辅基

（a）细胞色素 a 辅基；（b）细胞色素 b 辅基；（c）细胞色素 c 辅基

细胞色素 a 和 a_3结合紧密，用一般分离方法尚不能将其分离，故称为细胞色素 aa_3。Cyt aa_3中含有 2 个铁卟啉辅基和 2 个铜离子，铜离子可通过 $Cu^+ \rightleftharpoons Cu^{2+}+e$ 反应传递电子。细胞色素是通过铁卟啉辅基中铁原子的氧化还原反应来传递电子的。故是递电子体。

10.2.2 主要呼吸链的组成及排列

呼吸链的组分及排列顺序是由实验确定的：

（1）根据呼吸链各组分的标准氧化还原电位，由低到高的顺序排列（电位低则容易失去电子，电位高容易得到电子）见表 10-1。

（2）在体外将呼吸链拆开和重组，鉴定电子传递复合物的组成与排列，分离得到四种仍具有传递电子功能的酶复合体，见表 10-2。

表 10-1 呼吸链中各氧化还原对的标准氧化还原电位

氧化还原对	$E^{0'}$/V	氧化还原对	$E^{0'}$/V
$NAD^+/NADH+H^+$	-0.32	Cyt c_1 Fe^{3+}/Fe^{2+}	0.23
$FMN/FMNH_2$	-0.30	Cyt c Fe^{3+}/Fe^{2+}	0.25
$FAD/FADH_2$	-0.06	Cyt a Fe^{3+}/Fe^{2+}	0.29
$Q_{10}/Q_{10}H_2$	0.04（或 0.01）	Cyt a_3 Fe^{3+}/Fe^{2+}	0.55
Cyt b Fe^{3+}/Fe^{2+}	0.07	$\frac{1}{2}O_2/H_2O$	0.82

注：$E^{0'}$ 值为 pH=7.0，25℃，1mol/L 底物浓度条件下，和标准氢电极构成的化学电池的测定值。

表 10-2 人线粒体呼吸链复合体

复合体	酶名称	多肽链数	辅基
复合体Ⅰ	NADH-泛醌还原酶	39	FMN，Fe-S
复合体Ⅱ	琥珀酸-泛醌还原酶	4	FAD，Fe-S
复合体Ⅲ	泛醌-细胞色素 c 还原酶	10	铁卟啉，Fe-S
复合体Ⅳ	细胞色素 c 氧化酶	13	铁卟啉，Cu

目前已知线粒体内膜上存在两条主要的呼吸链，即 NADH 氧化呼吸链与琥珀酸氧化呼吸链。

10.2.2.1 NADH 氧化呼吸链

NADH 氧化呼吸链是体内最常见的一条呼吸链，该途径以 NADH 为电子供体。NADH 氧化呼吸链由复合体Ⅰ、CoQ、复合体Ⅲ、Cyt c、复合体Ⅳ构成。各组分的排列顺序如图 10-6 所示。

生物氧化中大多数脱氢酶如乳酸脱氢酶、苹果酸脱氢酶都以 NAD^+为辅酶，代谢物脱下来的氢由 NAD^+接受生成 $NADH+H^+$，在复合体Ⅰ（NADH-CoQ 还原酶）等成分的催化下，氢原子及电子经 NADH 氧化呼吸链依次传递，最后将 2 个电子交给氧使之激活，激活氧与 $2H^+$结合生成 H_2O，如图 10-7 所示。每一对电子通过此呼吸链氧化生成水时，所释放能量可以生成 2.5 个 ATP。

10.2.2.2 琥珀酸氧化呼吸链

琥珀酸氧化呼吸链又称为 $FADH_2$氧化呼吸链，该途径以 $FADH_2$为电子供体，琥珀酸

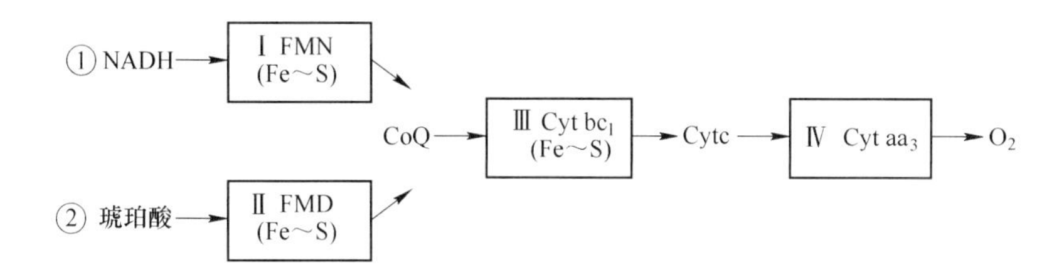

图 10-6 两条呼吸链组成与排列顺序

①—NADH 氧化呼吸链；②—琥珀酸氧化呼吸链；Ⅰ～Ⅳ—复合体

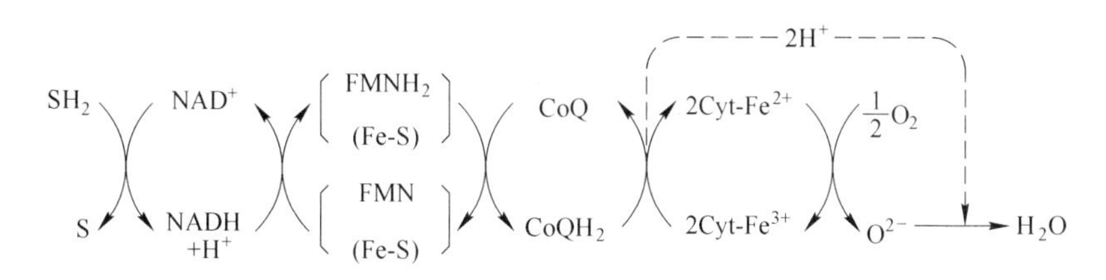

图 10-7 NADH 氧化呼吸链氧化反应过程

氧化呼吸链由复合体Ⅱ、CoQ、复合体Ⅲ、Cyt c、复合体Ⅳ构成。各组分的排列顺序如图 10-8 所示。

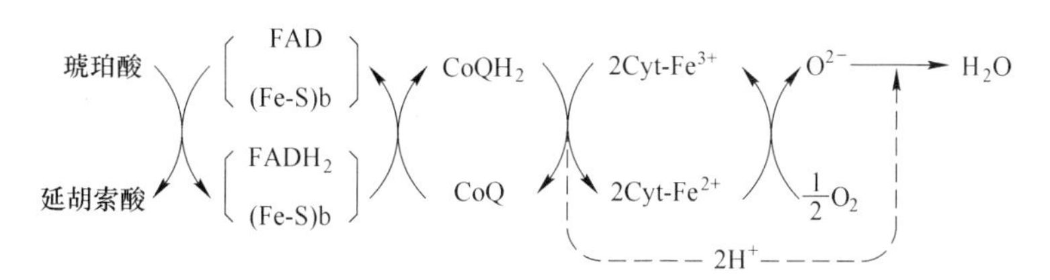

图 10-8 琥珀酸氧化呼吸链氧化反应过程

琥珀酸氧化呼吸链与 NADH 氧化呼吸链相比，代谢物脱下的氢不经过 NAD^+传递，而传递给复合体Ⅱ，然后经 CoQ 等一些与 NADH 氧化呼吸链相同成分的依次传递给氧生成 H_2O。每 $2H^+$经此呼吸链氧化生成水时，所释放的能力可以生成 1.5 个 ATP。

知识链接

化学渗透理论阐明了氧化磷酸化偶联机制

P. Mitchell 是英国生物化学家。1961 年他从离子泵出膜外需要消耗 ATP 得到启发，提出了“化学渗透学说”，电子传递能量驱动质子从线粒体基质转移至膜间腔，形成跨膜梯度，储存能量。泵出的质子再通过 ATP 合酶内流释放能量催化 ATP 合成。该理论解释了氧化磷酸化中电子传递链各复合体、ATP 合酶在基质内膜如何利用质子作为能源，阐明了氧化磷酸化偶联机制。这一杰出贡献使他荣获 1978 年诺贝尔化学奖。

10.2.3 胞液中NADH的氧化

线粒体内生成的NADH可直接进入呼吸链氧化，但胞液中的代谢物（如3-磷酸甘油醛和乳酸）脱氢生成的NADH上的氢需通过α-磷酸甘油穿梭或苹果酸-天冬氨酸穿梭系统，转运至线粒体内，然后进入呼吸链氧化。

10.2.3.1 α-磷酸甘油穿梭

哺乳动物的脑和骨骼肌等组织中存在α-磷酸甘油穿梭系统，胞液中的NADH可在α-磷酸甘油脱氢酶的催化下，使磷酸二羟丙酮还原成α-磷酸甘油，后者通过线粒体外膜，再经线粒体内膜的α-磷酸甘油脱氢酶（辅酶为FAD）催化，氧化生成磷酸二羟丙酮和$FADH_2$。磷酸二羟丙酮可穿出线粒体内膜至胞液，继续进行穿梭。$FADH_2$则进入琥珀酸氧化呼吸链，氧化生成H_2O，同时产生2分子ATP，如图10-9所示。故1分子葡萄糖有氧氧化时，只能净生成36分子ATP。

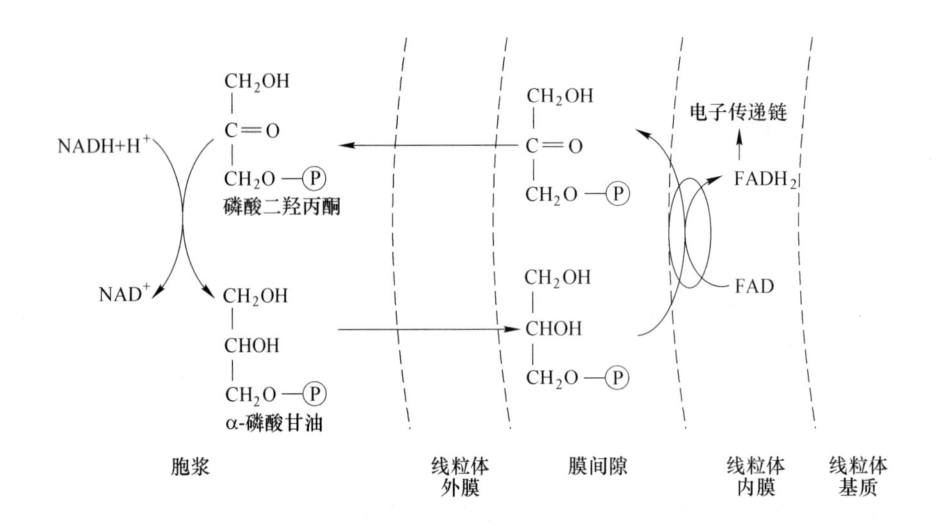

图10-9 α-磷酸甘油穿梭作用

10.2.3.2 苹果酸-天冬氨酸穿梭

苹果酸-天冬氨酸穿梭系统主要存在于肝、肾和心肌中。胞液中的NADH在苹果酸脱氢酶的作用下，使草酰乙酸还原成苹果酸，后者进入线粒体内，再经线粒体内的苹果酸脱氢酶的催化，重新生成草酰乙酸和NADH。NADH进入其氧化呼吸链氧化生成H_2O，同时产生3分子ATP。线粒体内生成的草酰乙酸不能自由通过线粒体内膜，可经谷草转氨酶催化生成天冬氨酸，然后穿出线粒体，进入胞液后，重新生成草酰乙酸，继续进行穿梭，如图10-10所示。故1分子葡萄糖有氧氧化时，净生成38分子ATP。

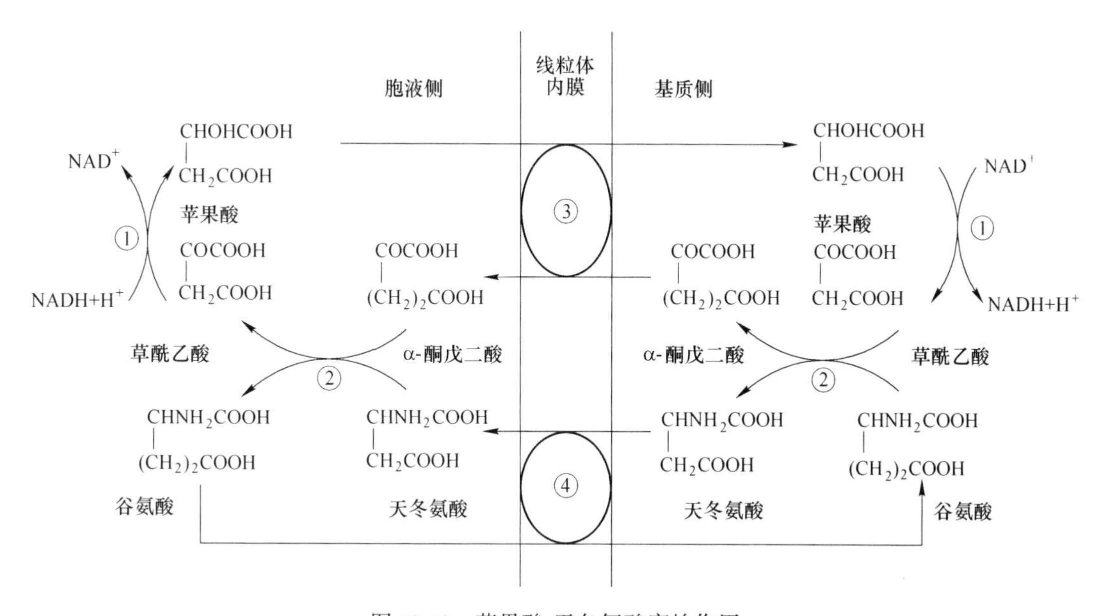

图 10-10 苹果酸-天冬氨酸穿梭作用

①—苹果酸脱氢酶；②—天门冬氨酸转氨酶；③，④—线粒体内膜上不同的转位酶

10.3 生物氧化过程中 ATP 的生成、储存和利用

生物氧化消耗氧，产生 CO_2 和 H_2O，同时释放能量。生物氧化过程中释放的能量，一部分以热能形式用来维持体温或散发到环境中；一部分则以化学能的形式储存于高能化合物如 ATP 中，以供生命活动的需要。

10.3.1 高能化合物

水解时释放出的自由能大于 20.9kJ/mol 的物质称为高能化合物，被水解的化学键称高能键，常用“~”表示。在体内所有高能化合物中，以 ATP 最为重要。此外体内还存在其他高能化合物，见表 10-3。

表 10-3 几种常见的高能化合物

化 合 物	$\Delta G'$	
	kJ/mol	kcal/mol
磷酸烯醇式丙酮酸	-61.9	-14.8
氨基甲酰磷酸	-51.4	-12.3
1,3-二磷酸甘油酸	-49.3	-11.8
磷酸肌酸	-43.1	-10.3
ATP→ADP + Pi	-30.5	-7.3
乙酰 CoA	-31.5	-7.5
ADP→AMP + Pi	-27.6	-6.6

续表 10-3

化 合 物	$\Delta G'$	
	kJ/mol	kcal/mol
焦磷酸	-27.6	-6.6
葡糖-1-磷酸	-20.9	-5.0

10.3.2 ATP 的生成

体内 ATP 的生成方式主要有底物水平磷酸化和氧化磷酸化，其中以氧化磷酸化为主。

10.3.2.1 底物磷酸化

物质在体内分解代谢过程中，由于脱氢或脱水反应而引起的分子内部能量重新分配形成高能键，使代谢物分子内部能量重新分布形成高能化合物，然后直接将高能键转移给 ADP（或 GDP），生成 ATP（或 GTP）的反应，称为底物水平磷酸化。目前所知体内代谢过程中有三步底物水平磷酸化反应。其反应式为：

$$\text{磷酸烯醇式丙酮酸} + \text{ADP} \longrightarrow \text{烯醇式丙酮酸} + \text{ATP} \quad (10\text{-}12)$$

$$1,3\ \text{二磷酸甘油酸} + \text{ADP} \longrightarrow 3\text{-磷酸甘油酸} + \text{ATP} \quad (10\text{-}13)$$

$$\text{琥珀酰 CoA} + \text{Pi} + \text{GDP} \longrightarrow \text{琥珀酸} + \text{CoA} + \text{GTP} \quad (10\text{-}14)$$

10.3.2.2 氧化磷酸化

糖、脂肪、蛋白质在体内氧化分解过程中，最主要的氧化反应是脱氢反应，代谢物脱下的氢原子主要由相应的呼吸链传递给分子氧生成水，同时释放能量，此能量在 ATP 合酶催化下使 ADP 磷酸化为 ATP，这一过程称为氧化磷酸化。氧化过程与磷酸化过程紧密偶联，它是体内生成 ATP 的最主要的方式。

A 氧化磷酸化的偶联部位

根据测定不同作用物经呼吸链氧化的 P/O 比值，可大致推出氧化磷酸化偶联部位。P/O 比值是指氧化磷酸化反应中，每消耗 1mol 氧原子所消耗的无机磷的摩尔数。综合近年来多个实验的结果，目前多数人认为，NADH 氧化呼吸链 P/O 比值大约为 2.5，每传递 2 个电子生成 2.5 分子 ATP；$FADH_2$氧化呼吸链 P/O 比值大约为 1.5，每传递 2 个由子生成 1.5 分子 ATP。通过计算得出，ATP 生成部位位于复合体Ⅰ、Ⅲ、Ⅳ内，如图 10-11 所示。

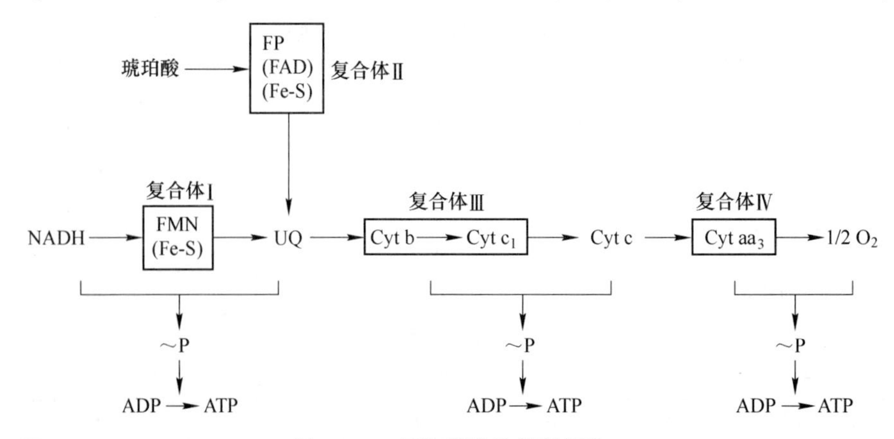

图 10-11 氧化磷酸化偶联部位

B　氧化磷酸化偶联机制

关于氧化磷酸化的机制有多种假说，目前被普遍接受的是化学渗透学说。化学渗透学说的基本要点是电子经呼吸链传递时将质子（H^+）从线粒体内膜基质侧转运到膜间腔侧，而线粒体内膜不允许质子自由回流，从而形成跨线粒体内膜的质子电化学梯度（H^+浓度梯度和跨膜电位差），储存电子传递释放的能量。当质子顺梯度回流到基质时驱动 ADP 与 H_3PO_4生成 ATP。因此，NADH 氧化呼吸链每传递 2H 生成 2.5 分子 ATP，$FADH_2$氧化呼吸链每传递 2H 生成 1.5 分子 ATP。

C　ATP 合酶

ATP 合酶（ATP Synthase）又称为复合体Ⅴ，是由多种蛋白质组成的蘑菇样结构，主要由疏水的 F_0部分和亲水的 F_1部分组成，如图 10-12 所示。F_0镶嵌在线粒体内膜中，形成跨内膜质子通道，用于质子的回流；F_1为线粒体内膜的基质侧蘑菇头状突起，其功能是催化 APP 合成。当质子顺梯度经 F_0回流时，F_1催化 ADP 和 H_3PO_4磷酸化生成 ATP。

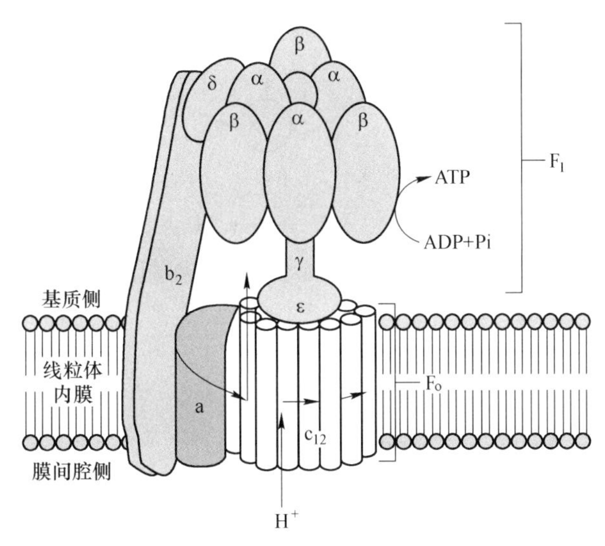

图 10-12　ATP 合酶结构模式图

D　影响氧化磷酸化的因素

a　ADP 的调节作用

氧化磷酸化的速率主要受 ADP 的调节。当机体利用 ATP 增加使 ADP 浓度升高时，氧化磷酸化速度加快；反之 ADP 含量降低时，氧化磷酸化速度减慢。这种调节作用可使 ATP 的生成速度适应生理需要，以保证能量代谢速度与机体需要的统一。

b　甲状腺素的作用

甲状腺素是调节氧化磷酸化的重要激素，它可以加快氧化磷酸化的速度，其机制是能诱导细胞膜上 Na^+，K^+-ATP 酶的生成，催化 ATP 水解为 ADP 和 Pi，ADP 的浓度增加，促进氧化磷酸化。因此甲状腺功能亢进患者机体的耗氧量和产热量都增加，致使基础代谢率增高。

c　氧化磷酸化抑制剂

氧化磷酸化抑制剂分为以下三类。

（1）呼吸链抑制剂。此类抑制剂可抑制呼吸链某些部位的电子传递，如鱼藤酮、粉蝶霉素 A、异戊巴比妥等，它们与复合体Ⅰ中的铁硫蛋白结合，从而阻断电子传递到 CoQ；抗霉素 A、二巯丙醇（BAL）可抑制复合体Ⅲ中 Cyt b 到 Cyt c_1之间的电子传递；H_2S、CO、CN^-、N_3^-等抑制细胞色素氧化酶，使电子不能由 Cyt aa_3传递到氧。这些抑制剂的毒性很强，少量进入机体就可导致死亡。

（2）解偶联剂。解偶联剂不抑制电子传递过程，氧化过程可正常进行，但抑制 ADP 的磷酸化，不能生成 ATP，使氧化与磷酸化脱偶联。常见的解偶联剂是二硝基苯酚。

（3）ATP 合酶抑制剂。此类抑制剂既抑制电子传递过程，又抑制 ADP 的磷酸化，如寡霉素。

各种抑制剂对呼吸链的抑制作用如图 10-13 所示。

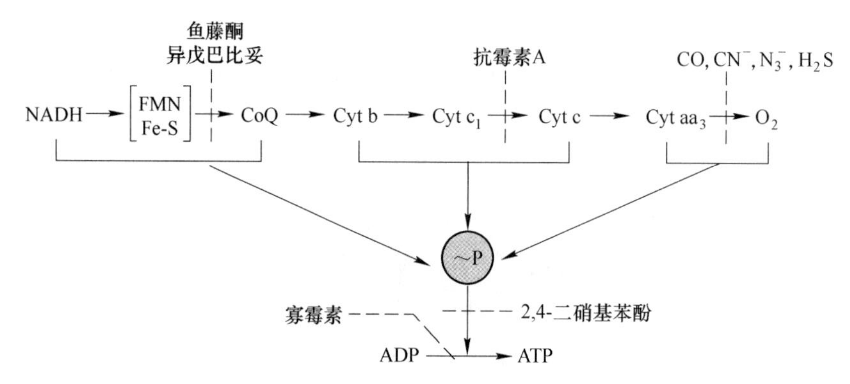

图 10-13　各种抑制剂对呼吸链的抑制作用

知识链接

甲状腺功能亢进

甲状腺功能亢进症简称“甲亢”，是由于甲状腺合成释放过多的甲状腺激素，造成机体代谢亢进和交感神经兴奋，引起心悸、出汗、进食和便次增多和体重减少的病症。多数患者还常常同时有突眼、眼睑水肿、视力减退等症状。

甲亢病因包括弥漫性毒性甲状腺肿（也称 Graves 病），炎性甲亢（亚急性甲状腺炎、无痛性甲状腺炎、产后甲状腺炎和桥本甲亢）、药物致甲亢（左甲状腺素钠和碘致甲亢）、hCG 相关性甲亢（妊娠呕吐性暂时性甲亢）和垂体 TSH 瘤甲亢。

临床上 80%以上甲亢是 Graves 病引起的，Graves 病是甲状腺自身免疫病，患者的淋巴细胞产生了刺激甲状腺的免疫球蛋白-TSI，临床上我们测定的 TSI 为促甲状腺素受体抗体：TRAb。

Graves 病的病因目前并不清楚，可能和发热、睡眠不足、精神压力大等因素有关，但临床上绝大多数患者并不能找到发病的病因。Graves 病常常合并其他自身免疫病，如白癜风、脱发、1 型糖尿病等。

10.3.3　高能化合物的储存和利用

机体各种生命活动主要靠 ATP 供能，如肌肉收缩、腺体分泌、神经传导、生物合成、维持体温等。体内某些物质合成除利用 ATP 外，还需其他高能化合物，如糖原合成、磷脂合成、蛋白质合成中有的反应步骤的直接供能物质是 UTP、CTP 和 GTP。

在肌酸激酶催化下，ATP 可将高能磷酸键转移给肌酸生成磷酸肌酸（Creatine Phosphate，C~P），作为肌肉和脑组织中能量的一种贮存形式。磷酸肌酸所含高能键不能被直接利用，但它可以防止脑、肌肉组织 ATP 的突然缺乏。当脑、肌肉组织活动增加，ATP 消耗过多而致 ADP 增多时，磷酸肌酸将 ~P 转移给 ADP 生成 ATP，以维持肌细胞、脑细胞中的 ATP 水平。其反应式为：

$$\underset{\text{肌酸}}{\begin{array}{c} NH_2 \\ | \\ C{=}NH \\ | \\ H_3C{-}N \\ | \\ CH_2 \\ | \\ COOH \end{array}} + ATP \xrightleftharpoons{\text{肌酸激酶}} \underset{\text{磷酸肌酸}}{\begin{array}{c} H \\ | \\ N{\sim}P \\ | \\ C{=}NH \\ | \\ H_3C{-}N \\ | \\ CH_2 \\ | \\ COOH \end{array}} + ADP \qquad (10\text{-}15)$$

总之，在机体生命活动中，能量的释放、贮存和利用都以 ATP 为中心，如图 10-14 所示。

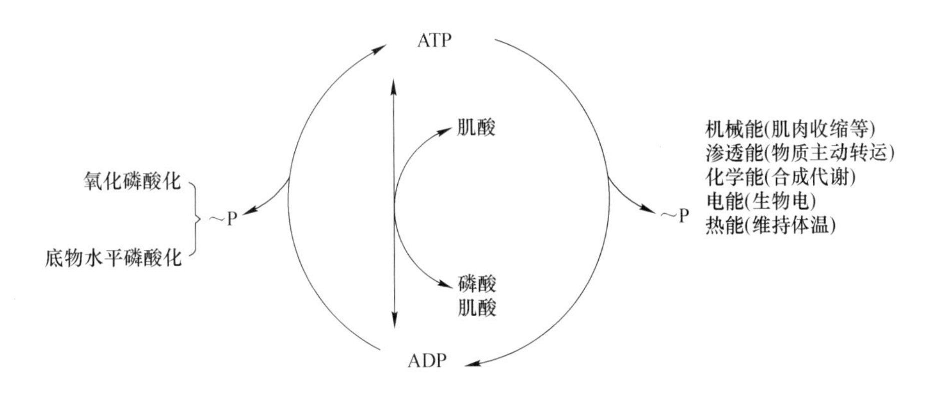

图 10-14 ATP 的生成和利用

10.4 非线粒体氧化体系

除线粒体外，细胞的微粒体和过氧化物酶体也是生物氧化的重要场所，存在一些不同于线粒体的氧化酶类，组成特殊的氧化体系，其特点是氧化过程中不偶联磷酸化，不能生成 ATP。

10.4.1 微粒体中的氧化酶

10.4.1.1 单加氧酶

单加氧酶催化 O_2 的一个氧原子加到底物分子上生成羟化物，另一个氧原子则被 NADPH+ H^+还原生成水，因此该酶又称为混合功能氧化酶或羟化酶。其反应式为：

$$RH + NADPH + H^+ + O_2 \xrightarrow{\text{单加氧酶}} ROH + NADP^+ + H_2O \tag{10-16}$$

单加氧酶实际上是由 NADPH-细胞色素 P450 还原酶、细胞色素 P450 和 FAD 等组成的一种复杂酶系，主要存在于肝、肾、肠、肺等细胞的微粒体中，以肝中作用最强。单加氧酶参与类固醇激素、胆汁酸和胆色素的生成，维生素 D_3活性形式的转化、饱和脂肪酸的去饱和以及一些药物和毒物的生物转化作用。

10.4.1.2 双加氧酶

双加氧酶催化氧分子中的两个氧原子加到底物中带双键的两个碳原子上，因此双加氧酶亦称氧转移酶。如色氨酸吡咯酶催化的反应。其反应式为：

$$\text{色氨酸（吲哚-}CH_2-CH(NH_2)-COOH\text{）} \xrightarrow{(O_2)} \text{甲酰犬尿酸原（}C_6H_4(NH-CHO)-C(=O)-CH_2-CH(NH_2)-COOH\text{）} \tag{10-17}$$

色氨酸　　　　甲酰犬尿酸原

10.4.2 过氧化物酶体中的氧化酶类

过氧化物酶体是一种特殊的细胞器，存在于动物组织的肝、肾、中性粒细胞和小肠黏膜细胞中。通过过氧化氢酶和过氧化物酶两条途径发挥作用。

10.4.2.1 过氧化氢酶

过氧化氢酶（Catalase）又称触酶，广泛分布于血液、骨髓、黏膜、肾及肝等组织。其辅酶分子含 4 个血红素，过氧化氢酶的催化效率极高，催化的反应为：

$$2H_2O_2 \xrightarrow{\text{过氧化氢酶}} 2H_2O + O_2 \tag{10-18}$$

10.4.2.2 过氧化物酶

过氧化物酶（Petoxidase）分布在乳汁、白细胞、血小板等体液或细胞中。该酶的辅基也是血红素，与酶蛋白结合疏松，这和其他血红素蛋白有所不同。它催化 H_2O_2释放的氧原子，直接氧化酚类或胺类化合物等有毒物质，对机体有双重保护作用。其反应式为：

$$R + H_2O_2 \longrightarrow RO + H_2O \tag{10-19}$$

或

$$RH_2 + H_2O_2 \longrightarrow R + 2H_2O \tag{10-20}$$

10.4.2.3 超氧化物歧化酶

呼吸链电子传递过程中及体内其他物质氧化时可产生超氧离子，超氧离子可进一步生成 H_2O_2和羟自由基（·OH），统称反应氧族。其化学性质活泼，可使磷脂分子中不饱和脂肪酸氧化生成过氧化脂质，损伤生物膜。过氧化脂质与蛋白质结合形成的复合物，积累成棕褐色的色素颗粒，称为脂褐素，与组织老化有关。

超氧物歧化酶（Superoxide Dismutase，SOD）可催化一分子超氧离子氧化生成 O_2，另一分子超氧离子还原生成 H_2O_2。其反应式为：

$$2O_2^- + 2H^+ \xrightarrow{SOD} H_2O_2 + O_2 \tag{10-21}$$

在真核细胞胞液中，该酶以 Cu^{2+}、Zn^{2+}为辅基，称为 CuZn-SOD；线粒体内以 Mn^{2+}为辅基，称 Mn-SOD。生成的 H_2O_2 可被活性极强的过氧化氢酶分解。SOD 是人体防御内、外环境中超氧离子损伤的重要酶。

此外，在红细胞及其他一些组织中存在谷胱甘肽过氧化物酶，此酶含硒，它利用还原型谷胱甘肽（GSH）使 H_2O_2 或过氧化脂质（ROOH）等还原生成水或醇类，从而保护生物膜脂质及血红蛋白等免受氧化。谷胱甘肽还原 H_2O_2（或过氧化脂）的反应过程如图 10-15 所示。

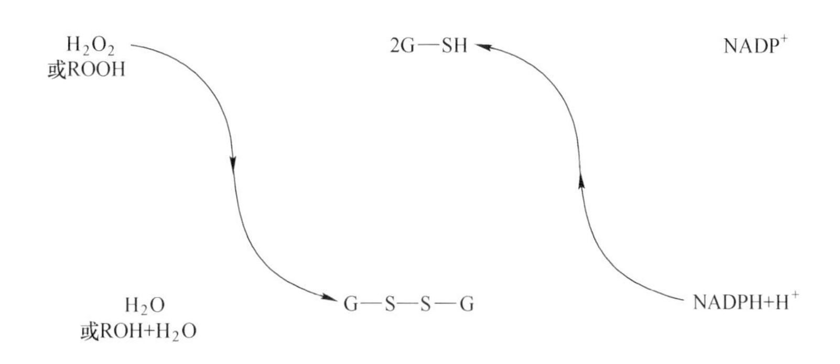

图 10-15　谷胱甘肽还原 H_2O_2（或过氧化酯）的反应过程

本 章 小 结

物质在生物体内进行的氧化作用称为生物氧化。主要指营养物质在生物体内氧化分解，逐步释放能量，最终生成 CO_2 和 H_2O 的过程。

生物氧化中物质的氧化方式遵循氧化还原反应的一般规律，其特点是在细胞内温和的环境中（体温，pH 值接近中性），在一系列酶的催化下逐步进行的；物质中的能量是逐步释放；水是由代谢物脱下氢与氧结合产生的，CO_2 由有机酸脱羧产生。

能源物质在体内氧化的主要方式是脱氢氧化，脱下的氢需经呼吸链传递给氧生成水。呼吸链是指多种酶与辅酶按一定顺序排列在线粒体内膜上，构成连锁的电子传递链。呼吸链的组分有：NADH-泛醌还原酶（复合物Ⅰ）、琥珀酸-泛醌还原酶（复合物Ⅱ）、泛醌-细胞色素 c 还原酶（复合物Ⅲ）、细胞色素 c 氧化酶（复合物Ⅳ）、辅酶 Q 及细胞色素 c。以上成分一定顺序排列组成两条呼吸链，分别是 NADH 氧化呼吸链和琥珀酸氧化呼吸链。

ATP 的产生有两种方式，氧化磷酸化是体内产生 ATP 的主要方式，即代谢物脱下的氢经呼吸链传递并最终与氧结合生成水，氧化过程释放的能量使 ADP 磷酸化反应并生成 ATP。

化学渗透学说是解释氧化磷酸化偶联机制的主要学说。其基本原理是：电子经呼吸链传递释放的能量，可将 H^+ 从线粒体内膜的基质侧泵到内膜外侧，产生质子电化学梯度储存能量，质子顺梯度经质子通道回流时，ATP 合酶催化 ADP 与 Pi 生成 ATP。

氧化磷酸化可受一些抑制剂的影响。呼吸链抑制剂阻断呼吸链某一部位使电子不能传给氧；解偶联剂使氧化磷酸化偶联过程脱离；氧化磷酸化抑制剂对电子传递和磷酸化均有抑制作用。此外，氧化磷酸化还受 ADP 及甲状腺素的调控。

生物体内能量的释放、储存和利用都以ATP为中心，各种生理、生化活动所需能量主要由ATP供给。在肌肉和脑组织中，磷酸肌酸可作为ATP高能磷酸键的贮存形式。

胞液中生成的NADH不能直接进入线粒体，必须通过α-磷酸甘油穿梭或苹果酸-天冬氨酸穿梭作用，进入线粒体后才能氧化为H_2O，同时分别生成2分子或3分子ATP。

除线粒体的氧化体系外，在微粒体、过氧化物酶体及其他部位还存在一些氧化体系，参与呼吸链以外的氧化过程，其特点是不伴有磷酸化、不能生成ATP，主要与体内代谢物、药物和毒物的生物转化有关。

思考题

10-1 体内主要的电子传递链有哪些?
10-2 体内ATP生成及储存的方式是什么?
10-3 什么是高能化合物，高能化合物有哪些?
10-4 影响氧化磷酸化的因素有哪些，这些因素如何影响氧化磷酸化?

11 遗传信息的复制与传递

【学习目标】

（1）掌握 DNA、RNA 复制、转录的概念、特点及全过程的不同阶段。

（2）掌握 DNA 损伤修复的几种方式。

（3）熟悉解螺旋酶、拓扑酶及 DNA 连接酶的作用。

（4）熟悉 tRNA 及 rRNA 的转录后加工。

（5）了解逆转录过程及其生物学意义。

基因是指为生物活性产物编码的 DNA 功能片段。生命的遗传实际上是染色体 DNA 自我复制的结果。而染色体 DNA 的自我复制主要是通过半保留复制来实现的，是一个以亲代 DNA 分子为模板合成子代 DNA 链的过程。细胞分裂时，通过 DNA 准确地自我复制，亲代细胞所含的遗传信息就原原本本地传送到子代细胞。由于 DNA 是遗传信息的载体，因此亲代 DNA 必须以自身分子为模板来合成新的分子——准确地复制成两个拷贝，并分配到两个子代细胞中去，才能真正完成其遗传信息载体的使命。DNA 的双链结构对于维持这类遗传物质的稳定性和复制的准确性都是极为重要的。

11.1 DNA 的生物合成

生物体内进行的 DNA 合成过程主要包括 DNA 复制、DNA 损伤与修复和逆转录等过程。

11.1.1 DNA 的复制

DNA 复制是以亲代的 DNA 为模板，按照碱基互补配对原则合成子代 DNA 的过程。DNA 复制的主要特征：半保留复制、双向复制和半不连续复制。

11.1.1.1 半保留复制

DNA 复制时，首先是将亲代 DNA 分子两条链之间的氢键断裂，解开成两条单链，然后分别以每一条单链为模板，按照碱基互补配对原则，各自合成一条新的 DNA 链，这样新合成的每个子代 DNA 分子中，一条链来自亲代 DNA，另一条链是新合成的，这种复制方式称为半保留复制，分别如图 11-1 和图 11-2 所示。

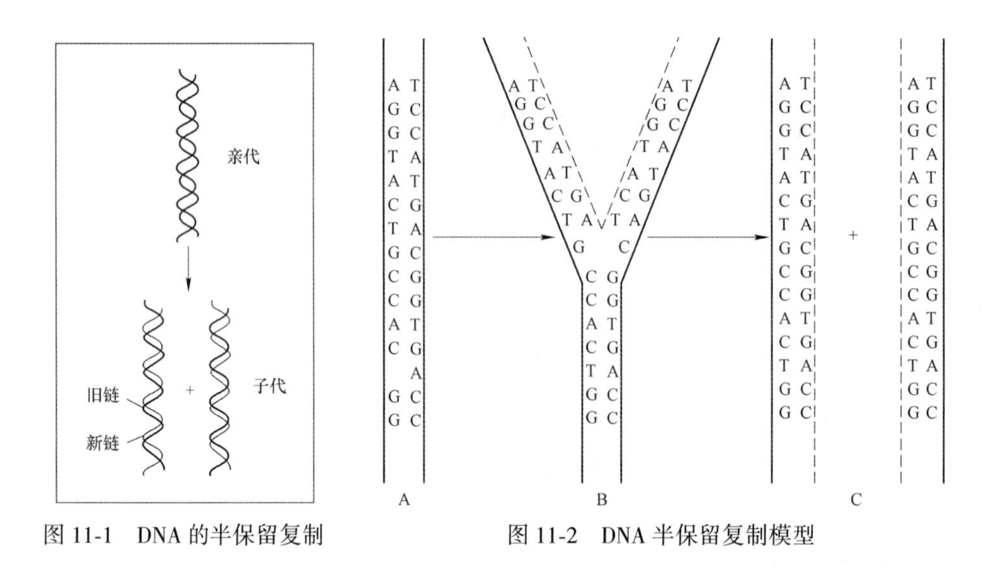

图 11-1 DNA 的半保留复制

图 11-2 DNA 半保留复制模型

知识链接

半保留复制的实验依据

1953 年 Watson 和 Crick 提出 DNA 双螺旋结构模型。在此基础上，1958 年 Meselson 和 Stahl 用实验证实了 DNA 半保留复制假说。他们将大肠杆菌放在以 $^{15}NH_4Cl$ 为唯一氮源的培养基中培养若干代，分离出含 ^{15}N 标记的 DNA。再将含 ^{15}N-DNA 的细菌转移到 $^{14}NH_4Cl$ 的培养基中培养，随后在不同的时间处理细胞、提取 DNA，用 CsCl 密度梯度离心法进行分析。由于含 ^{15}N 的 DNA 密度较高，其形成的致密带位于普通 ^{14}N-DNA 的下方。结果表明，复制后的子 1 代 DNA 只出现 1 条位于 ^{14}N-DNA 和 ^{15}N-DNA 中间的区带，说明该区带的 DNA 是由 ^{14}N-DNA 和 ^{15}N-DNA 杂交组成，密度正好位于两者之间。子 2 代 DNA 出现两条区带，1 条是 ^{14}N-DNA 轻链区带，另 1 条是 ^{14}N-DNA 和 ^{15}N-DNA 杂交链形成的区带。随着细菌培养的不断继续，^{14}N-DNA 分子逐渐增多，而 ^{15}N-DNA 分子逐渐减少，含 ^{15}N 的 DNA 按 1/4、1/8、1/16……的几何级数逐渐被“稀释”。实验结果证明了 DNA 的复制是以半保留复制方式进行，如图 11-3 所示。

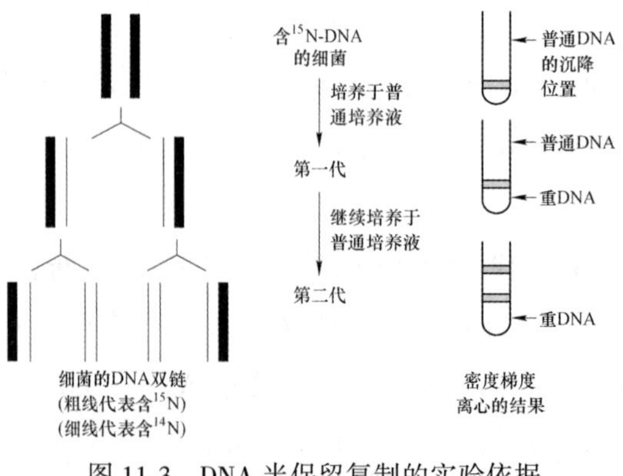

图 11-3 DNA 半保留复制的实验依据

11.1.1.2 参与 DNA 复制的重要酶类与蛋白质

DNA 复制是一个非常复杂的过程，参与 DNA 复制的酶类及各种物质主要包括：

（1）底物——四种脱氧核苷三磷酸（dATP、dGTP、dCTP 和 dTTP）；

（2）模板——解开成单链的 DNA 亲代链；

（3）酶类和蛋白质因子——DNA 聚合酶、解螺旋酶、拓扑异构酶、引物酶、DNA 连接酶和单链 DNA 结合蛋白等；

（4）引物——小分子 RNA 链；

（5）供能物质——ATP；

（6）金属离子——Mg^{2+}。

A DNA 聚合酶

DNA 聚合酶是指将 DNA 合成的底物（dNTP）通过 3′，5′-磷酸二酯键聚合成一条与 DNA 模板链完全互补的新 DNA 链的一类酶。因需要 DNA 母链为模板，故又称 DNA 指导的 DNA 聚合酶（DNA-Directed DNA Polymerase，DDDP）。

DNA 的聚合反应式为：

$$(\mathrm{dNMP})n + \mathrm{dNTP} \xrightarrow[\mathrm{Mg^{2+}}]{\text{DNA 聚合酶}} (\mathrm{dNMP})n + 1 + \mathrm{PPi} \qquad (11\text{-}1)$$

在原核生物大肠埃希菌中的 DNA 聚合酶主要有三种，分别称为 DNA 聚合酶Ⅰ、Ⅱ和Ⅲ。原核生物与真核生物聚合酶的比较见表 11-1。

表 11-1 真核生物和原核生物 DNA 聚合酶的比较

E. coli	真核细胞	功　能
Ⅰ		去除 RNA 引物，填补复制中的 DNA 空隙，DNA 修复和重组
Ⅱ		复制中的校对，DNA 修复
	β	DNA 修复
	γ	线粒体 DNA 合成
Ⅲ	ε	前导链合成
	α	引物酶
	δ	后随链合成

真核细胞内的 DNA 聚合酶常见的有五种，即 DNA 聚合酶 α、β、γ、δ 和ε 。这五种 DNA 聚合酶都具有 5′→3′聚合酶活性。DNA 聚合酶 α 及 δ 是复制的主要酶，DNA 聚合酶 α 参与引物的合成；DNA 聚合酶 δ 是复制时新链延长的主要催化酶，参与新链的延长，并具有切除引物后填补空隙的作用；DNA 聚合酶 β 复制的保真度低，可能是参与应急修复的酶；DNA 聚合酶 γ 参与线粒体 DNA 的复制；DNA 聚合酶 ε 可能与原核生物的 DNA 聚合酶Ⅰ相似，在复制中起校对、修复和填补引物水解后所留下的缺口的作用。

B DNA 拓扑异构酶

DNA 拓扑异构酶的作用是使 DNA 超螺旋松弛，并克服 DNA 复制解链时分子高速反向旋转造成的分子打结、缠绕、连环现象。DNA 拓扑异构酶主要有两种：Ⅰ型 DNA 拓扑异构酶（Topo Ⅰ）和Ⅱ型 DNA 拓扑异构酶（Topo Ⅱ）。Topo Ⅰ在无须 ATP 功能的情况下，可切开 DNA 双链中的一股，使 DNA 链末端沿螺旋轴松解的方向转动，适时又把切口封闭，使 DNA 变为松弛状态，反应不需要 ATP 参与。Topo Ⅱ在无 ATP 情况下，切断 DNA 双链某一部位，DNA 断端通过切口沿螺旋轴朝松解的方向转动，使 DNA 变为松弛状态；在利用 ATP 供能的条件下，松弛状态的 DNA 又进入负超螺旋状态，断端在同一酶催化下连接恢复。因此，DNA 拓扑异构酶除了能松弛 DNA 超螺旋外，还具有核酸内切酶和 DNA 连接酶的活性。

C　DNA 解旋酶

DNA 解旋酶是由 dnaB 基因编码的一种蛋白质，称为 DnaB。它的作用是将 DNA 的双链解开形成单链。解链是一个耗能的过程，每解开一对互补碱基，需消耗 2 分子 ATP。

D　单链结合蛋白（SSB）

单链结合蛋白的作用是与已被解开的 DNA 单链紧密结合，维持模板处于单链状态，同时保护 DNA 单链免遭核酸酶水解，确保 DNA 在复制过程中模板单链的完整性和稳定状态。

E　引发酶（Primase）

引发酶是由 dnaG 基因编码的一种蛋白质，称为 DnaG，是一种特殊的 RNA 聚合酶，它的作用是以 DNA 为模板，利用 NTP 合成一小段 RNA 引物。RNA 引物为 DNA 复制提供 3′-OH 末端，在 DNA 聚合酶催化下逐一加入 dNTP，延长 DNA 子链。

F　DNA 连接酶（DNA Ligase）

DNA 连接酶的作用是将新合成的相邻 DNA 片段连接起来，从而使两个片段的 DNA 连接成连续的 DNA 长链。DNA 连接酶可催化一个 DNA 片段的 3′-OH 端与另一个 DNA 片段的 5′-末端磷酸形成 3′,5′-磷酸二酯键（见图 11-4），但这两个片段必须是和 DNA 模板链相结合的，反应消耗 ATP 能量。DNA 连接酶不仅在复制中起连接缺口的作用，在 DNA 损伤的修复及基因工程中也起缝合缺口的作用。DNA 连接酶将两条双链 DNA 片段连接起来，实现 DNA 的体外重组，是基因工程的重要工具酶之一。

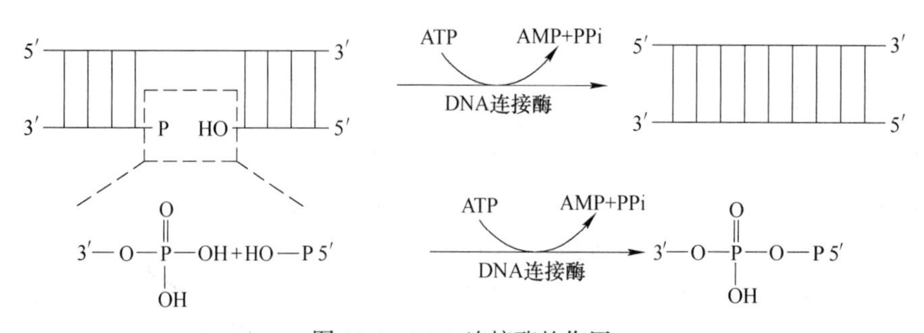

图 11-4　DNA 连接酶的作用

11.1.1.3　DNA 复制的基本过程

DNA 的复制是以 DNA 为模板，在 DNA 聚合酶的作用下，将游离的四种脱氧核苷酸聚合成 DNA 的过程。通常人为地把该过程分为起始、延长和终止三个阶段。

原核生物 DNA 复制是从固定的起始点开始的，同时向两个相反方向进行，称为双向复制。原核生物的基因组 DNA 较小，呈闭合环状，一般只有一个复制起始点（ori），真核生物基因组 DNA 庞大，呈线性，有多个复制起始点，如图 11-5 所示。一般把生物体内能独立进行复制的单位成为复制子（Replicon）。复制时，双链 DNA 要解开成两股链分别进行，所以，这个复制起始点呈现叉子的形状，被称为复制叉（Replication）。

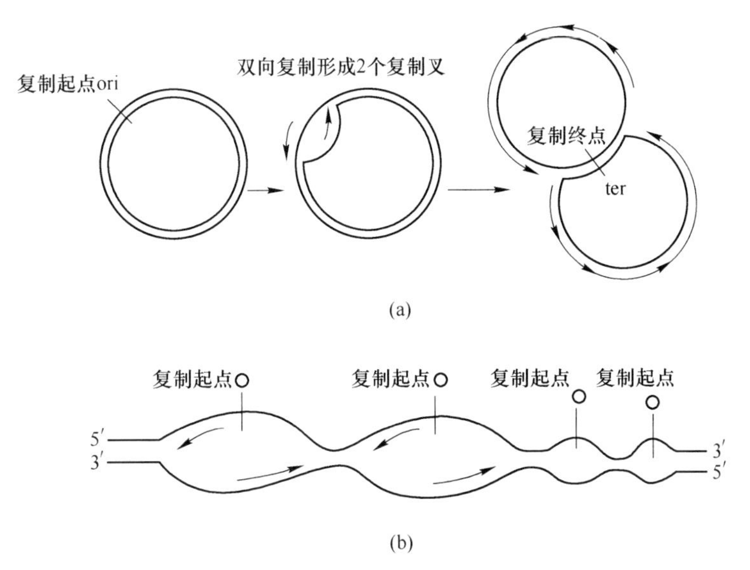

图 11-5　原核生物和真核生物 DNA 复制的起点和方向的比较

（a）原核生物环状 DNA 的单点起始双向复制；（b）真核生物 DNA 的多点起始双向复制

A　起始阶段

起始阶段主要包括 DNA 解链形成复制叉及合成引物。在大肠埃希菌中，解链过程由 3 种蛋白质（DnaA、DnaB、DnaC）和拓扑异构酶共同完成。首先由 DnaA 识别复制起始点并与之结合，然后 DnaB（DNA 解旋酶）在 DnaC 的协同下对 DNA 进行解链。当 DNA 双链解开足够的长度后，单链结合蛋白结合到开放的单链上，形成复制叉，如图 11-6 所示。当两股单链暴露出足够数量的碱基后，引发酶发挥作用。它能以四种 NTP 为原料，以解开的一段 DNA 单链为模板，按 5′→3′的延伸方向合成 RNA 引物。引物的长度为十几个至几十个核苷酸。DNA 复制时，第一个脱氧核苷酸就是加在引物的 3′-OH 末端上的。

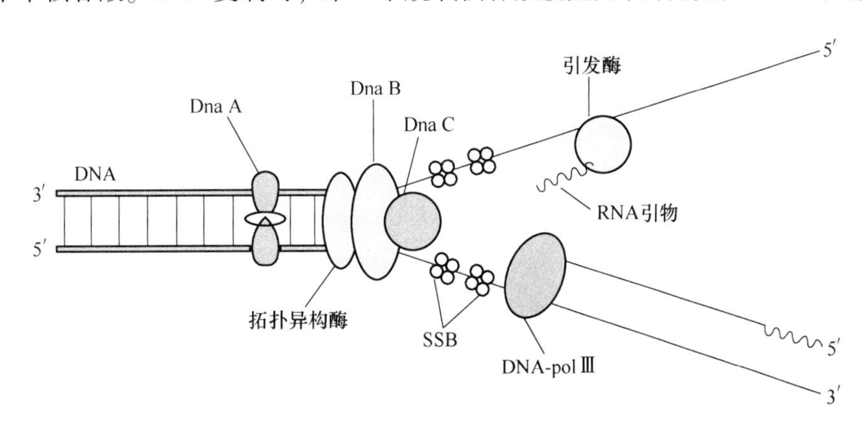

图 11-6　DNA 解链形成复制叉与引物的合成

B 延长阶段

引物合成后，从引物的3′-OH末端开始，DNA聚合酶Ⅲ催化dNTP发生聚合反应，DNA新链延长分别以两条DNA链为模板，按照碱基互补配对的原则各自指导合成一条新的DNA。由于模板DNA双链的方向相反，而DNA聚合酶只能按照5′→3′的方向合成子链DNA，因此新合成的两条子链走向相反。以3′→5′方向的母链为模板时，新链的合成方向与复制叉前进的方向一致，可以连续合成，称为前导链或领头链；以5′→3′方向的母链为模板时，新链是逆向复制叉的前进方向分段合成的，称为随从链或滞后链。随从链复制时有多个起始点，每个起始点都要先合成一段RNA引物，再合成小片段的DNA，这些不连续的DNA片段称为冈崎片段（Okazaki Fragment）。在DNA双链中，前导链的复制连续，随从链的复制不连续，这种DNA复制方式称为半不连续复制。

现在已知一般原核生物的冈崎片段要长些，真核生物中的要短些。延长标记时间后，冈崎片段可转变为成熟DNA链，由此推断这些片段必然是复制过程的中间产物。此外，用DNA连接酶温度敏感突变株进行实验，在连接酶不起作用的温度下，可以观察到有大量小DNA片段的累积，说明DNA复制过程中至少有一条链首先合成较短的冈崎片段，然后再由连接酶连成大分子DNA。

C 终止阶段

终止阶段包括切除引物、填补空缺和连接冈崎片段。前导链因为可以不间断地延长，它的合成随着复制叉到达模板链的终点而终止。在随从链中，随着复制的进行，第二个冈崎片段的3′端总要延伸到第一个冈崎片段引物5′端，这时DNA聚合酶Ⅰ即发挥5′→3′外切酶的作用，将第一个冈崎片段的引物切除，并利用其5′→3′聚合酶的活性，催化第二个冈崎片段继续延伸，将切除引物后留下的空缺填满。最后，DNA连接酶将相邻的片段连接起来，封闭缺口，成为完整的长链。细菌环状染色体的两个复制叉分别向前推移，最后在终止区相遇，复制停止。

与上述原核生物DNA的复制相比较，真核生物DNA的复制有以下不同：

（1）真核生物DNA是线性分子，它的复制是从多个起始点开始同时进行的。

（2）参与真核生物DNA复制的聚合酶是α、β、γ、δ等。

（3）真核生物DNA的末端有端粒结构，它可以确保在多次复制的过程中DNA链不会因为末端引物的切除而逐渐被截短。

（4）真核生物的引物与冈崎片段均比原核生物的短。

（5）在真核生物DNA复制的同时，还要合成组蛋白，形成核小体。

（6）在全部复制完成之前，真核生物DNA的各起始点上不能开始下一轮DNA的复制，而在快速生长的原核生物中，在起始点上可以连续开始新一轮的DNA复制。

11.1.2 DNA的修复合成

11.1.2.1 DNA突变

基因突变是指在基因内的遗传物质发生可遗传的结构和数量的变化。DNA的突变主要来源于DNA复制过程中出现的错误、遗传物质的化学和物理损伤所造成的DNA序列变化，如电离辐射、紫外线、烷化剂、氧化剂、致癌病毒等。自发突变的发生频率非常低，通过人工诱导能够提高突变率。复制错误和 DNA 损伤有两个后果：一是给 DNA 带来永久性的不可逆的改变，最终改变基因编码的序列，称之为基因突变；二是 DNA 的某些化学变化使得 DNA 不能再被用作模板进行复制和转录。基因突变有多种类型，包括碱基替换、转换、颠换、插入突变、同义突变、错义突变、无义突变和移码突变等。突变的累计将会导致疾病的发生。由于染色体 DNA 在生命过程中占有至高无上的地位，DNA 复制的准确性以及 DNA 日常的损伤修复就有着特别重要的意义。

A　DNA 损伤常见的类型

a　点突变

DNA 上单一碱基被另一碱基所取代。其中嘌呤代替嘌呤（A 与 G 之间替代）、嘧啶代替嘧啶（C 与 T 之间替代）称为转换；嘌呤变嘧啶或嘧啶变嘌呤称为颠换。如亚硝酸盐影响 DNA 的复制而改变碱基序列可使 C→U，这样使得原有的 C-G 配对变为 U-G。点突变如果发生在基因的编码区，可导致蛋白质中氨基酸的改变。

b　插入

在 DNA 分子中插入一个原来不存在的核苷酸或一段核苷酸链。如病毒 RNA 通过逆转录生成 DNA，可整合于宿主细胞 DNA 分子中，并随宿主基因一起复制和表达。

c　缺失

DNA 分子中一个核苷酸或一段核苷酸链丢失。如烷化剂可使鸟嘌呤 N-7 甲基化及核苷酸脱落而导致缺失，插入和缺失都可造成移码突变（也称框移突变）。移码突变是指三联体密码的阅读方式改变，造成翻译出的蛋白质氨基酸完全不同。

d　断裂

代谢过程产生的活性氧等因素可引起 DNA 单链断裂等损伤。DNA 双链中一条链断裂，称单链断裂；DNA 双链在同一处或相近处断裂，称双链断裂。单链断裂发生频率为双链断裂的 10~20 倍，但较容易修复，而双链断裂对单倍体细胞来说（如细菌）就是一次致死事件。

e　交联

交联包括 DNA 交联和 DNA-蛋白交联。双功能基烷化剂（如氮芥、硫芥等）和一些抗癌药物（如环磷酰胺、苯丁酸氮芥、丝裂霉素等），其两个功能基可同时使两处烷基化，结果就能造成 DNA 链内、链间以及 DNA 与蛋白质间的交联，如图 11-7 所示。如紫外线能使 DNA 分子中同一条链相邻嘧啶碱基之间形成二聚体（最易形成的是 TT，其次是 CT、CC 二聚体），如图 11-8 所示。

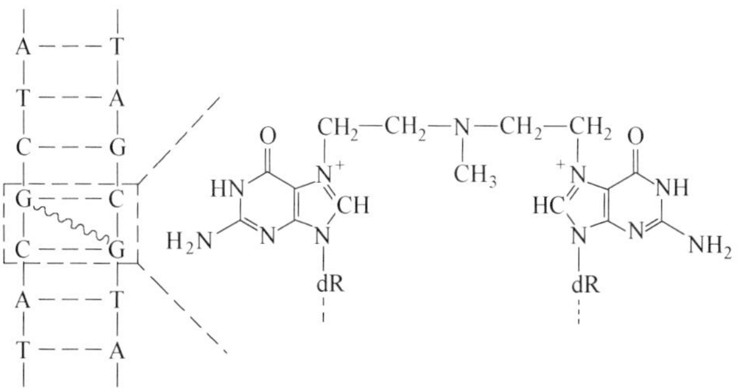

图 11-7　氮芥引起 DNA 分子两条链在鸟嘌呤上的交联

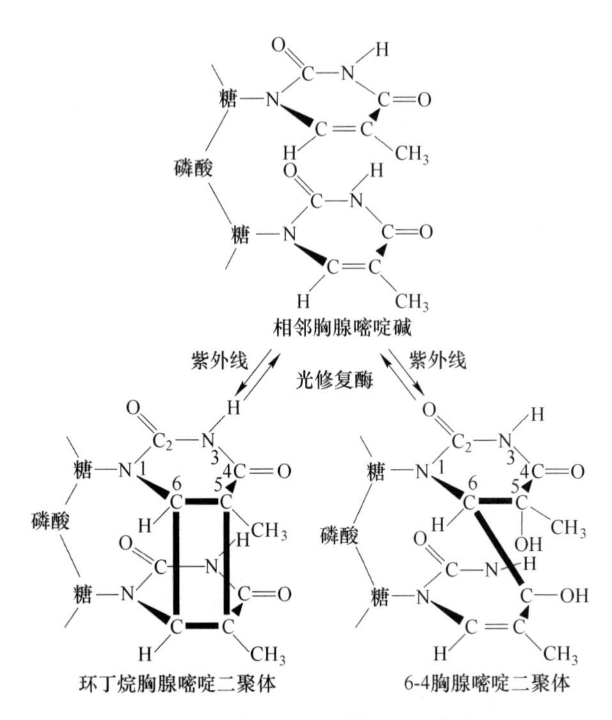

图 11-8　胸腺嘧啶二聚体的形成与解聚

B　DNA 突变的生物学意义

a　突变是生物进化的分子基础

生物的进化是基因不断发生突变的结果，没有突变就不可能有现今适应各种环境的生物世界。大量的突变都属于这种类型，但目前尚未能认识其发生的真正原因，因而称为自发突变或自然突变。

b　形成 DNA 的多态性

如果基因突变没有可察觉的表型改变，只是形成个体之间基因型差别，称为基因的多态性。应用 DNA 多态性分析技术可识别个体差异和种、株间差异，用于法医学上的个体识别、亲子鉴定、器官移植配型、个体对某些疾病的易感性分析。

c　突变是某些疾病的发病基础

目前在详细记载的 4000 余种疾病中，约有 1/3 以上属于遗传性疾病或有遗传倾向的疾病。如血友病是凝血因子基因的突变；地中海贫血是血红蛋白基因的突变。有遗传倾向的疾病，包括常见的高血压病、糖尿病和肿瘤等，是众多基因与生活环境因素共同作用的结果。

d　突变具有致死性

突变可导致个体、细胞的死亡，如果突变发生在对生命过程至关重要的基因上，可导致个体、细胞的死亡。人类常利用这一特性消灭有害病原体。

11.1.2.2　DNA 的修复

在一定的条件下，损伤的 DNA 在机体内能得到修复。DNA 的修复作用是生物体长期进化过程中获得的一种保护功能。DNA 修复的主要类型有以下几种。

（1）光修复。几乎所有生物的细胞内均具有光复活酶，它在紫外线的照射下被激活。通过此酶的作用，嘧啶二聚体可恢复到原来的非聚合状态，如图 11-8 所示。

（2）切除修复。切除修复是细胞内 DNA 最重要的修复方式，主要由特异的内切核酸酶、DNA 聚合酶 Ⅰ 及 DNA 连接酶来完成。首先，由一种特异的内切核酸酶将 DNA 损伤处靠近 5′端的部位切开，然后切除损伤的 DNA，再在 DNA 聚合酶 Ⅰ 的作用下，以另一条完整的 DNA 链为模板进行修复合成，将空隙填补，最后由 DNA 连接酶将修复处遗留的两端点进行连接，如图 11-9 所示。

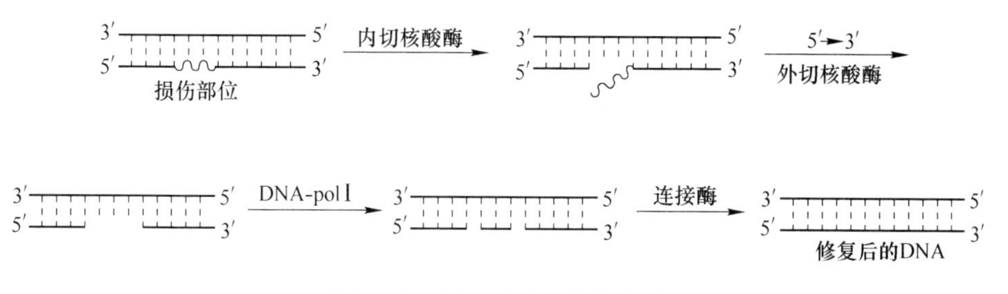

图 11-9 DNA 损伤的切除修复

（3）重组修复。当 DNA 分子损伤面积较大，还来不及修复就进行复制时，可利用重组修复来进行 DNA 损伤后的修复，如图 11-10 所示。因复制时 DNA 损伤部位不能作为模板来指导子链的合成，使子链上形成缺口。这时重组蛋白 A（RecA）发挥核酸酶活性，将另一股正常母链上的相应的一段 DNA 切下并填补到该缺口处。正常母链上出现的缺口可在 DNA 聚合酶 I 及 DNA 连接酶的作用下，以其对应的子链为模板进行填补。重组修复虽不能消除损伤部位，但随着多次复制及重组修复，损伤链因所占比例越来越小而被“稀释”掉，不致影响细胞的正常功能。

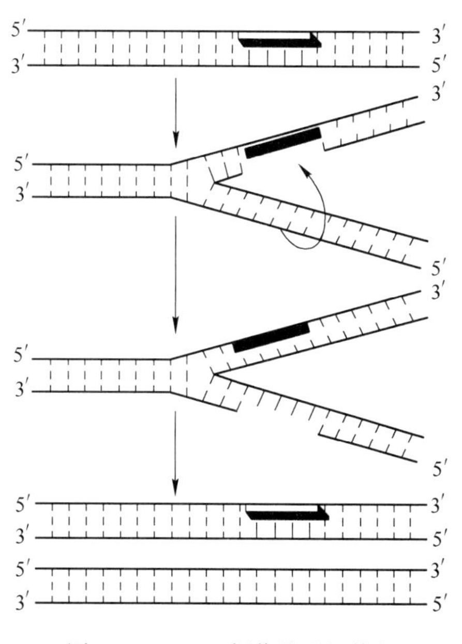

图 11-10 DNA 损伤的重组修复

（4）SOS 修复。SOS 修复是一类应急性的修复方式，即当 DNA 分子受到广泛损伤而难以继续复制时，细胞内所启动的一种修复方式。通过 SOS 修复，复制如能继续，细胞是可以存活的，但 DNA 保留的错误多，引起较长期、广泛的突变。

11.1.3 逆转录合成 DNA

11.1.3.1 逆转录的基本过程

DNA 合成都是以 DNA 为模板。在一些病毒和真核生物中，还存在以 RNA 为模板合成 DNA 的机制。在遗传信息的传递中，以 DNA 为模板合成 RNA 称为转录，所以，这种以 RNA 为模板合成 DNA 的过程，则称为逆转录或反转录。逆转录是 RNA 病毒复制的形式之一，需要逆转录酶（Reverse Transcriptase）的催化，因此 RNA 病毒也称逆转录病毒（Retrovirus）。艾滋病病毒（HIV）就是典型的逆转录病毒。

从单链的 RNA 到双链的 DNA 可分为三步：首先是逆转录酶以病毒 RNA 为模板，以 4 种 dNTP 为底物，按 5′→3′的方向合成一条与 RNA 模板互补的 DNA 单链，这条 DNA 单链称为互补 DNA（complementary DNA，cDNA）单链，形成了 RNA/DNA 杂化双链；其次，RNA/DNA 杂化双链中的 RNA 链被核糖核酸酶 H 水解；最后，再以 cDNA 单链为模板合成双链的 cDNA 分子，如图 11-11 所示。

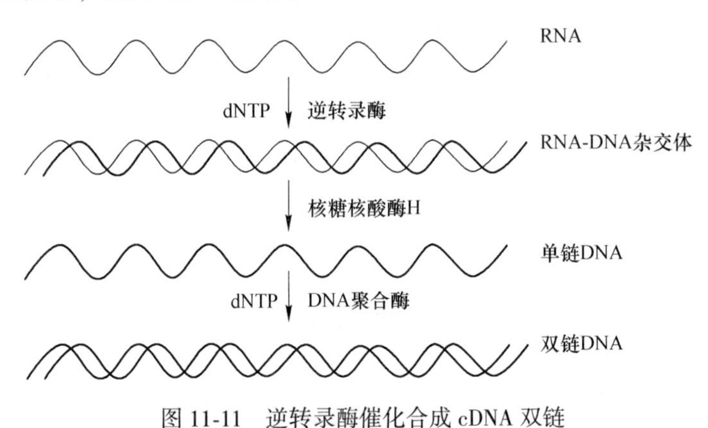

图 11-11 逆转录酶催化合成 cDNA 双链

逆转录酶具有多种酶活性，主要包括以下三种活性。

（1）DNA 聚合酶活性。以 RNA 为模板，催化 dNTP 聚合成 DNA 的过程。逆转录酶不具有 3′→5′外切酶活性，因此没有校正功能，所以由逆转录酶催化合成的 DNA 错误频率比较高。

（2）核糖核酸酶 H 活性。由逆转录酶催化合成的 cDNA 与模板 RNA 形成的杂交分子，将由核糖核酸酶 H 从 RNA5′端开始水解掉 RNA 分子。

（3）有些逆转录酶还有 DNA 内切酶活性，这可能与病毒基因整合到宿主细胞染色体 DNA 中有关。

11.1.3.2 逆转录的意义

逆转录现象的发现具有以下重要的理论和实践意义。

（1）逆转录酶的发现表明遗传信息可以从 RNA 传递到 DNA，从而进一步补充和完善了分子生物学的中心法则。

（2）逆转录现象拓宽了 RNA 病毒致癌、致病的研究。目前已从逆转录病毒中发现了数十种可使细胞癌变的基因，即病毒癌基因（Viral Oncogene）。在某些情况下，病毒癌基因可通过基因重组加入宿主细胞基因组内，并随宿主基因一起复制和表达，这种重组方式称为整合，是病毒致病、致癌的重要原因。近年来还发现在脊椎动物的正常基因组中均含有和肿瘤病毒癌基因相同的碱基序列，称为细胞癌基因（Cllular Oncogene）。这些癌基因的激活可导致细胞的癌变。

（3）在基因工程中，逆转录酶已经作为获得目的基因的重要方法之一。用组织细胞提取 mRNA 并以它为模板，在逆转录酶的作用下，合成出互补的 DNA（cDNA），由此可构建出不同种属，不同细胞条件的 cDNA 文库（cDNA Library），比较 cDNA 文库之间的差异即可筛选特异的目的基因，这是基因工程技术中最常用的获得目的基因的方法。

11.2 RNA 的生物合成

以 DNA 为模板，合成与之互补的 RNA 链的过程称为转录（Transcription），即遗传信息由 DNA 向 RNA 传递的过程，是基因表达的第一步，也是最为关键的一步。因此，转录是遗传信息传递过程中的重要环节。

RNA 合成的转录过程与 DNA 合成的复制过程有许多共同点：两者都是以 DNA 为模板，链的延长方向都从 5′→3′，核苷酸之间连接键都是 3′，5′-磷酸二酯键。但是，由于复制和转录的目的不同，转录又具有其特点，见表 11-2。

表 11-2　复制和转录的区别

比 较 项 目	DNA 复制	转　录
合成模板	DNA 两条链均作为模板	DNA 一条链作为模板
合成原料	dNTP	NTP
主要酶	DNA 聚合酶	RNA 聚合酶
产物	子代双链 DNA 分子	mRNA、tRNA、rRNA
碱基配对	A-T、G-C	A-U、T-A、G-C

11.2.1 RNA 的转录体系

转录体系主要包括模板（双链 DNA 中的一条单链）、RNA 聚合酶、原料 NTP（ATP、GTP、CTP 和 UTP）。此外，参与反应的还有某些蛋白质因子及无机离子。转录生成的产物在加工后转变成 mRNA、tRNA 和 rRNA。

11.2.1.1　模板

转录是在细胞不同的发育阶段，按生存条件和需要进行的。在基因组庞大的 DNA 双链分子上能转录出 RNA 的 DNA 区段，称为结构基因（Structural Gene）。结构基因 DNA 区段不是两条链都可以转录，只有其中一条 DNA 单链可以作为模板。转录的这种选择性称为不对称转录。能够充当模板的 DNA 单链称为模板链，与模板链相对应的 DNA 互补链称为编码链。转录出来的 RNA 初级产物与模板链互补，与编码链在碱基排列顺序上基本相同（只是 RNA 中的 U 代替了编码链中的 T）。模板链或编码链并非永远在同一条单链上，如图 11-12 所示。

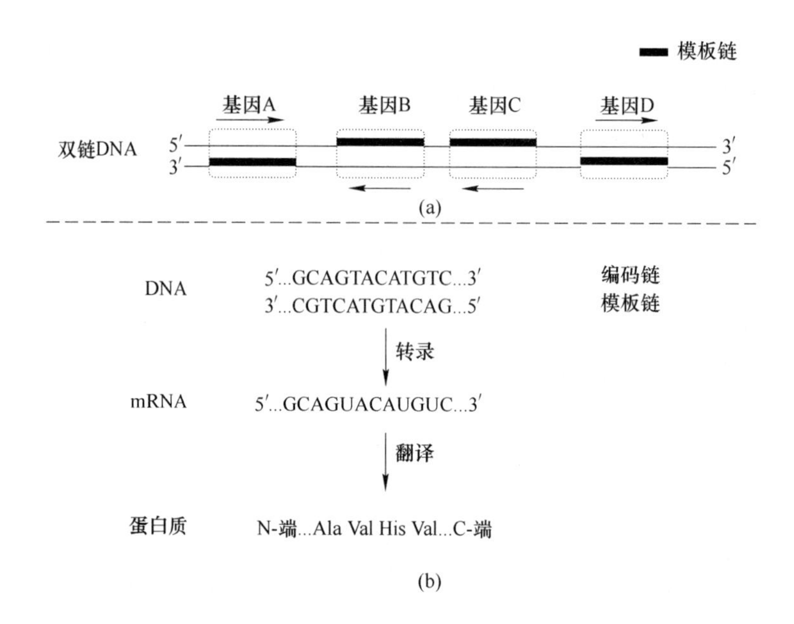

图 11-12 DNA 模板及其表达产物

11.2.1.2 RNA 聚合酶

RNA 聚合酶又称 DNA 指导的 RNA 聚合酶（DNA-Directed RNA Polymerase，DDRP）。

A 原核生物 RNA 聚合酶

目前，在原核生物只发现一种 RNA 聚合酶，它是一种多聚体蛋白质，兼有合成各种 RNA 的功能。如大肠杆菌的 RNA 聚合酶全酶是由 4 种亚基（$\alpha_2\beta\beta'\sigma$）组成的五聚体蛋白质。各亚基及功能见表 11-3。全酶去除 σ（Sigma）亚基后，$\alpha\alpha\beta\beta'$称为核心酶，核心酶不具备起始合成 RNA 的能力，其作用是使已经开始合成的 RNA 链延长。σ 亚基又称 σ 因子，能辨认模板上的转录起始部位，协助转录的起始，所以又称为起始因子。核心酶与 σ 因子结合在一起后的形式（$\alpha\alpha\beta\beta'\sigma$）称全酶，它能识别和启动某一特异基因的转录。RNA 聚合酶缺乏 3′→5′外切酶活性，所以它不像 DNA 聚合酶那样具有校对功能，这就决定了转录的错误发生率比复制要高很多。尽管如此，由于 RNA 仅仅是 DNA 片段的一个抄录副本，并非细胞中永久性遗传物质，故对细胞的存活不致造成多大危害。

表 11-3 大肠杆菌 RNA 聚合酶

亚基	分子量	亚基数目	功　能
α	36512	2	决定哪些基因被转录
β	150618	1	催化聚合反应
β′	155613	1	结合 DNA 模板（开链）
σ	70263	1	辨认起始点，结合启动子

B 真核生物 RNA 聚合酶

真核生物已发现的 RNA 聚合酶有四种，分别是 RNA 聚合酶Ⅰ、RNA 聚合酶Ⅱ、

RNA 聚合酶Ⅲ和线粒体 RNA 聚合酶。它们在细胞核内的定位不同，催化合成 RNA 的种类也不同。RNA 聚合酶Ⅰ定位在核仁，催化合成 rRNA 的前体；RNA 聚合酶Ⅱ定位在核质，催化合成 mRNA 的前体；RNA 聚合酶Ⅲ定位在核质，催化合成 tRNA 和 5SrRNA；线粒体 RNA 聚合酶定位在线粒体，催化合成线粒体 RNA。

11.2.2 RNA 的转录过程

由于真核生物与原核生物的 RNA 聚合酶种类不同，其结合 DNA 模板的特性也不一样，因此，真核生物的转录过程远比原核生物的转录过程复杂，且有些过程尚未明确，但基本过程都可分为起始、延长、终止三个阶段。下面以原核生物为例，介绍转录的基本过程。

11.2.2.1 起始阶段

转录是从 DNA 分子的特定部位开始的，这个部位是 RNA 聚合酶全酶结合的部位，这一部位称为启动子。首先，RNA 聚合酶全酶中的 σ 因子辨认 DNA 的启动子，并引导全酶与启动子结合。当 RNA 聚合酶全酶与启动子结合后，启动子区域的 DNA 发生局部的构象改变，导致结构变得松弛，于是一段 DNA 双链（约十几个碱基对）被解开，暴露出 DNA 模板链。其次，RNA 聚合酶与启动子结合后，即向下游移动，在到达转录起始点后开始转录。转录的起始并不需要引物，两个相邻的核苷酸只要能与模板配对，就可以在 RNA 聚合酶的催化下形成一个以 3′,5′-磷酸二酯键连接的二核苷酸。在这个二核苷酸中，第一个（5′端）核苷酸通常是 GTP 或 ATP，GTP 更为常见，二核苷酸的 3′端有游离的羟基，可以继续加入 NTP 而使 RNA 链进一步延长。

11.2.2.2 链的延长

当第一个 3′,5′-磷酸二酯键形成后，σ 亚基从转录起始复合物上脱落。核心酶沿 DNA 模板链 3′→5′方向移动，而新生 RNA 链按碱基配对原则（A-U、T-A、G-C），以 5′→3′方向进行延伸。在延伸新生 RNA 链时，新合成的部分能暂时与模板 DNA 形成一段 8bp RNA-DNA 杂化双链。随着 RNA 链的延长，RNA 链的 5′端不断从 RNA-DNA 杂合体上解离，模板链与编码链之间恢复双螺旋结构。RNA 聚合酶在合成 RNA 时，DNA 双螺旋局部解开，形成所谓“转录泡”。大肠杆菌的 RNA 聚合酶使 DNA 双螺旋解开的范围约 17bp，上述 8bp 的 RNA-DNA 杂合体就在其中，如图 11-13 所示。新合成的 RNA 链和模板链在方向上是相反的，在碱基顺序上是互补的，但其与编码链不仅方向相同，在碱基顺序上也是相同的（只是 T 被 U 取代），RNA 链把编码链的碱基顺序抄录了过来，为蛋白质生物合成提供了条件。

11.2.2.3 终止阶段

当核心酶沿模板链滑行到终止区域，转录产物 RNA 链从转录复合物上脱落下来，转录便终止。原核生物的转录终止有以下两种类型：

（1）依赖 ρ 因子的转录终止。ρ 因子是由六个亚基组成的六聚体蛋白质，在进入终止区域后能与 RNA 聚合酶结合，并使 RNA 聚合酶别构，从而失去聚合酶活性；ρ 因子还能与 RNA 链结合，并发挥其 ATP 酶活性，催化 ATP 水解，然后利用 ATP 水解释放的能量将新合成的 RNA-DNA 杂化双链拆离，转录产物从转录复合物中释放，使转录终止。

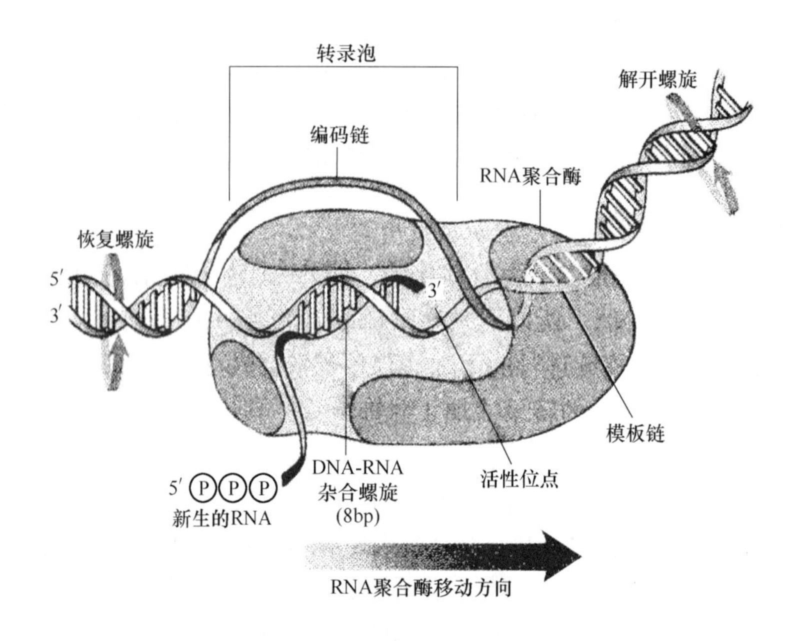

图 11-13 RNA 聚合酶沿 DNA 模板链移动合成 RNA

（2）不依赖 ρ 因子的转录终止。DNA 模板上靠近终止处有特殊的碱基序列，使转录出的这一段 RNA 形成发夹结构，从而阻止 RNA 聚合酶继续向下游滑动，使转录终止。在终止阶段，新合成的 RNA 链首先从模板链上解离出来，继而与核心酶分离，随后核心酶与双链 DNA 解离。此时解离出来的核心酶又能与 σ 因子结合，开始另一次转录过程，如图 11-14 所示。

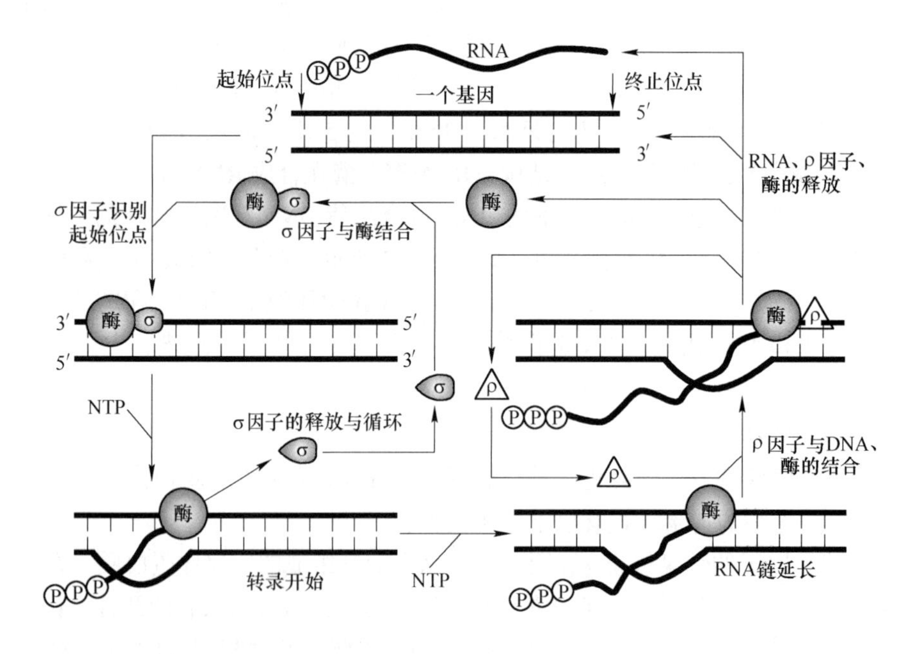

图 11-14 RNA 合成过程示意图

11.2.3 RNA 的转录后的加工与修饰

原核或真核生物的 RNA 都是以初级转录产物形式被合成的。然后这些转录产物需要经过一系列的剪切、拼接和化学修饰后才能转变为具有生物学活性的 RNA 分子，称为转录后的加工。

11.2.3.1 mRNA 的加工修饰

原核生物中转录生成的 mRNA 为多顺反子，即几个结构基因利用共同的启动子和共同终止信号经转录生成一条 mRNA，所以此 mRNA 分子编码几种不同的蛋白质。原核生物中没有核膜，所以转录与翻译是连续进行的，往往转录还未完成，翻译已经开始了，因此，原核生物转录生成的 mRNA 没有特殊的转录后加工修饰过程。真核生物转录生成的 mRNA 为单顺反子，即一个 mRNA 分子只编码一种蛋白质。加工的类型主要有以下几种：

（1）剪切及剪接，剪切就是剪去部分序列，剪接是指剪切后又将某些片段连接起来。

（2）末端添加核苷酸，例如 tRNA 的 3′末端添加—CCA。

（3）修饰，在碱基及核糖分子上发生化学修饰反应，例如 tRNA 分子中尿苷经化学修饰变为假尿苷。

A　在 5′端加“帽”

成熟的真核生物 mRNA，其结构的 5′端都有一个 m^7 甲基鸟嘌呤核苷（m^7GpppN）结构，该结构被称为帽子结构，即 5′-末端的核苷酸与 7-甲基鸟苷通过 5′-5′三磷酸连接键相连如图 11-15 所示。此过程由加帽酶和甲基转移酶催化完成，甲基由 S-腺苷基甲硫氨酸提供。帽子结构的主要功能可能是：

（1）稳定 mRNA 结构，使 mRNA 免遭核酸外切酶的攻击而降解破坏；

（2）参与 mRNA 和特异蛋白质结合，作为翻译起始必需的一种因子。

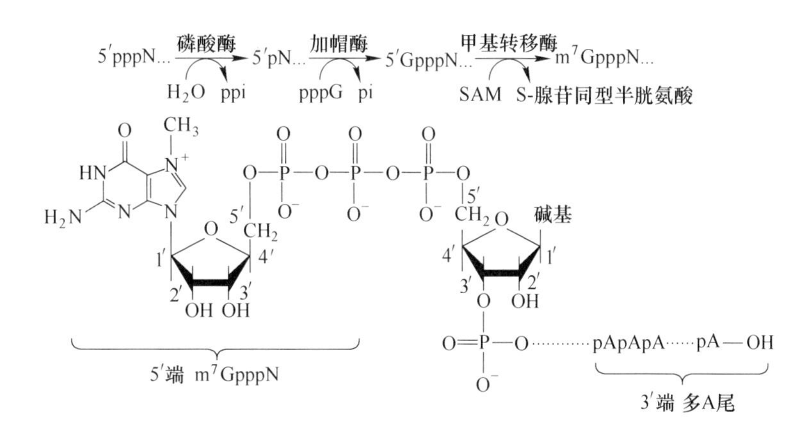

图 11-15　真核生物 mRNA 的帽子结构及形成过程

B　在 3′端接“尾巴”

大多数的真核 mRNA 都有 3′端的多 A 尾，多 A 尾大约为 200bp。多 A 尾不是由 DNA 编码的，而是转录后在核内加上去的。受多腺苷酸聚合酶催化，该酶能识别 mRNA 的游离 3′-OH 端，并加上约 200 个腺苷酸残基。多 A 尾的功能尚未明确。有人认为这种结构能维持真核 mRNA 作为翻译模板的活性，并能稳定 mRNA 结构，保持一定的生物半衰期。

C　剪接

真核生物的基因通常是一种断裂基因。也就是说，真核生物的结构基因通常是由几个编码区和非编码区相间隔但又连续镶嵌而成的，其中具有表达活性、能编码相应氨基酸的序列（编码区）称为外显子（exon）；无表达活性、不能编码氨基酸的序列（非编码区）称为内含子（intron）。通过转录，外显子和内含子均被转录到 hnRNA 中，此时，hnRNA 与它的 DNA 模板链等长。hnRNA 的剪接就是去除内含子，将外显子连接起来，变为成熟的 mRNA。这一过程大致可分为两个步骤：首先是剪开内含子的 5′端，并形成套索结构，使两个外显子相互靠拢；然后是已形成套索的内含子被剪切下来，两个外显子拼接在一起，如图 11-16 所示。哺乳动物细胞核内的 hnRNA 在剪接加工成 mRNA 时，有 50%～70% 的核苷酸链片段要被切除。

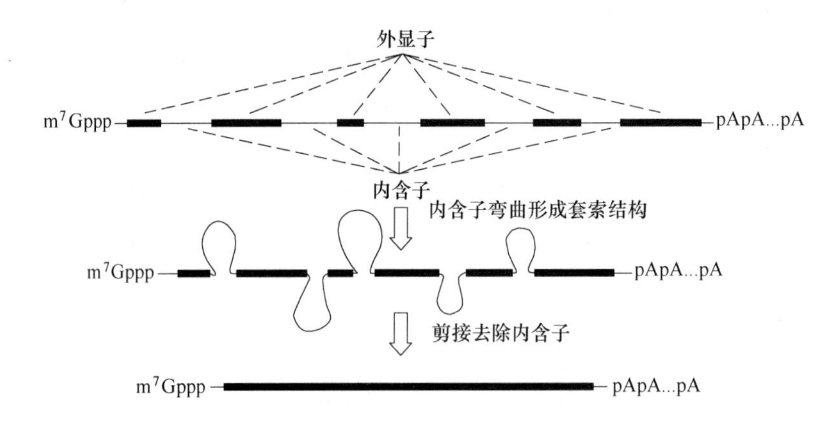

图 11-16　hnRNA 的剪接过程示意图

真核生物 mRNA 的转录后加工过程总结如图 11-17 所示。

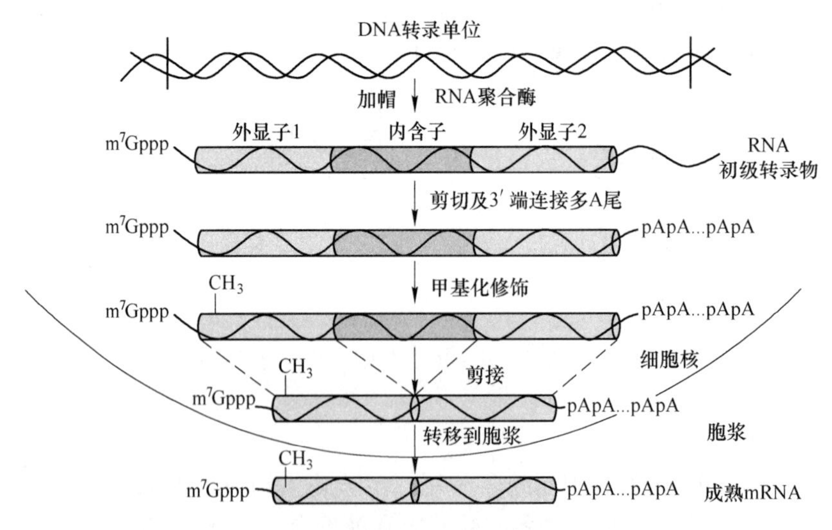

图 11-17　真核生物 mRNA 的加工过程示意图

11.2.3.2 tRNA 的加工修饰

tRNA 前体的加工包括：在酶的作用下从 5′末端及 3′末端处切除多余的核苷酸；去除内含子进行剪接作用；3′末端加 CCA 以及碱基的修饰。

A 剪接

tRNA 前体的 5′端有一个由十几个核苷酸组成的前导序列，在加工过程中由核糖核酸酶 P 剪切去除。在 tRNA 前体的反密码子环部位有插入序列，通过核酸内切酶将其切除后，再由 RNA 连接酶把两个半分子连接起来，如图 11-18 所示。

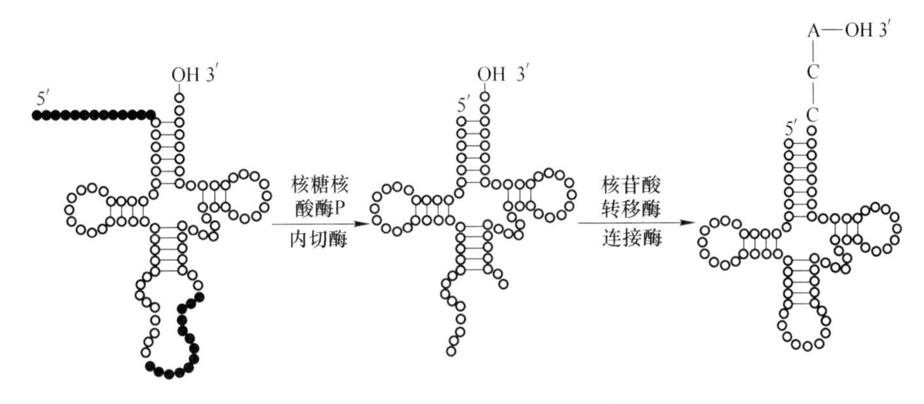

图 11-18 tRNA 的加工过程示意图

B 3′端加-CCA-OH

tRNA 前体的 3′端由核糖核酸酶 D 切除个别碱基后，再在核苷酸转移酶的催化下，连接上 tRNA 分子中统一的 CCA-OH 末端，形成柄部结构。

C 碱基修饰

在 tRNA 的加工过程中，化学修饰是非常普遍的，通过化学修饰形成 tRNA 分子中的稀有碱基，故 tRNA 分子中含有较多的稀有碱基。如嘌呤通过甲基化反应转化为甲基嘌呤；尿嘧啶通过还原反应转化为二氢尿嘧啶；腺嘌呤通过脱氨基反应转化为次黄嘌呤；尿嘧啶核苷酸通过转位反应转化为假尿嘧啶核苷酸等。

11.2.3.3 rRNA 的加工修饰

真核生物细胞核内都存在一种 45S 的转录产物，45S-rRNA 是 rRNA 基因的初级转录产物，它是 rRNA 的前体。45S-rRNA 经剪切后，先分出属于核蛋白体小亚基的 18S-rRNA，余下的部分再拼接成 5.8S 及 28S 的 rRNA，如图 11-19 所示。rRNA 成熟后，就在核仁上装配，即与核蛋白体蛋白质一起形成核蛋白体，运输至胞浆。生长中的细胞，rRNA 较稳定、静止状态的细胞，rRNA 的寿命较短。

1982 年，美国科学家 T. Cech 等人发现四膜虫编码 rRNA 前体的 DNA 序列，在没有任何蛋白质的情况下，转录出的 rRNA 前体能准确地剪接去除内含子。这种由 RNA 分子催化自身内含子剪接的过程称为自剪接。

本 章 小 结

DNA 是生物遗传的主要物质基础，通过半保留复制方式，将亲代 DNA 的全部遗传信

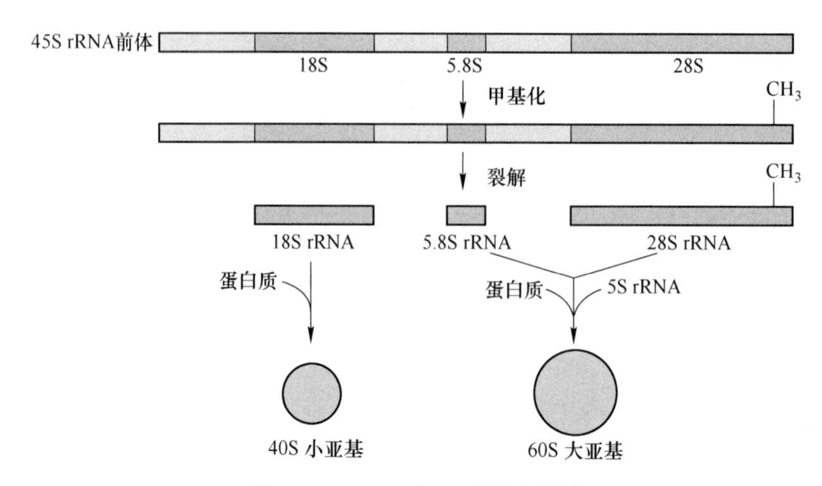

图 11-19 rRNA 加工过程示意图

息传递给子代，保证了遗传的稳定性。参与 DNA 复制的物质包括：亲代 DNA 链作为模板；四种脱氧核苷三磷酸（dNTP）作为底物；复制所需的酶类和蛋白因子（DNA 聚合酶、解螺旋酶、拓扑异构酶、引物酶、连接酶和单链 DNA 结合蛋白等）；小分子 RNA 链作为引物；供能物质 ATP 以及金属离子。大肠杆菌中 DNA 聚合酶主要有三种，分别称为 DNA 聚合酶Ⅰ、Ⅱ、Ⅲ。真核生物的 DNA 聚合酶主要有 DNA-pol α、β、γ、δ 和ε 五种。DNA 的复制有固定的起始点，同时向两个相反方向进行复制，称为双向复制。原核生物复制起始点只有一个，而真核生物可能有多个起始点，两个起始点之间的 DNA 片段，称为复制子。

DNA 的复制过程分为起始、延长和终止三个阶段。以亲代 3′→5′单链为模板，顺着解链方向连续合成的子链称为领头链；另一股链复制的方向与解链方向相反，不能顺解链方向连续延长、只能分段复制的子链称为随从链，随从链上不连续复制的 DNA 片段称为冈崎片段，DNA 的这种复制方式称为“半不连续复制”。

转录在遗传信息的流动中起中介作用，转录和复制都是核苷酸聚合成核酸大分子的过程，有不少相似之处，但又各有特点。复制需全部保留和继承亲代的遗传信息，转录是活细胞生存所需的部分信息的表达，转录有不对称性。在双链 DNA 中，指导转录的模板链称为有意义链，相对的一股单链是编码链又称反意义链。催化 NTP 聚合为由 NMP 连成的 RNA 链需要 RNA 聚合酶。原核生物 RNA 聚合酶依其亚基组成不同而有核心酶和全酶之分。真核生物的 RNA 聚合酶Ⅰ、Ⅱ、Ⅲ分别转录不同的基因。RNA 聚合酶通过辨认和结合转录模板上有特征的序列而起始转录。原核生物转录起始点前有启动子区供 RNA 聚合酶辨认和结合，转录的延长过程 DNA 双链只是局部地解开，形成一个小泡，产物 RNA 向外伸展，3′端一小段仍和模板链形成 DNA : RNA 杂化双链。已转录的 DNA 区段容易复合为双链，是由于 DNA 双链比 DNA : RNA 杂化链相对稳定。原核生物转录未结束，就可以开始翻译，原核生物的转录终止有依赖 ρ 因子和不依赖 ρ 因子两种模式，后者是靠 RNA 本身的茎环结构及随后的一串寡聚 U 而起终止转录的。

真核生物转录的初级产物需经过加工修饰。mRNA 由 hnRNA 加工而成，包括首尾修饰及剪接加工。内含子是非编码序列，通过剪接而除去，有编码功能的 mRNA 则是经剪接后由外显子串成。tRNA 的加工也需剪接过程。真核生物 rRNA 基因是丰富基因家族，转录生成的 45S-rRNA 剪接成为 5.8S、18S、28S 三种 rRNA。经过 RNA 编辑，扩展了原基因编码 mRNA 的功能。

思考题

11-1 什么是半保留复制，参与 DNA 复制的酶类及蛋白因子有哪些，功能如何？
11-2 简述原核生物 DNA 聚合酶种类及作用。
11-3 什么是逆转录作用？简述逆转录过程。
11-4 原核生物与真核生物的 RNA 聚合酶有什么异同？
11-5 RNA 的加工过程主要有几种类型的反应？举例说明。

12 蛋白质的生物合成

【学习目标】

（1）掌握 RNA 在蛋白质合成中的作用。
（2）掌握肽链的延长过程。
（3）熟悉蛋白质生物合成的原料。
（4）熟悉翻译的起始及肽链合成的终止。
（5）了解高级结构的修饰。
（6）了解蛋白质合成后的靶向运输。

蛋白质具有多种生物学功能，参与生命的几乎所有过程，是生命活动的物质基础。通常一个细胞在某一特定时刻，其生存及活动约需数千种结构蛋白质和功能蛋白质的参与。蛋白质具有高度的种属特异性，不同种属间蛋白质不能互相替代，因此各种生物的蛋白质均由机体自身合成。

蛋白质由基因编码，是遗传信息表达的主要终产物。mRNA 带有蛋白质合成的编码信息，是蛋白质合成的模板。蛋白质在机体内的合成过程，实际上就是遗传信息从 DNA 经 mRNA 传递到蛋白质的过程，此时 mRNA 分子中的遗传信息被具体地翻译成蛋白质的氨基酸排列顺序，因此这一过程也被形象地称为翻译（Translation）。从低等生物细菌到高等哺乳动物，蛋白质合成机制高度保守。

新合成的蛋白质多肽链通常并不具备生物学活性，需经过各种修饰、加工并折叠为正确构象，然后靶向运输至合适的亚细胞部位才能行使其功能。

12.1 蛋白质生物合成体系

12.1.1 三种 RNA 在蛋白质合成中的作用

蛋白质生物合成是一个由多种分子参加的复杂过程。除了需要 20 种氨基酸作为合成原料外，还需要成熟的 mRNA 作为模板，tRNA 作为氨基酸的“搬运工具”，核糖体作为蛋白质合成的“装配场所”。此外，多种氨基酸活化酶及蛋白质因子、ATP-5 GTP 和某些无机离子等也是蛋白质生物合成不可缺少的。

12.1.1.1 mRNA——蛋白质生物合成的直接模板

遗传信息以核苷酸（碱基）排列的方式贮存在 DNA 分子中。DNA 的结构基因通过转录生成 mRNA 后，mRNA 就含有与结构基因相对应的碱基排列顺序。以 mRNA 为模板合成蛋白质的多肽链时，这种碱基排列顺序就转化为多肽链中氨基酸的排列顺序。研究证明，在 mRNA 分子中，每相邻的三个核苷酸（碱基）组成一组三联体密码，决定一种氨基酸。因此，将模板 mRNA 上三个相连碱基所组成的一个三联体密码称为密码子。由于 mRNA 有 A、U、G、C 4 种碱基，密码子的个数一共就有 64 个（$4^3=64$）。在 64 个密码子中，有 61 个密码子分别代表不同的氨基酸，见表 12-1。翻译时，读码从 5′端起始密码子 AUG 开始，沿 5′→3′的方向连续往下读，直至终止密码子（UAA、UAG、UGA）。这样，多肽链中氨基酸的排列顺序就与 mRNA 中密码子的排列顺序相对应。

表 12-1 遗传密码子表

第一个核苷酸（5′端）	第二个核苷酸				第三个核苷酸（3′端）
	U	C	A	G	
U	苯丙氨酸	丝氨酸	酪氨酸	半胱氨酸	U
	苯丙氨酸	丝氨酸	酪氨酸	半胱氨酸	C
	亮氨酸	丝氨酸	终止密码	终止密码	A
	亮氨酸	丝氨酸	终止密码	色氨酸	G
C	亮氨酸	脯氨酸	组氨酸	精氨酸	U
	亮氨酸	脯氨酸	组氨酸	精氨酸	C
	亮氨酸	脯氨酸	谷氨酰胺	精氨酸	A
	亮氨酸	脯氨酸	谷氨酰胺	精氨酸	G
A	异亮氨酸	苏氨酸	天冬酰胺	丝氨酸	U
	异亮氨酸	苏氨酸	天冬酰胺	丝氨酸	C
	异亮氨酸	苏氨酸	赖氨酸	精氨酸	A
	甲硫氨酸	苏氨酸	赖氨酸	精氨酸	G
G	缬氨酸	丙氨酸	天冬氨酸	甘氨酸	U
	缬氨酸	丙氨酸	天冬氨酸	甘氨酸	C
	缬氨酸	丙氨酸	谷氨酸	甘氨酸	A
	缬氨酸	丙氨酸	谷氨酸	甘氨酸	G

遗传密码子具有以下特点。

（1）方向性。密码子在 mRNA 中的排列具有方向性，即翻译时读码只能从 mRNA 的起始密码子开始，按 5′→3′方向逐一阅读，直至终止密码子。这样，mRNA 阅读框架中从 5′端到 3′端排列的核苷酸顺序就决定了多肽链中从氨基端到羧基端的氨基酸排列顺序，即将 mRNA 的“核苷酸语言”转变为蛋白质的“氨基酸语言”。

（2）连续性。核糖体阅读 mRNA 的密码子时必须从起始密码子开始，连续翻译，不间断不重叠，直至终止密码子出现，中间没有任何核苷酸的间隔或停顿，这种现象称为密码子的连续性。由于密码子的连续性，在开放阅读框架中如果插入或缺失 1

或 2 个碱基的基因突变，会引起 mRNA 阅读框架发生移动（称为移码），使得后续的氨基酸序列大部分被改变，编码的蛋白质丧失原有生物学功能，称为移码突变，如图 12-1 所示。

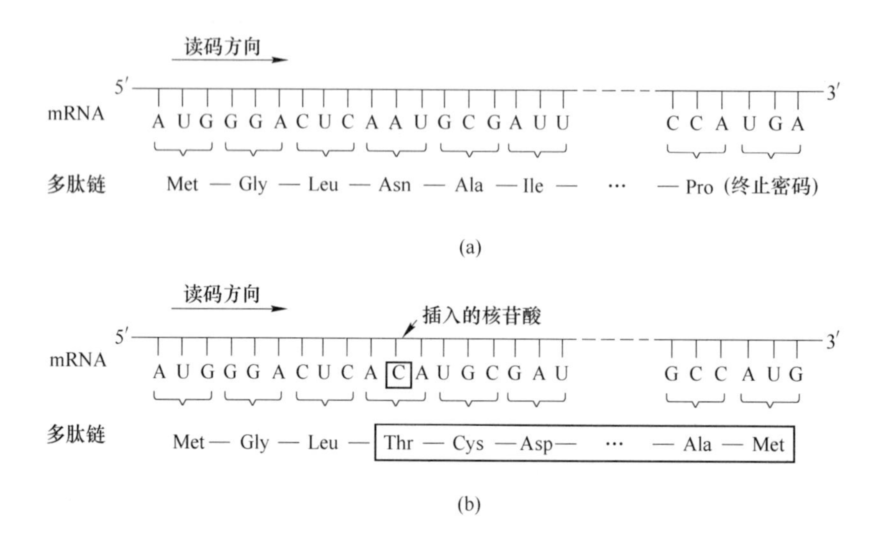

图 12-1 遗传密码的方向性、连续性及移码突变

（a）氨基酸的排列顺序对应于 mRNA 中密码子的排列顺序；（b）核苷酸插入导致移码突变

（3）简并性。一种氨基酸可能具有两个或两个以上的密码子，这一特性称为遗传密码的简并性。从遗传密码表中可以看出，除甲硫氨酸和色氨酸外，其余的每种氨基酸均有 2~3 个甚至多达 6 个密码子的亮氨酸。编码同一种氨基酸的各密码子称为同义密码子，如苯丙氨酸就有 UUU、UUC 两个同义密码子。遗传密码的简并性对于减少有害突变的影响具有一定的生物学意义。

（4）通用性。指从原核生物到人类，几乎都在使用同一套遗传密码，即遗传密码表中的这套通用密码基本上通用于生物界的所有物种，这一特征称为遗传密码的通用性。这表明各种生物是由同源进化而来的。但近些年来的研究也表明，在动物细胞的线粒体和植物细胞的叶绿体内所使用的遗传密码与通用密码有些差别。

（5）摆动性。通常 mRNA 的密码子与 tRNA 的反密码子以 A-U、G-C 互补关系相互辨认，但密码子第三位碱基与反密码子第一位碱基间的辨认有时不十分严格，这种现象称为遗传密码的摆动性。如 tRNA 的反密码子第一位稀有碱基次黄核苷（I），可分别与密码子第 3 位 U、C、A 配对，见表 12-2。可见密码子的特异性主要是由前两个核苷酸决定的（“三中读二”），这就意味着第三位碱基的突变往往不会影响氨基酸的翻译，从而使合成的蛋白质结构不变。

表 12-2 密码子与反密码子的摆动配对关系

tRNA 反密码子第一位碱基	I	U	G	A	C
mRNA 密码子第三位碱基	U、C、A	A、G	U、C	U	G

知识链接

遗传密码的破译

1954 年物理学家 G. Gamow 在《自然》明确提出“遗传密码”的概念。他通过数学推算，认为密码翻译时 3 个核苷酸决定 1 个氨基酸，4^3种核苷酸可有 4 种排列组合方式，即 64 个密码子。这一伟大的猜想被 M. W. Nirenberg 等用“体外无细胞体系”的实验证实。1961 年，在莫斯科召开的国际生物化学代表大会上，M. W. Nirenberg 宣布了他们破译的第一个密码子 UUU（苯丙氨酸密码子），标志着人类破译遗传密码的开端。另外，H. G. Khorana 等采用放射性元素标记氨基酸，确定了半胱氨酸等的密码子。经过多位科学家近 5 年的共同努力，于 1966 年确定了 64 个密码子的意义。M. W. Nirenberg、H. G. Khorana 和 R. W. Holley 这三位科学家因此共同荣获 1968 年诺贝尔生理学或医学奖。

12.1.1.2 tRNA——氨基酸的“搬运工具”

tRNA 在蛋白质生物合成中具有活化及转运氨基酸和辨认 mRNA 中密码子的作用。作为蛋白质合成原料的 20 种氨基酸各有其特定的 tRNA 运输，一种 tRNA 只能转运一种特定的氨基酸，而一种氨基酸可由数种 tRNA 来转运，所以细胞中有数十种 tRNA。

胞质中的氨基酸需要 tRNA 搬运到核糖体上才能合成多肽链，所以，tRNA 起着“搬运工具”的作用。除了充当“搬运工具”的角色外，tRNA 还起“适配器”的作用，即 mRNA 中密码子的排列顺序通过 tRNA“改写”成多肽链中氨基酸的排列顺序。

tRNA 分子的结构有两个关键部位，一个是氨基酸结合部位；另一个是 mRNA 结合部位。氨基酸结合部位是 tRNA 氨基酸臂的 3′-CCA-OH。在翻译开始之前的准备阶段，各种氨基酸在相应的氨酰 tRNA 合成酶催化下分别加载到各自的 tRNA 上，形成氨酰 tRNA，这一过程称为氨基酸的活化与转运。tRNA 与 mRNA 的结合部位是 tRNA 的反密码子。tRNA 的反密码子能与 mRNA 中相应的密码子互补结合，于是 tRNA 所携带的氨基酸就准确地在 mRNA 上“对号入座”，从而使肽链中氨基酸按 mRNA 规定的顺序排列起来，如图 12-2 所示。

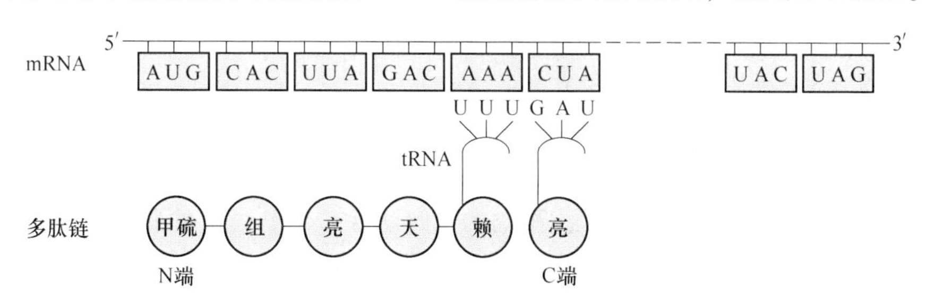

图 12-2 tRNA 的“适配器”作用

12.1.1.3 rRNA——核蛋白体是蛋白质合成的场所

核糖体是由 rRNA 和几十种蛋白质所组成的复合体。参与蛋白质生物合成的各种成分最终都要在核糖体上将氨基酸合成多肽链，所以核糖体是蛋白质生物合成的场所。核糖体有两类：一类附着于粗面内质网，参与清蛋白、胰岛素等分泌性蛋白质的合成；另一类游离于胞质，参与细胞内固有蛋白质的合成。核糖体由大、小两个亚基构成。亚基中各含有不同的蛋白质和 rRNA，按一定的空间位置镶嵌成为细胞内显微镜下可见的大颗粒。

核糖体的小亚基具有单独结合 mRNA 模板的能力，当大、小亚基聚合成核糖体时，大、小亚基之间具有容纳 mRNA 的部位，核糖体能沿 mRNA 向 3′端方向移动，使遗传密码被逐个地翻译成氨基酸。

核糖体的大亚基上有三个 tRNA 结合位点：氨酰基位（A 位）是结合各种氨酰 tRNA 的位置；肽酰基位（P 位）是结合肽酰 tRNA 的位置；排出位（E 位）是空载 tRNA 占据的位置。真核生物的核糖体上没有 E 位，空载的 tRNA 直接从 P 位脱落。转肽酶位于 P 位与 A 位之间，在转肽酶的作用下，P 位的肽酰基被转移到 A 位氨酰 tRNA 的 α-氨基上，两者之间形成肽键，这样，A 位上的氨基酸就被添加到肽链之中，于是肽链便得以延长，如图 12-3 所示。

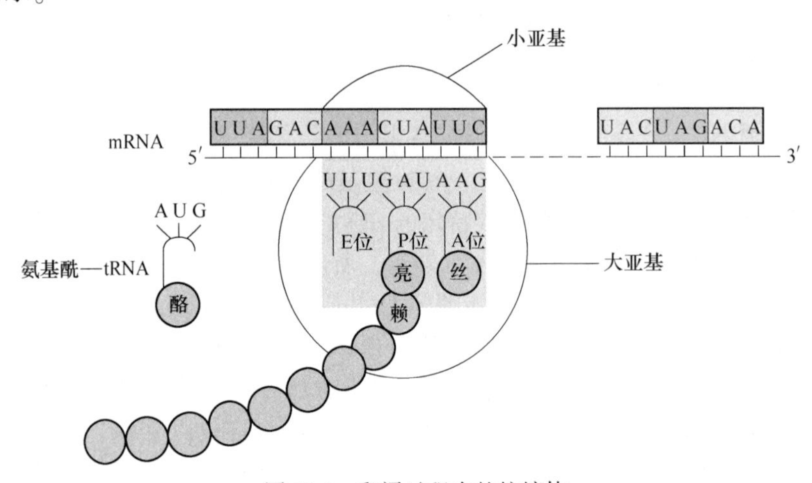

图 12-3 翻译过程中的核糖体

12.1.2 参与蛋白质生物合成的重要酶类及蛋白质因子

12.1.2.1 重要的酶类

蛋白质生物合成过程中的重要酶有：

(1) 氨酰 tRNA 合成酶，催化氨基酸的活化；

(2) 转肽酶，存在于核糖体的大亚基上，是核糖体大亚基的组成成分，它催化核糖体 P 位上的肽酰基转移至 A 位氨酰 tRNA 的 α-氨基上，使酰基与氨基结合形成肽键，它受释放因子的作用后发生别构，表现出酯酶的水解活性，使 P 位上的肽链与 tRNA 分离；

(3) 转位酶，其活性依赖于延伸因子 G，催化核糖体向 mRNA 的 3′端移动一个密码子的距离，使下一个密码子定位于 A 位。

12.1.2.2 蛋白质因子

在蛋白质生物合成的各阶段，除需要酶类的作用外，还有很多重要的蛋白质因子参与反应。这些蛋白质因子有：

(1) 起始因子（Initiation Factor，IF），原核生物和真核生物的起始因子分别用 IF 和 eIF 表示。

(2) 延伸因子 (Elongation Factor, EF), 原核生物和真核生物的延伸因子分别用 EF 和 eEF 表示。

(3) 释放因子 (Release Factor, RF), 又称终止因子, 原核生物和真核生物的释放因子分别用 RF 和 eRF 表示。

每一种蛋白质因子都具有一定的生物学功能。原核生物中参与蛋白质生物合成的各种蛋白质因子及其生物学功能见表 12-3。

表 12-3 原核生物参与蛋白质生物合成的各种蛋白质因子及其生物学功能

蛋白因子	种类	生物学功能
起始因子	IF-1	占据 A 位, 防止结合其他 tRNA
	IF-2	促进 fMet-RNA^{fMet}与小亚基结合
	IF-3	促进大、小亚基分离, 提高 P 位对结合 fMet-tRNA^{fMet}的敏感性
延伸因子	EF-Tu	促进氨基酰-tRNA 进入 A 位, 结合并分解 GTP
	EF-Ts	调节亚基
	EF-G	有转位酶活性, 促进 mRNA 肽酰-tRNA 由 A 位移至 P 位, 促进 tRNA 卸载与释放
释放因子	RF-1	识别 UAA、UAG, 诱导转肽酶变为酯酶
	RF-2	识别 UAA、UGA, 诱导转肽酶变为酯酶
	RF-3	有 GTP 酶活性, 能介导 RF-1 及 RF-2 与核糖体的相互作用

此外, 参与蛋白质生物合成的还有能源物质和无机离子, 参与蛋白质生物合成的能源物质有 ATP 和 GTP, 无机离子主要有 Mg^{2+}和 K^+等。

12.2 蛋白质生物合成过程

12.2.1 肽链的合成

蛋白质的生物合成是一系列酶促反应的连续过程, 其基本过程是把许多氨基酸分子连接成多肽链。包括氨基酸的活化与转运、多肽链的合成与翻译后的加工修饰等过程才能形成有生物活性的蛋白质。

多肽链的合成是蛋白质生物合成的中心环节, 分为多肽链合成的起始、延长和终止三个阶段。具体步骤在原核生物和真核生物中有所不同, 现以原核生物为例分述如下。

12.2.1.1 氨基酸的活化

氨基酸活化是指氨基酸与特异 tRNA 结合形成氨酰 tRNA 的过程。催化该反应的酶是氨酰 tRNA 合成酶, 可特异地识别 tRNA 和氨基酸两种底物, 反应不可逆, 消耗两个高能磷酸键。其反应式为:

$$\text{氨基酸} + \text{tRNA} + \text{ATP} \xrightarrow{\text{氨酰 tRNA 合成酶}} \text{氨酰 tRNA} + \text{AMP} + \text{PPi} \qquad (12\text{-}1)$$

tRNA 与氨基酸的结合是相对特异的, 即一种氨基酸可以和 2~6 种 tRNA 特异地结合。一方面, tRNA 通过其 3′端 CCA-OH 与氨基酸羧基以共价键结合; 另一方面, 通过反密码子与 mRNA 上密码子相识别, 从而将所携带的氨基酸准确地运到指定的位置合成肽链。

12.2.1.2 多肽链的合成

多肽链合成是指氨基酸活化后，在核糖体上缩合形成多肽链的过程。该过程包括肽链合成的起始、延长、终止阶段。

A 起始阶段

（1）核糖体大、小亚基的分离。首先，IF-3、IF-1 与核糖体小亚基结合，促使核糖体的大、小亚基分离，以便小亚基接下来与 mRNA 及 $fMet\text{-}tRNA^{fMet}$结合。

（2）mRNA 在小亚基上定位结合。各种原核生物 mRNA 起始密码子 AUG 上游 8～13 个核苷酸部位，存在一富含嘌呤碱基的序列，如—AGGAGG—，称为 S-D 序列。在原核生物核糖体小亚基的 16S rRNA3′端有一富含嘧啶的序列，能与 S-D 序列配对，如—UCCUCC—，这两段序列的碱基配对使 mRNA 与小亚基进行结合。

（3）起始 $fMet\text{-}tRNA^{fMet}$的结合。翻译起始时 IF-1 占据 A 位，不与任何氨酰 tRNA 结合。当起始 $fMet\text{-}tRNA^{fMet}$在 IF-2 和 GTP 参与下，形成 $fMet\text{-}tRNA^{fMet}$-IF2-GTP，可识别并结合 mRNA 上的起始密码子 AUG，并促进 mRNA 的起始密码子准确地就位于大亚基 P 位所对应的位置。

（4）核糖体大亚基结合。mRNA、$fMet\text{-}tRNA^{fMet}$与小亚基结合后，核糖体大亚基进入，与小亚基结合。此时，与 IF-2 结合的 GTP 水解释放能量，促使三种 IF 相继脱落，形成由核糖体、mRNA、$fMet\text{-}tRNA^{fMet}$组成的翻译起始复合物。在该起始复合物上，结合起始密码子 AUG 的 $fMet\text{-}tRNA^{fMet}$占据 P 位，而 A 位空着，为延长阶段的进位做好准备，如图 12-4 所示。

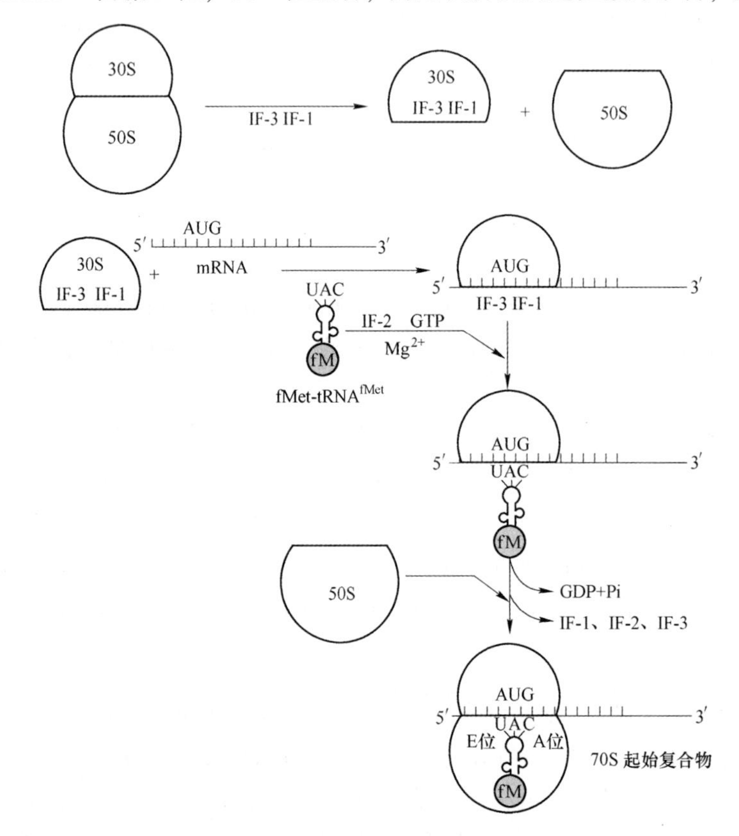

图 12-4 原核生物肽链合成的起始阶段

B 延长阶段

翻译起始复合物形成后，即对 mRNA 链上的遗传信息进行连续翻译，使肽链合成并延长。延长阶段是一个循环过程，又称核糖体循环。每个循环包括进位、成肽和转位三个步骤（见图 12-5），每一次循环多肽链增加一个氨基酸残基。

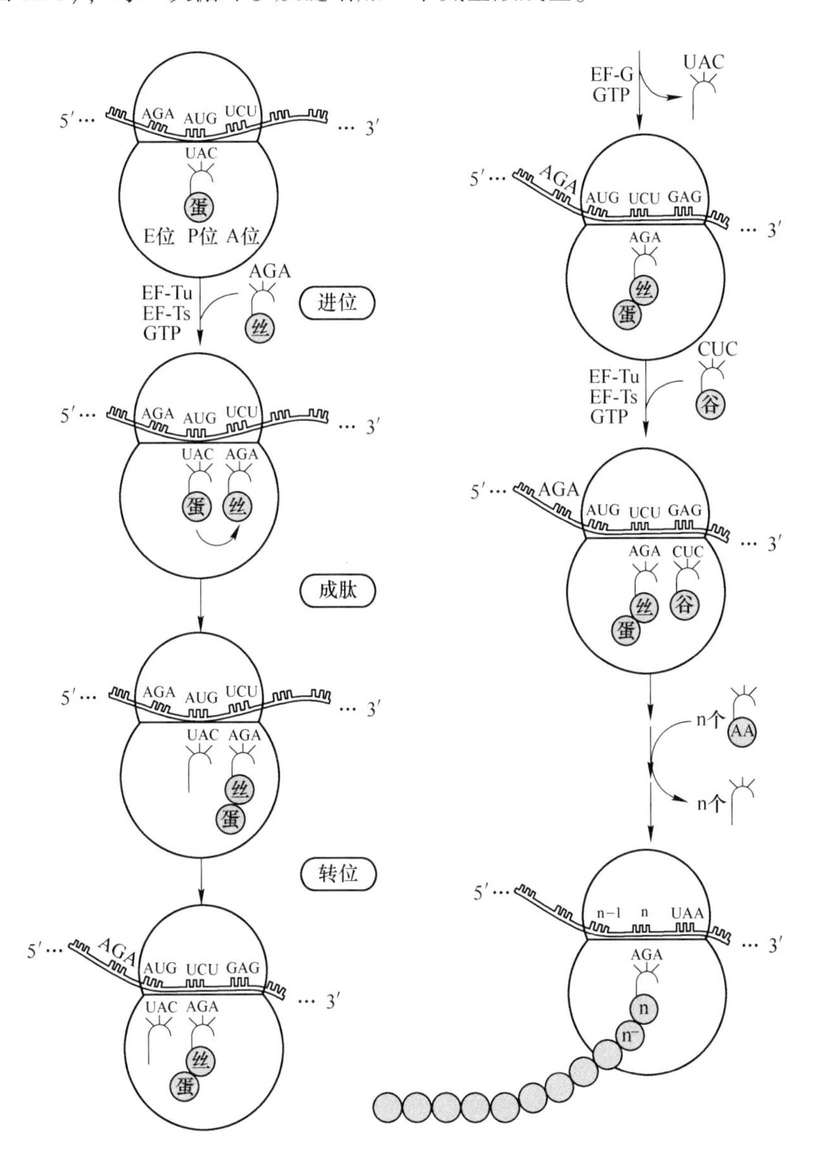

图 12-5 原核生物肽链合成的延长阶段

a 进位

进位又称为注册，是指一个氨酰 tRNA 按 mRNA 模板的指引进入并结合于核糖体 A 位的过程。进位之前，核糖体的 A 位是空着的。根据 mRNA 位于 A 位的密码子，具有互补反密码子的氨酰 tRNA 进入 A 位。此时密码子与反密码子配对，氨酰 tRNA 进入 A 位。进位时需要 EF-Tu/TS、Mg^{2+}参与和 GTP 供能。

b　成肽

在核糖体大亚基上转肽酶的催化下，P 位上肽酰 tRNA 的肽酰基（或 fMet-tRNA^{fMet}的甲酰甲硫氨酰基）转移到 A 位，并与 A 位上的氨酰 tRNA 的 α-氨基结合形成肽键。成肽过程需要 Mg^{2+}和 K^{+}的存在。成肽后，处在核糖体 A 位上的肽酰 tRNA 的肽链中就增加一个氨基酸残基。

c　转位

在转位酶的催化下，核糖体向 mRNA 的 3′端移动一个密码子的距离，肽-tRNA 及其相应的密码子从 A 移到 P 位，空载 tRNA 移至 E 位，A 位空出，mRNA 模板的下一个密码子进入 A 位，为另一个能与之对号入座的氨酰 tRNA 的进位做好准备。当下一个氨酰 tRNA 进入 A 位时，位于 E 位上的空载 tRNA 脱落。这一过程需要 EF-G、Mg^{2+} 参与以及 GTP 供能。

在延长阶段，每经过一次进位-成肽-转位的循环之后，肽链中的氨基酸残基数目就增加一个。可见进位、成肽、转位反复进行，多肽链就按 mRNA 上密码顺序不断从 N 端向 C 端延长。

C　终止阶段

如果转位后 mRNA 上的终止密码子出现在核糖体的 A 位，则各种氨酰 tRNA 都不能进位，此时能够进位的只有释放因子（RF）。RF 进位后，转肽酶的构象发生改变，它不再起转肽作用，而是表现出水解酶的活性，将 P 位上肽链与 tRNA 之间的酯键水解，从而使肽链从核糖体上脱落。随后，GTP 水解为 GDP 和 Pi，使 tRNA、mRNA 与终止因子从核糖体脱落，核糖体也在 IF-3 和 IF-1 的作用下解离成大、小亚基，如图 12-6 所示。大、小亚基又可进入下一轮核糖体循环。

以上讨论的只是一个核糖体合成肽链的情况。实际上，在同一条 mRNA 链上依次结合了多个核糖体，排列成串珠样结构，每个核糖体各自进行翻译合成一条相同的多肽链。这样，一条 mRNA 链就可以被多个核糖体翻译，使翻译的速度大大加快。这种一条 mRNA 链上依次结合多个核糖体所形成的串珠样聚合物称为多核糖体，如图 12-7 所示。

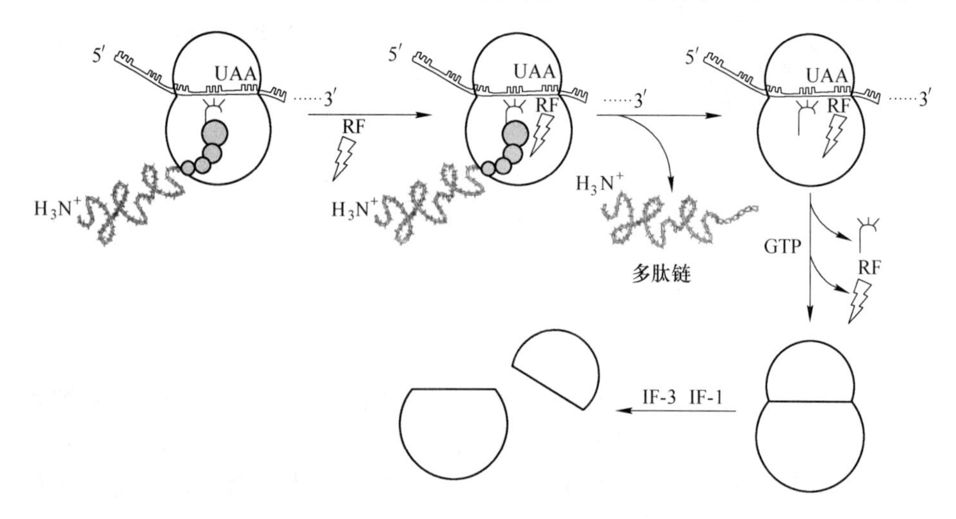

图 12-6　原核生物肽链合成的终止阶段

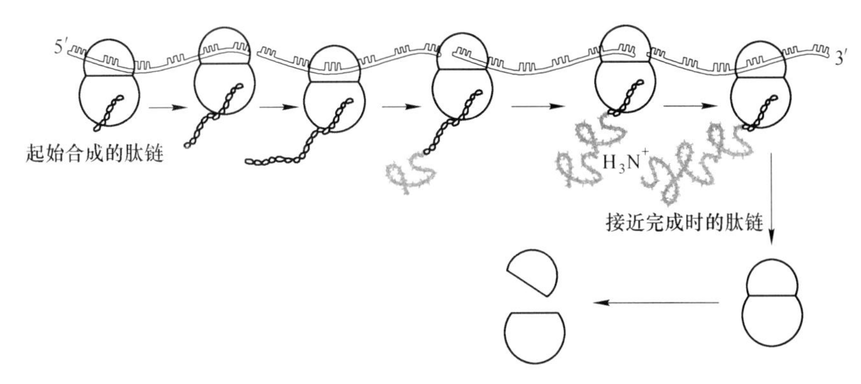

图 12-7　多核糖体循环

12.2.2　肽链合成后的加工与修饰

新合成的多肽链不具有蛋白质的生物学活性，必须经过进一步加工与修饰才能转变为具有一定生物学活性的蛋白质，这一过程称为翻译后的加工。翻译后的加工包括多肽链折叠、肽链一级结构的修饰、空间结构的修饰等。在新合成的蛋白质中，有的保留于胞质，有的被运输到细胞器或镶嵌于细胞膜，还有的被分泌到细胞外，并通过体液运输到其发挥作用的靶细胞。

12.2.2.1　多肽链折叠

新合成的多肽链需要逐步折叠形成正确的天然空间构象。细胞中大多数天然蛋白质的折叠都不是自动完成的，其折叠过程需要折叠酶（蛋白质二硫键异构酶、肽基脯氨酰基顺反异构酶等）和分子伴侣（热休克蛋白、伴侣蛋白等）参与。分子伴侣（molcular chaperone）是蛋白质合成过程中形成特定空间结构的控制因子，在新生肽链的折叠和穿膜进入细胞器的转位过程中起关键作用。

12.2.2.2　多肽链水解剪裁

（1）切除肽链 N 端的起始甲硫氨酸。新合成肽链的起始氨基酸均为甲酰甲硫氨酸（原核生物）或甲硫氨酸（真核生物）。在肽链合成之后或在肽链延长的过程中，起始甲硫氨酸就在细胞内氨基肽酶的作用下被水解而切除。

（2）切除信号肽。分泌性蛋白质合成之后将被定向地转移到特定部位发挥其功能，大多数靶向输送到溶酶体、质膜或分泌到细胞外的蛋白质，其肽链的 N 端有一段特异氨基酸序列，能引导蛋白质定向转移，这一特异氨基酸序列称为信号序列或信号肽。信号肽完成它的穿膜使命之后，即在信号肽酶的作用下被水解切除。

（3）其他形式的水解修饰。一些无活性的蛋白质前体可在特异性蛋白水解酶的作用下，去除其中某些肽段，从而使它们的分子结构发生改变，产生具有不同活性的蛋白质或多肽。如胰岛素原水解去除 C 肽生成胰岛素，鸦片促黑皮质素原水解后可生成促肾上腺皮质激素、促黑激素、内啡肽等活性物质。

12.2.2.3　多肽链中氨基酸侧链的共价修饰

编码蛋白质的氨基酸只有 20 种，但蛋白质分子中有 100 多种修饰性氨基酸，修饰性氨基酸是翻译后经特异加工形成的，它们对蛋白质生物学功能的发挥至关重要。

A 羟基化

胶原蛋白分子中含有较多的羟脯氨酸和羟赖氨酸，它们是胶原蛋白前体的赖氨酸、脯氨酸残基羟基化而成的。羟脯氨酸和羟赖氨酸是成熟胶原形成链间共价交联结构的基础。

B 磷酸化

丝氨酸、苏氨酸和酪氨酸是一类含有羟基的氨基酸，翻译后它们的羟基可以被磷酸化。代谢途径中的某些酶蛋白通过分子中酪氨酸残基的磷酸化和去磷酸化来改变酶的活性，这些磷酸化的氨基酸往往是酶活性中心的成分。此外，氨基酸的修饰还包括氨基酸的酯化、甲基化、糖苷化等。

C 二硫键的形成

多肽链内或链间的二硫键是在肽链合成之后，通过两个半胱氨酸残基的巯基氧化而成的。二硫键可维系和稳定蛋白质的天然构象，避免蛋白质受环境因素影响而变性。

D 辅基的连接

蛋白质分为单纯蛋白质和结合蛋白质两大类。各种结合蛋白质在多肽链合成之后，还须进一步与相应的辅基结合，才能成为具有特定功能的天然蛋白质。能与多肽结合的辅基种类很多，常见的有色素、糖类、脂质、核酸、磷酸、金属离子等。

E 亚基的聚合

具有四级结构的蛋白质，其分子中包含两个以上的亚基。各亚基必须通过非共价键聚合在一起后才能转变为成熟的功能蛋白质。如人血红蛋白就是由两个 α 亚基和两个 β 亚基聚合而成的四聚体（$\alpha_2\beta_2$）。亚基的聚合不一定都要等到辅基连接以后才能进行，有时，辅基的连接和亚基的聚合是可以同时进行的。

12.2.3 蛋白质的靶向输送

蛋白质合成后，有的留在胞质或内质网中，有的则被输送到细胞核、线粒体、溶酶体、高尔基体等部位。大多数情况下，被输送的蛋白质分子需穿过膜性结构，才能送到特定场所。蛋白质被准确无误的定向输送到其执行功能的场所称为靶向输送。这是由多肽链中的信号肽和相应的靶膜或靶细胞器上的信号肽受体来完成的。分泌型蛋白质的定向输送时，多肽链中的信号肽被胞液中的信号肽识别粒子识别并特异结合，然后再通过信号肽识别粒子与膜上的对接蛋白识别并结合后，将所携带的蛋白质输送到功能场所。

信号肽是在多肽链氨基末端合成的一段大约 15～30 个以疏水氨基酸残基为主的氨基酸序列。信号肽可引导合成的多肽链穿过内质网或各种膜结构。

本章小结

蛋白质分子是由一个个氨基酸通过肽键连接起来的，在细胞内这种连接必须依靠核蛋白体循环来完成。mRNA 携带合成蛋白质分子中氨基酸排列顺序的遗传信息。这是由 mRNA 每 3 个相邻碱基组成一个遗传密码来体现的，遗传密码共有 64 个。其中 UAA、UAG、UGA 代表终止信号；AUG 不仅代表起始信号，还代表甲硫氨酸；其余的密码均代表氨基酸的信息。tRNA 携带特异的氨基酸，同时它的反密码子可识别 mRNA 上的密码子，核蛋白体 A 位上的氨基酰基和 P 位上的肽酰基在转肽酶的作用下形成肽键。

氨基酸在合成蛋白质前要经活化形成氨基酰-tRNA，这就是氨基酸的活化。肽链合成分为起始、延长、终止三个阶段。原核生物起始阶段由甲酰甲硫氨酰-tRNA、mRNA 和核蛋白体大、小亚基构成翻译起始复合体。延长阶段包括进位、成肽和转位三个步骤，重复这三个步骤使肽链不断延长。终止阶段，在终止因子参与下，转肽酶将合成的肽链水解离开核蛋白体，核蛋白体也从 mRNA 脱落，重新进入又一个循环，蛋白质合成时，在一条 mRNA 链上，可同时结合着多个核蛋白体，同时合成相同的多条肽链。

合成的多肽链，需经加工修饰后，才能成为具有生物学活性的蛋白质。加工修饰过程包括水解、加入辅基、进行羟化、形成二硫键等等。多聚体构成的蛋白质还要经过聚合过程。

思 考 题

12-1 对蛋白质合成机制的研究有何重要意义？

12-2 遗传密码子的特点是什么？

12-3 简述三种 RNA 在蛋白质合成中的作用。

12-4 简述蛋白质生物合成过程。

13　重组 DNA 技术

【学习目标】

（1）掌握重组 DNA 技术的基本概念。

（2）掌握重组 DNA 技术工具酶种类、常用载体的使用特点。

（3）掌握重组 DNA 技术基本原理及操作步骤。

（4）了解重组 DNA 技术的应用。

分子生物学研究之所以从 20 世纪中叶开始得到高速发展，其中最主要的原因可能是现代分子生物学研究方法、特别是基因操作和基因工程技术的进步。基因操作主要包括 DNA 分子的切割与连接、核酸分子杂交、凝胶电泳、细胞转化、核酸序列分析以及基因的人工合成定点突变和 PCR 扩增等，是分子生物学研究的核心技术。基因工程是指在体外将核酸分子插入病毒、质粒或其他载体分子，构成遗传物质的新组合，使之进入新的宿主细胞内并获得持续稳定增殖能力和表达。该项技术其实是核酸操作的一部分，只不过我们在这里强调了外源核酸分子在另一种不同的宿主细胞中的繁衍与性状表达。事实上，这种跨越天然物种屏障把来自任何生物的基因置于毫无亲缘关系的新的宿主生物细胞之中的能力，是基因工程技术区别于其他技术的根本特征。

13.1　重组 DNA 技术

重组 DNA 技术又称分子克隆、DNA 克隆或基因工程，是指通过体外操作将不同来源的两个或两个以上 DNA 分子重新组合，并在适当细胞中扩增形成新功能 DNA 分子的方法，其主要过程包括：在体外将目的 DNA 片段与能自主复制的遗传元件（又称载体）连接，形成重组 DNA 分子，进而在受体细胞中复制、扩增及克隆化，从而获得单一 DNA 分子的大量拷贝。在克隆目的基因后，还可针对该基因进行表达产物蛋白质或多肽的制备以及基因结构的定向改造。

13.1.1　重组 DNA 技术中常用的工具酶

在重组 DNA 技术中，常需要些工具酶用于基因的操作。例如，对目的 DNA 进行处理时，需利用序列特异性限制性核酸内切酶（Restriction Endonuclease，RE），RE 在准确的位置切割 DNA，使较大的 DNA 分子成为一定大小的 DNA 片段；构建重组 DNA 分子时，必须在 DNA 连接酶催化下才能使 DNA 片段与载体共价连接。此外，还有一些工具酶也是重组 DNA 时所必不可少的。

13.1.1.1　限制性核酸内切酶

限制性核酸内切酶（RE）简称为限制性内切酶或限制酶，是一类核酸内切酶，能识别双链 DNA 分子内部的特异序列并裂解磷酸二酯键。除极少数 RE 来自绿藻外，绝大多数来自细菌，RE 对甲基化的自身 DNA 分子不起作用，仅对外源 DNA 切割，因此对细菌遗传性性状的稳定具有重要意义。

A　RE 的分类及其特点

目前发现的 RE 有 6000 多种。根据 RE 的组成、所需因子及裂解 DNA 方式的不同可分为三种类型，即Ⅰ、Ⅱ和Ⅲ型。Ⅰ型和Ⅲ型酶为复合功能酶，同时具有限制和 DNA 修饰两种作用，且不在所识别的位点切割 DNA（即特异性不强）；Ⅱ型酶能在 DNA 双链内部的特异位点识别并切割，故其被广泛用作“分子剪刀”，对 DNA 进行精确切割。因此，重组 DNA 技术中所说的 RE 通常指Ⅱ型酶。

B　RE 的命名原则

RE 的命名采用 Smith 和 Nathane 提出的属名与种名相结合的命名法，即第一个字母是酶来源的细菌署名的首字母，用大写斜体；第二、三个字母是细菌菌种名的首字母，用小写斜体；第四个字母（有时无）表示细菌的特定菌株，用大写或小写；罗马数字表示 RE 在此菌种发现的先后顺序。例如，*EcoR* Ⅰ(*E* = *Escherichia*)，埃希菌属；*co-coli*，大肠杆菌菌种；R = RY3，菌株名；Ⅰ，为从此菌中第一个分离获得的 RE。

C　RE 识别及切割特异 DNA 序列

Ⅱ型 RE 的识别位点通常为 6 或 4 个碱基序列，个别的 RE 识别 8 或 8 个以上碱基序列。表 13-1 列举了部分Ⅱ型 RE 的识别位点。大多数 RE 的识别序列为回文序列（Palindrome)。回文结构是指在两条核苷酸链的特定位点，从 5′→3′方向的序列完全一致。例如，*EcoR* Ⅰ的识别序列，在两条链上的 5′→3′序列均为 GAATTC。

表 13-1　Ⅱ型 RE 的识别位点举例

RE	识别位点	RE	识别位点
Apa Ⅰ	GGGCC′C C′CCGGG	*Sma* Ⅰ	CCC′GGG GGG′CCC
BamH Ⅰ	G′GATCC CCTAG′G	*Sau*3A Ⅰ	GATC′ CTAG
Pst Ⅰ	CTGCA′G G′ACGTC	*Not* Ⅰ	GC′GGCCGC CGCCGG′CG
EcoR Ⅰ	G′AATTC CTTAA′G	*Sfi* Ⅰ	GGCCNNN′NGGCC CCGGN′NNNCCGG

注：′代表切割位点；N 代表任意碱基

13.1.1.2　DNA 连接酶

A　DNA 连接酶的分类

DNA 连接酶是生物体内重要的酶，其所催化的反应在 DNA 的复制和修复过程中起着重要的作用。DNA 连接酶分为两大类：一类是利用 ATP 的能量催化两个核苷酸链之间形成磷酸二酯键的依赖 ATP 的 DNA 连接酶；另一类是利用烟酰胺腺嘌呤二核苷酸（NAD^+）的能量催化两个核苷酸链之间形成磷酸二酯键的依赖 NAD^+的 DNA 连接酶。

B　DNA 连接酶的功能

DNA 连接酶也称 DNA 黏合酶，在分子生物学中扮演一个既特殊又关键的角色，那就是连接 DNA 链 3′-OH 末端和另一 DNA 链的 5′-P 末端，使二者生成磷酸二酯键，从而把两段相邻的 DNA 链连成完整的链。连接酶的催化作用需要消耗 ATP。随着分子生物学的进展，几乎大多数的分子生物实验室都会利用 DNA 黏合酶来进行重组 DNA 的实验，或许这也可以被归类为其另一种重要的功能。

C　DNA 连接酶的性质

大肠杆菌的 DNA 连接酶是一条多肽链。对胰蛋白酶敏感，可被其水解。水解后形成的小片段仍具有部分活性，可以催化酶与 NAD 反应形成酶-AMP 中间物，但不能继续将 AMP 转移到 DNA 上促进磷酸二酯键的形成。DNA 连接酶在大肠杆菌细胞中约有 300 个分子，和 DNA 聚合酶Ⅰ的分子数相近。因为 DNA 连接酶的主要功能就是在 DNA 聚合酶Ⅰ催化聚合，填满双链 DNA 上的单链间隙后封闭 DNA 双链上的缺口。这在 DNA 复制、修复和重组中起着重要的作用，连接酶有缺陷的突变株不能进行 DNA 复制、修复和重组。

13.1.2　重组 DNA 技术中常用的载体

载体是为携带目的外源 DNA 片段、实现外源 DNA 在受体细胞中无性繁殖或表达蛋白质所采用的一些 DNA 分子，按其功能可分为克隆载体和表达载体两大类，有的载体兼有克隆和表达两种功能。

13.1.2.1　克隆载体

克隆载体（Cloning Vector）是指用于外源 DNA 片段的克隆和在受体细胞中扩增的 DNA 分子，一般具备的基本特点：

（1）至少有一个复制起点使载体能在宿主细胞中自主复制，并能使克隆的外源 DNA 片段得到同步扩增；

（2）至少有个选择标志（Selection Marker），从而区分含有载体和不含有载体的细胞；

（3）有适宜的 RE 单一切点，可供外源基因插入载体。常用克隆载体主要有质粒、噬菌体 DNA 等。

质粒克隆载体是重组 DNA 技术中最常用的载体。可以是天然质粒，更多是人工改造的质粒。质粒是细菌染色体外的、能自主复制和稳定遗传的双链环状 DNA 分子，具备作为克隆载体的基本特点。

λ 和 M13 噬菌体 DNA 常用作克隆载体。可以归纳成两种不同的类型：一种是插入型载体，只具有一个可供外源 DNA 插入的克隆位点；另一种是替换型载体，具有成对的克隆位点，在这两个位点之间的 DNA 区段可以被外源插入的 DNA 片段所取代。

在基因克隆中，二者的用途不尽相同。插入型载体只能承受较小分子量（一般在 10kb 以内）的外源 DNA 片段的插入，广泛应用于 cDNA 及小片段 DNA 的克隆。而替换型载体则可承受较大分子量的外源 DNA 片段的插入，所以适用于克隆高等真核生物的染色体 DNA。

M13 噬菌体是一类特异的雄性大肠埃希菌噬菌体，基因组为一长度 6.4kb 的且彼此同源性很高的单链闭环 DNA 分子。只感染雄性大肠埃希菌，但 M13 噬菌体 DNA 可以传导进入雌性大肠埃希菌。M13 子代噬菌体通过细胞壁挤出，并不杀死细菌，但细菌生长速度缓慢。

该类噬菌体作为克隆载体，可以通过质粒提取技术在细菌培养物中获取。M13 噬菌体主要用于克隆单链 DNA。

13.1.2.2 表达载体

表达载体（expression vector）是指用来在宿主细胞中表达外源基因的载体，依据其宿主细胞的不同可分为原核表达载体（prokaryotic expression vector）和真核表达载体（eukaryotic expression vector），它们的区别主要在于为外源基因提供的表达元件。

A 原核表达载体

该类载体用于在原核细胞中表达外源基因，由克隆载体发展而来，除了具有克隆载体的基本特征外，还有供外源基因有效转录和翻译的原核表达调控序列，如启动子、核糖体结合位点即 SD 序列（Shine-Dalagarno sequence）、转录终止序列等。原核表达载体的基本组成如图 13-1 所示。目前应用最广泛的原核表达载体是 *E. coli* 表达载体。

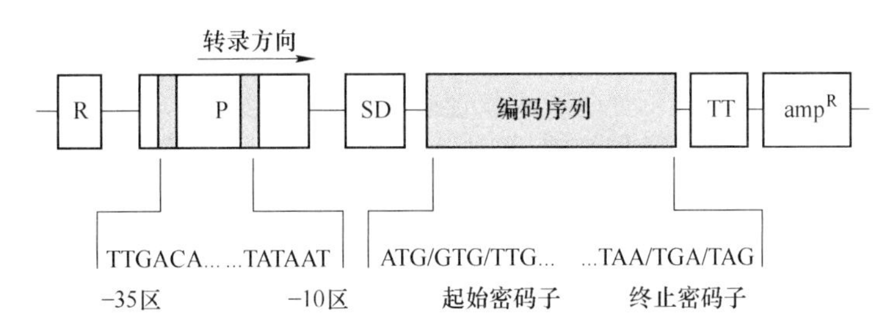

图 13-1 原核表达载体的基本框架

R—调节序列；P—启动子；SD—SD 序列；T—转录终止序列；amp^R—氨苄西林抗性基因

B 真核表达载体

该类载体用于在真核细胞中表达外源基因，也是由克隆载体发展而来的，除了具备克隆载体的基本特征外，所提供给外源基因的表达元件是来自真核细胞的。真核表达载体一般具备的特点包括：

（1）含有必不可少的原核序列，如复制起点、抗生素抗性基因、多克隆酶切位点（MCS）等，用于真核表达载体在细菌中复制及阳性克隆的筛选；

（2）真核表达调控元件，如真核启动子、增强子、转录终止序列、poly（A）加尾信号等；

（3）真核细胞复制起始序列，用于载体或基因表达框架在真核细胞中的复制；

（4）真核细胞药物抗性基因，用于载体在真核细胞中的阳性筛选。

13.1.3 重组 DNA 技术的基本原理及操作步骤

13.1.3.1 提取目的基因

分离获取目的 DNA 的方法主要有以下几种。

（1）化学合成法。该方法可直接合成目的 DNA 片段，通常用于小分子肽类基因的合成，其前提是已知某基因的核苷酸序列，或能根据氨基酸序列推导出相应核苷酸序列。一般先合成两条完全互补的单链，经退火形成双链，然后克隆于载体。

（2）直接分离法。直接分离基因最常用的方法是“鸟枪法”，又称为“散弹射击法”。鸟枪法的具体做法是：用限制酶将供体细胞中的DNA切成许多片段，将这些片段分别载入运载体；然后通过运载体分别转入不同的受体细胞，让供体细胞提供的DNA（即外源DNA）的所有片段分别在各个受体细胞中大量复制（在遗传学中称为扩增，如使用PCR技术），从中找出含有目的基因的细胞；再用一定的方法把带有目的基因的DNA片段分离出来。例如，许多抗虫抗病毒的基因都可以用上述方法获得。

13.1.3.2　目的基因与运载体结合

目的基因与运载体结合是实施基因工程的第二步，也是基因工程的核心。进行DNA克隆的目的主要有两个方面：一是获取目的DNA片段，而是获取目的DNA片段所编码的蛋白质。针对第一种目的，通常选用克隆载体；针对第二种目的，需选择表达载体。另外选择载体时还要考虑目的DNA的大小、受体细胞的种类和来源等因素。

将目的基因与运载体结合的过程，实际上是不同来源的DNA重新组合的过程。依据目的DNA和线性化载体末端的特点，可以采用不同的连接的策略。主要连接策略如下。

A　黏端连接

依靠酶切后的黏性末端进行连接，不仅连接效率高，也具有方向性和准确性。根据酶切策略不同可有以下几种黏端连接策略。

（1）单一相同黏端连接。如果目的DNA序列两端和线性化载体两端为同一RE（或同切点酶，或同尾酶）切割所致，那么所产生的黏端完全相同。这种单一相同黏端连接时会有三种连接结果：载体自连（载体自身环化）、载体与目的DNA连接和DNA片段自连。可见，这种连接的缺点是：容易出现载体自身环化、目的DNA可以双向插入载体（即正向和反向插入）及多拷贝连接现象，从而给后续筛选增加了困难。

（2）不同黏端连接。如果用两种不同的RE分别切割载体和目的DNA，则可使载体和目的DNA的两端均形成两个不同的黏端，这样可以让外源DNA定向插入载体。这种使目的基因按特定方向插入载体的克隆方法称为定向克隆（directed cloning）。当然，定向克隆也可通过一端为平端，另一端为黏端的连接方法来实现。定向克隆可有效避免载体自连和DNA片段的反向插入和多拷贝现象。

B　平端连接

若目的DNA两端和线性化载体两端均为平端，则两者之间也可在DNA连接酶的作用下进行连接，其连接结果有载体自连、载体与目的DNA连接和DNA片段自连，但连接效率都较低。为了提高连接效率，可采用提高连接酶用量、延长连接时间、降低反应温度、增加DNA片段与载体的摩尔比等措施。平端连接同样存在载体自身环化、目的DNA双向插入和多拷贝现象等缺点。

C　黏-平端连接

黏-平末端连接是指目的DNA和载体通过一端为黏端、另一端为平端的方式进行连接。以该方式连接时，目的DNA被定向插入载体（定向克隆），连接效率介于黏端和平端连接之间。可采用提高平端连接效率的措施提高该方式的连接效率。

13.1.3.3　将目的基因导入宿主细胞

重组DNA转入宿主细胞后才能得到扩增。基因工程中常用的宿主细胞有大肠杆菌、土壤农杆菌、酵母菌和动植物细胞等，这样的宿主细胞称为工程细胞。工程细胞具有较强的接纳外源 DNA 的能力，可保证外源 DNA 长期、稳定地遗传或表达。将重组 DNA 导入宿主细胞的常用方法有如下几种：

（1）转化。转化（transformation）是指将外源 DNA 直接导入细菌、真菌的过程，例如，重组质粒导入大肠埃希菌。然而，只有细胞膜通透性增加的细菌才容易接受外源 DNA，这样的细菌称作感受态细胞（competent cells）。实现转化的方法包括化学诱导法（如氯化钙法）、电穿孔（electroporation）法等。此外，将质粒 DNA 直接导入酵母细胞以及将黏粒 DNA 导入细菌的过程也称作转化。

（2）转染。转染（transfection）是指将外源 DNA 直接导入真核细胞（酵母除外）的过程。常用的转染方法包括化学方法（如磷酸钙共沉淀法、脂质体融合法等）和物理方法（如显微注射法、电穿孔法等）。此外，将噬菌体 DNA 直接导入受体细菌的过程也称作转染。

（3）感染。感染（infection）是指以病毒颗粒作为外源 DNA 运载体导入宿主细胞的过程。例如，以噬菌体、逆转录病毒、腺病毒等 DNA 作为载体构建的重组 DNA 分子，经包装形成病毒颗粒后进入宿主细胞。

知识链接

多莉的诞生

1997 年 2 月 27 日英国爱丁堡罗斯林（Roslin）研究所的伊恩·维尔莫特科学研究小组向世界宣布，世界上第一头克隆绵羊“多莉”（Dolly）诞生，这一消息立刻轰动了全世界。“多莉”的产生与三只母羊有关。一只是怀孕三个月的芬兰多塞特母绵羊，两只是苏格兰黑面母绵羊。芬兰多塞特母绵羊提供了核内全套遗传信息，即提供了细胞核（称之为供体）；一只苏格兰黑面母绵羊提供无细胞核的卵细胞；另一只苏格兰黑面母绵羊提供羊胚胎的发育环境——子宫，是“多莉”羊的“生”母。其整个克隆过程简述如下：从芬兰多塞特母绵羊的乳腺中取出乳腺细胞，将其放入低浓度的营养培养液中，细胞逐渐停止了分裂，此细胞称之为供体细胞；给一头苏格兰黑面母绵羊注射促性腺素，促使它排卵，取出未受精的卵细胞，并立即将其细胞核除去，留下一个无核的卵细胞，此细胞称之为受体细胞；利用电脉冲的方法，使供体细胞和受体细胞发生融合，最后形成了融合细胞，由于电脉冲还可以产生类似于自然受精过程中的一系列反应，使融合细胞也能像受精卵一样进行细胞分裂、分化，从而形成胚胎细胞；将胚胎细胞转移到另一只苏格兰黑面母绵羊的子宫内，胚胎细胞进一步分化和发育，最后形成一只小绵羊。出生的“多莉”小绵羊与多塞特母绵羊具有完全相同的外貌。从理论上讲，多莉继承了提供体细胞的那只芬兰多塞特母绵羊的遗传特征，它是一只白脸羊，而不是黑脸羊。分子生物学的测定也表明，它与提供细胞核的那头羊，有完全相同的遗传物质（确切地说，是完全相同的细胞核遗传物质。还有极少量的遗传物质存在于细胞质的线粒体中，遗传自提供卵母细胞的受体），它们就像是一对隔了 6 年的双胞胎。

13.1.3.4 目的基因的筛选和检测

目的基因导入受体细胞后，是否可以稳定维持和表达其遗传特性，只有通过检测与鉴定才能知道。这是基因工程的第四步工作。重组DNA分子导入宿主细胞后，可通过载体携带的选择标记或目的DNA片段的序列特征进行筛选和检测，从而获得含重组DNA分子的宿主细胞。筛选和检测的方法主要有遗传标志筛选法、序列特异性筛选法等。

（1）借助载体上的遗传标志进行筛选检测。载体上通常携带可供重组体筛选的遗传标志，如抗生素抗性基因等，据此可对含重组DNA的宿主细胞进行筛选。

利用抗生素抗性标志筛选：将含有某种抗生素抗性基因的重组载体转化宿主细胞，然后在含相应抗生素的培养液中培养此细胞，若细胞能在这种条件下生长，则说明细胞中至少应含有导入的载体，但是否是插入目的DNA的载体，还需要进一步鉴定。若细胞中没有载体，则被抗生素杀死。

（2）序列特异性筛选。根据序列特异性筛选的方法包括RE酶切法、PCR法、核酸杂交法、DNA测序法等。

PCR反应在带透明盖的塑料小管中进行，激发光可以直接透过管盖，激发荧光探针。荧光探针事先混合在PCR反应液中，只有与DNA结合后，才能够被激发出荧光。随着新合成目的DNA片段的增加，结合到DNA上的荧光探针增加，被激发产生的荧光也相应增加。最简单的DNA结合的荧光探针是非序列特异性的，例如荧光染料SYBR *Green* I，激发光波长520nm，这种荧光染料只能与双链DNA结合。

13.1.3.5 克隆基因的表达

采用重组DNA技术还可进行目的基因的表达，实现生命科学研究、医药或商业目的，这是基因工程的最终目标。基因表达涉及正确的基因转录、mRNA翻译、适当的转录后及翻译后的加工过程，这些过程对于不同的表达体系是不同的。克隆目的基因，进而大量地表达出有特殊意义的蛋白质，已成为重组DNA技术中一个专门的领域，这就是重组蛋白质表达。在蛋白质表达领域，表达体系的建立包括表达载体的构建、宿主细胞的建立及表达产物的分离、纯化等技术和策略。基因工程中的表达系统包括原核和真核表达体系。

A 原核表达体系

大肠杆菌是当前采用最多的原核表达体系，其优点是培养方法简单、迅速、经济而又适合大规模生产工艺。

原核表达载体的必备条件：运用大肠杆菌表达有用的蛋白质必须使构建的表达载体符合下述标准：

（1）含大肠杆菌适宜的选择标志；

（2）具有能调控转录产生大量mRNA的强启动子；

（3）含适当的翻译控制序列，如核糖体结合位点和翻译起始点等；

（4）含有合理设计的多克隆位点，以确保目的基因按一定方向与载体正确连接。

大肠杆菌表达体系在实际应用中尚存在一些不足之处，诸如：

（1）由于缺乏转录后加工机制，对于真核基因来说大肠杆菌表达体系只能表达经逆转录合成的cDNA编码产物，不宜表达从基因组DNA上扩增的基因。

（2）由于缺乏适当的翻译后加工机制，真核基因的表达产物在大肠杆菌表达体系中往往不能被正确地折叠或糖基化修饰。

B 真核表达体系

真核表达体系除与原核表达体系有相似之处外，一般还常有自己的特点。真核表达载体通常含有供真核细胞用的选择标记、启动子、转录和翻译终止信号、mRNA的poly(A)加尾信号或染色体整合位点等。

真核表达体系有酵母、昆虫、哺乳类细胞等，不仅可以表达克隆的cDNA，也可表达从真核基因组DNA扩增的基因。哺乳类细胞表达的蛋白质通常总是被适当的修饰，而且表达的蛋白质会恰当地分布在细胞内一定区域并积累。因此，采用真核表达体系的优势是：

(1) 具有转录后加工机制；

(2) 具有翻译后修饰机制；

(3) 表达的蛋白质不形成包含体（酵母除外）；

(4) 表达的蛋白质不易被降解。

当然，操作技术难、费时、费钱是其缺点。

13.2 重组DNA技术的应用

目前，重组DNA技术已广泛应用于生命科学和医学研究，疾病诊断与防治、法医学鉴定、物种的修饰与改造等诸多领域，对医学临床及医学研究的影响日益增大。

13.2.1 重组DNA技术广泛应用与生物制药

利用重组DNA技术生产有应用价值的药物是当今医药发展的一个重要方向，有望成为21世纪的支柱产业之一。该技术一方面可用于改造传统的制药工业，如利用该基因可改造制药所需要的工程菌种或创建新的工程菌种，从而提高抗生素、维生素、氨基酸等药物的产量；另一方面利用该技术生产有药用价值的蛋白质/多肽及疫苗抗原等产品，重组人胰岛素是利用该技术生产的世界上第一个基因工程产品。目前上市的基因工程药物已百种以上，表13-2中仅列出部分药物和疫苗。

表13-2 利用重组DNA技术制备的部分蛋白质多肽类药物及疫苗

产品名称	主要功能
组织纤溶酶原激活剂	抗凝血，溶解血栓
凝血因子Ⅷ/Ⅸ	促进凝血，治疗血友病
粒细胞-巨噬细胞集落刺激因子	刺激白细胞生成
促红细胞生成素	促进红细胞生成，治疗贫血
多种生长因子	刺激细胞生长于分化
生长激素	治疗侏儒症
胰岛素	治疗糖尿病
多种白细胞介素	调节免疫，调节造血
肿瘤坏死因子	杀伤肿瘤细胞，调节免疫，参与炎症
骨形态形成蛋白	修复骨缺损，促进骨折愈合

续表 13-2

产品名称	主要功能
人源化单克隆抗体	利用其结合特异性进行临床诊断，肿瘤靶向治疗
重组乙肝疫苗（HBsAg VLP）	预防乙型肝炎
重组 HPV 疫苗（L1 VLP）	预防 HPV 感染
重组 B 亚单位霍乱菌苗	口服预防霍乱

利用重组 DNA 技术，可以让细菌、酵母等低等生物成为制药工厂，也使基因工程细菌成为各类生物基因的储藏所；可以将小鼠杂交瘤细胞人源化，让其产生人源化抗体；可以制造基因工程病毒，使病毒保留免疫原性，缺乏感染性或变成不含核酸的类病毒颗粒（virus-like particle，VLP）。

13.2.2 重组 DNA 技术是医学研究的重要技术平台

重组 DNA 技术可用于医学研究的很多方面，诸如遗传修饰动物模型的建立、遗传修饰细胞模型的建立、基因获得或丧失对生物功能的影响等。

A 遗传修饰动物模型的医用研究

重组 DNA 技术可用于遗传修饰动物模型的研制，从而建立人类疾病的动物模型。目前已经建立了诸多人类疾病的遗传修饰动物模型，用于研究癌症、糖尿病、肥胖、心脏病、老化、关节炎等；遗传修饰猪模型的应用，可望增加从猪到人器官移植（pig to human organ transplantation）的成功率；改造蚊子的基因组，使其产生对疟疾的免疫反应，可望消灭疟疾。

B 遗传修饰细胞模型在医学研究中的应用

重组 DNA 技术也可用于遗传修饰细胞模型的建立，从而用于基因替代治疗/靶向治疗，或体内示踪。体细胞基因治疗（somatic gene therapy）已经在 X-连锁联合免疫缺陷病（X-linked SCID）、慢性淋巴细胞白血病（chronic lymphocytic leukemia，CLL）和帕金森病进行了临床研究，这是在人体上进行遗传工程的研究。改造 T 淋巴细胞，让其携带嵌合抗原受体（chimeric antigen receptor，CAR），从而达到靶向治疗疾病的 CAR-T 细胞也是采用重组 DNA 技术实现的。例如，人 T 细胞经基因操作成为靶向 CD19 的 CAR-T，用于治疗难治性慢性 B 淋巴瘤。将绿色荧光蛋白（green fluorescent protein，GFP）与细胞内的某些蛋白相融合，可使细胞变成具有示踪作用的发光细胞。

C 基因及基因功能的获得及丧失的研究

基因工程生物或细胞模型可用来发现一些基因的新功能，或发现新基因，一般可通过基因的获得（如转基因）或丧失（如基因敲除）进行研究，也可通过示踪实验（如 GFP 融合蛋白）研究基因表达产物的定位或相互作用信息等，或通过报告基因（如 GFP 或催化特定底物的酶）与不同启动子相融合的方法实现对基因表达调控的研究。

13.2.3 重组 DNA 技术是基因及其表达产物研究的技术基础

重组 DNA 技术已经成为基因或基因功能获得或丧失研究的技术基础，也是基因表达产物相互作用研究的技术基础。

A　在基因组水平上干预基因

重组 DNA 技术是基因打靶（包括基因敲除和基因敲入）及基因组编辑等的技术基础。例如基因敲除（gene knock-out）传统的方法是利用同源重组的原理，用目的基因替换基因组上的特定基因，要实现这一目标，需要将目的基因克隆到合适的载体上，并在其两侧加上待敲除基因上的部分序列，使重组 DNA 进入细胞后能通过同源重组替换基因组的目标基因。条件性基因打靶（conditional gene targeting）是在目的基因两侧构建了 Cre 重组酶的切割位点。基因组编辑（genome editing）是指一类能定向地在基因组上改变基因序列的技术，其中，CRISPR/Cas9 系统是目前应用最多的、脱靶最少的基因组编辑技术，也是细菌抵抗病毒感染的一种获得性免疫机制。利用 CRISPR/Cas9 基因组编辑技术对特定基因进行改造，也需要在体外构建含导向 crRNA（guide crRNA，gcrRNA）和 Cas9 编码基因的重组载体，然后将这种重组载体导入受体细胞，才能实现在基因组水平定向地改变特定基因的目的。

B　在 RNA 水平上干预基因的功能

RNA 干扰（RNA interference，RNAi）是通过干扰小 RNA（small interference RNA，siRNA）与靶 RNA 结合，从而阻止基因表达的方法。siRNA 可以直接采用化学法合成，也可以利用 DNA 克隆技术构建干扰小发夹 RNA，即将编码 siRNA 反向互补序列和间隔序列（linker）克隆入合适的载体，在细胞内转录合成干扰小发夹 RNA，实现 RNA 干扰目的。

C　研究蛋白质的相互作用

重组 DNA 技术也是蛋白质相互作用研究的技术基础。例如，酵母双杂交系统（yeast two-hybrid system）是利用分别克隆转录因子 DNA 结合结构域（DNA binding domain，DBD）和转录激活结构域（transcription activating domain，TAD）的融合基因，对 DBD-融合蛋白和 TAD-融合蛋白的融合部分的潜在相互作用能力进行研究。

本 章 小 结

重组 DNA 技术是指通过体外操作将不同来源的两个或两个以上 DNA 分于重新组合，并在适当细胞中扩增形成新的功能 DNA 分子的方法。基本操作包括以下五步：

（1）获取目的 DNA；

（2）选择和准备载体；

（3）目的 DNA 与载体连接；

（4）重组 DNA 导入受体细胞；

（5）重组体的筛选、鉴定及克隆化。

依据载体的不同，重组的目的基因可在原核或真核细胞中表达。限制性核酸内切酶、DNA 连接酶等是重组 DNA 技术常用的重要工具酶。

拟克隆的基因称为目的基因。获取目的基因的方法包括化学合成、从基因组文库或 cDNA 文库的调取或 PCR 扩增等。载体是指能携带目的基因在受体细胞中复制成表达的 DNA 分子，可分为克隆载体和表达载体。克隆载体应至少具备复制位点、供目的基因插入的单一酶切位点或多克隆酶切位点和筛选标志，表达载体除了具备克隆载体的一般特征外，还应具备供目的基因在受体细胞中表达的转录单位及必要元件，如真核表达载体的 poly（A）加尾信号。筛选和鉴定重组体的方法主要有遗传标志筛选法、序列特异性筛选法、亲和筛选法等。

表达目的基因的体系包括原核表达体系和真核表达体系，两者各具优势和不足。常用的原核表达体系是大肠埃希菌表达体系，操作简便，但缺乏对基因表达产物的加工修饰；常用的真核表达体系有酵母表达体系、昆虫表达体系和哺乳细胞表达体系。

重组 DNA 技术已经成为基因工程制药的重要技术平台，包括重组蛋白质、重组多肽、重组病毒或类病毒颗粒、人源化单克隆抗体等多种药物都是采用重组 DNA 技术完成的；重组 DNA 技术也是医学研究的重要平台技术，遗传修饰的各种模式生物已经成为人类疾病研究的重要模型；重组 DNA 技术也是基因及其功能研究的技术基础，包括基因打靶、基因组编辑、RNA 干扰及蛋白质相互作用等的技术都是以重组 DNA 技术为基础的。

思考题

13-1 DNA 重组技术，其实施必须具备的四个必要条件是什么？

13-2 限制性内切酶识别序列的特点是什么？

13-3 重组 DNA 的连接方式有哪些？

13-4 简述重组 DNA 技术在医学上有哪些重要应用？

14 基因诊断和基因治疗

【学习目标】

(1) 熟悉基因诊断的基本概念及特点。

(2) 熟悉基因诊断的基本技术及医学应用。

(3) 熟悉基因治疗的基本概念和主要途径。

(4) 熟悉基因治疗的基本程序及主要医学应用。

(5) 了解基因治疗的发展前景和当前存在的问题。

人类几乎所有的疾病都与基因结构和表达变化有关，都是遗传因素和环境因素相互作用的结果。人体自身基因结构和功能发生异常，以及外源性病毒、细菌的致病基因在人体的异常表达，都可以引起疾病。因此，分析基因的结构与功能、从基因水平检测和分析疾病的发生，确定发病原因及疾病的发病机制，评估个体对疾病的易感性，进而采用针对性的手段矫正疾病紊乱状态，是现代分子生物学发展的新方向。基因诊断和基因治疗已成为现代分子生物学的重要内容之一。是现代分子生物学重要的研究领域，具有重大的理论和实践意义。

14.1 基 因 诊 断

14.1.1 基因诊断的概念及特点

14.1.1.1 基因诊断是针对 DNA 和 RNA 的分子诊断

从广义上说，凡是用分子生物学技术对生物体的 DNA 序列及其产物（如 mRNA 和蛋白质）进行的定性、定量分析，都称为分子诊断（Molecule Diagnosis）。从技术角度讲，目前的分子诊断方法主要是针对 DNA 分子的，涉及功能分析时，还可定量检测 RNA（主要是 mRNA）和蛋白质等分子。通常将针对 DNA 和 RNA 的分子诊断称为基因诊断。

绝大部分疾病的表型是由基因结构及其功能异常或外源性病原体基因的异常表达造成的，这也是疾病发生的根本原因。因此以遗传物质作为诊断目标，可以在临床症状和表型发生改变前做出早期诊断，属于病因诊断，并且基因诊断的结果还能够提示疾病发生的分子机制。大多数疾病的发生过程都存在基因结构和表达水平的改变。单基因病主要由病人某种基因突变，致使其编码的蛋白质的生物学功能发生改变。而心血管疾病、糖尿病、高血压、阿尔茨海默病等疾病不具有典型的孟德尔遗传模式，这一类疾病具有明显的家族遗传倾向，与某些遗传标记有显著的关联性，其致病原因尚未清楚。可能与基因组多个较微弱的基因效能累加有关，称为遗传学疾病或多基因病，肿瘤的发生发展具有多因素和多阶段性，在每一个阶段都可能发生基因结构与功能的改变；面对于感染性疾病来说，病原体的侵入必定使病人体内存在病原体的遗传物质。基因诊断正是通过检测与分析基因结构与功能（包括外源病原体基因）及基因表达的异常改变，从而对疾病进行诊断。

14.1.1.2 基因诊断的优势

A 特异性强

基因诊断属于病因诊断，具有高度的特异性。采用分子生物学技术能够检测出这些特异的碱基序列，从而判断病人是否发生与携带某些基因突变，以及是否存在外源性病原体基因，从而做出特异性诊断。

B 灵敏度高

基因诊断常利用PCR和核酸杂交的技术手段。目前临床上，常常把核酸杂交技术与PCR技术联合使用，用于检测微量的病原体基因及其拷贝数极少的各种基因突变，具有较高的灵敏度。

C 可进行快速和早期判断

绝大部分疾病都可以应用分子生物学技术进行基因水平的检测，甚至可以在表型未发生改变的情况下进行准确的早期诊断。与传统的诊断技术相比，基因诊断的过程更为简单与直接，如采用细菌培养技术对感染性疾病做出诊断通常需要数天的时间，而采用基因诊断技术只需数个小时。

D 适用性强、诊断范围广

采用基因诊断技术不仅可以在基因水平上对大多数疾病进行诊断，还能对有遗传病家族史的致病基因携带者做出预警诊断，也能对有遗传病家族史的胎儿进行产前诊断。基因诊断也可以用于评估个体对肿瘤、心血管疾病、精神疾病、高血压等多基因病的易感性和患病风险，以及进行疾病相关状态的分析，包括疾病的分期分型、发展阶段、抗药性等方面。另外，基因诊断还可以快速检测不易在体外培养和在实验室中培养安全风险较大的病原体，如艾滋病病毒、肝炎病毒、流行性感冒病毒等。

14.1.2 基因诊断的基本技术

从理论上来讲，所有检测基因表达水平或基因结构的方法都可用于基因诊断。基因诊断的基本方法几乎全部基于核酸分子杂交和PCR技术，或上述两种技术的联合应用。常用于基因诊断的基本方法主要有核酸分子杂交技术、PCR、DNA测序和基因芯片技术等。

14.1.2.1 核酸分子杂交技术

核酸分子杂交技术是基因诊断的最基本的方法之一。不同来源的DNA或RNA在一定的条件下，通过变性和复性可形成杂化双链。因此通过选择一段带有放射性核素、生物素或荧光物质等可检测标志物的特定序列的核酸片段作为探针，对其放射性核素、生物素或荧光染料进行标记，然后与目的核酸进行杂交反应，通过标记信号的检测就可以对未知的目的核酸进行定性或定量分析。

A DNA印迹法

DNA印迹法又称Southern印迹法，是最为经典的基因分析方法，不但可以检测特异的DNA序列，还能用于进行基因的限制性内切核酸酶图谱和基因定位，可以区分正常和突变样品的基因型，并可获得基因缺失或插入片段大小等信息。DNA印迹实验结果可靠，但操作烦琐，费时费力，而且要使用放射性核素，这些因素使其难以作为一种常规的临床诊断手段得以广泛开展。

B RNA 印迹法

RNA 印迹法又称 Northern 印迹法，是通过标记的 DNA 或 RNA 探针与待测样本 RNA 杂交，能够对组织或细胞的总 RNA 或 mRNA 进行定性或定量分析，及基因表达分析。Northern 印迹杂交对样品 RNA 纯度要求非常高，限制了该技术在临床诊断中的应用。

C 原位杂交

原位杂交是细胞生物学技术与核酸杂交技术相结合的一种核酸分析方法，核酸探针与细胞标本或组织标本中核酸杂交，可对特定核酸序列进行定量和定位分析。基因诊断中利用原位杂交技术能够显示目的核酸序列的空间定位的特点，可以检出含有特定核酸序列的具体细胞，包括其在样品中的位置数量及类型。

D 荧光原位杂交

荧光原位杂交技术是将荧光素或生物素等标记的寡聚核苷酸探针与细胞或组织变性的核酸杂交，可对待测 DNA 进行定性、R 定量或相对定位分析。在基因诊断中，FISH 的优势在于对任何给定的基因组区域进行特异性杂交，对中期分裂象染色体及间期细胞核进行分析，可以获得传统显带技术所无法检测到的染色体信息。

14.1.2.2 PCR 技术

PCR 技术能够极其快速、特异性地在体外进行基因或 DNA 片段的扩增，具有较高的灵敏度。近年来，以 PCR 为基础的相关实验技术发展迅速，广泛地应用于致病基因的发现、核酸序列分析、DNA 多态性分析、遗传疾病及感染性疾病的基因诊断等领域。

PCR 的基本工作原理是在体外模拟体内 DNA 复制的过程。以待扩增的 DNA 分子为模板，用两条寡核苷酸片段作为引物，分别在拟扩增片段的 DNA 两侧与模板 DNA 链互补结合，提供 3′-OH 末端；在 DNA 聚合酶的作用下，按照半保留复制的机制沿着模板链延伸直至完成间条新链的合成。不断重复这一过程，即可使目的 DNA 片段得到扩增。PCR 技术可以直接用于检测待测特定基因序列的存在与缺失。分析疾病相关基因的缺失或突变，或者据此确定病原体基因存在与否。如跨越基因缺失成插入部位的 PCR 技术，又称裂口 PCR（gap-PCR），因其简便灵敏而更适用于临床诊断。该方法的思路是：设计并合成一组序列上跨越突变（缺失或插入）断裂点的引物，将待测 DNA 样本进行 PC 扩增；然后进行琼脂糖凝胶电泳，以扩增片段的大小直接判断是否存在缺失或插入突变。又如多重 PCR 是一种实用可靠的检测 DNA 缺失的常用方法，其基本原理是在一次 PCR 反应中加入多种引物，对一份 DNA 样本中的不同系列片段进行扩增，每对引物扩增的产物长度不一。可以根据电泳图谱上不同长度 DNA 片段存在与否，判断某些基因片段是否发生缺失或突变。

14.1.2.3 DNA 序列分析技术

分离出病人的有关基因，测定其碱基排列顺序，找出变异所在是最为直接和确切的基因诊断方法。由于 PCR 技术和 DNA 序列分析技术的迅速发展和推广，序列分析已经在技术上和经济上成为最佳的诊断方法，代替了传统的限制性内切酶酶谱分析法。此法主要用于基因突变类型已经明确的遗传病的诊断及产前诊断。但由于 DNA 测序的成本很高，将其作为一种临床上常规的检测方法尚无法实现。

14.1.2.4 基因芯片技术

基因芯片技术可以进行微量化、大规模、自动化处理样品，特别是适用于同时检测多个基因，多个位点，精确地研究各种状态下分子结构的变异，了解组织或细胞中基因表达情况，用以检测基因的突变、多态性、表达水平和基因文库作图等。目前利用基因芯片技术可以早期、快速地诊断地中海贫血。异常血红蛋白病、苯丙酮尿症、血友病、迪谢内肌营养不良症等常见的遗传性疾病。在肿瘤的诊断方面，基因芯片技术也广泛地应用于肿瘤表达谱研究、突变、SNP 检测、甲基化分析。比较基因组杂交分析等领域。基因芯片提供了从整体观念研究有机体的全新技术，必将改变生命科学研究的方式，对复杂疾病的诊断与治疗将带来革命性的变化。

14.1.3 基因诊断的医学应用

14.1.3.1 基因诊断可用于遗传性疾病诊断和风险预测

遗传性疾病的诊断性检测和症状前检测预警是基因诊断的主要应用领域。对于遗传性单基因病。基因诊断可提供最终确诊依据。与以往的细胞学和生化检查相比，基因诊断耗时少、准确性高。对于一些特定疾病的高风险个体，家庭或潜在风险人群，基因诊断还可实现症状前检测，预测个体发病风险，提供预防依据。

在欧美发达国家，遗传病的基因诊断，尤其是单基因遗传病和某些恶性肿瘤等的诊断，已成为医疗机构的常规项目，并已形成在严格质量管理系统下的商业化服务网络。目前已列入美国华盛顿大学儿童医院和区域医学中心主持的著名基因诊断机构——GENETests 为超过 300 种遗传性疾病提供分子遗传、生化和细胞生物学检测。

我国基因诊断的研究和应用始于 20 世纪 80 年代中期，目前主要开展针对一些常见单基因遗传病的诊断性检测，如地中海贫血、血友病 A、迪谢内肌营养不良等，表 14-1 列举了在我国开展的一些代表性常见单基因病基因诊断及其方法学案例。

表 14-1 我国部分代表性常见单基因遗传病基因诊断举例

疾　病	致病基因	突变类型	诊断方法
α 地中海贫血	α 珠蛋白	缺失为主	Gap-PCR、DNA 杂交、DHPLC
β 地中海贫血	β 珠蛋白	点突变为主	反向点杂交、DHPLC
血友病 A	凝血因子Ⅷ	点突变为主	PCR-RFLP
血友病 B	凝血因子Ⅸ	点突变、缺失等	PCR-STR 连锁分析
苯丙酮尿症	苯丙氨酸羟化酶	点突变	PCR-STR 连锁分析、ASO 分子杂交
马方综合征	原纤蛋白	点突变、缺失	PCR-VNTR 连锁分析、DHPLC

14.1.3.2 基因诊断可用于多基因常见病的预测性诊断

对于多基因常见病，基于 DNA 分析的预测性诊断可为被测者提供某些疾病发生风险的评估意见。如乳腺癌易感基因（breast cancer susceptibility gene，BRCA）1 号（BRCA1）和 2 号（BRCA2）的基因突变可提高个体的乳腺癌发病风险，其基因诊断已成为些发达国家人群健康监测的项目之一。随着基因变异和疾病发生相关研究的知识积累，针对肿瘤和其他一些多基因常见病的这类预警性风险预测诊断正在逐步走入临床。在一些有明显遗传倾向的肿瘤中，肿瘤抑制基因和癌基因的突变分析，是基因检测的重要靶点。预测性基因诊断结果是开展临床遗传咨询最重要的依据。

14.1.3.3　基因诊断可用于传染病原体检测

针对病原体自身特异性核酸（DNA 或 RNA）序列，通过分子杂交和基因扩增等手段，鉴定和发现这些外源性基因组、基因或基因片段在人体组织中的存在，从而证实病原体的感染。针对病原体的基因诊断主要依赖于 PCR 技术。PCR 技术具有高度特异、高度敏感和快速的特点，可以快速检出样品中痕量的、基因序列已知的病原微生物。如组织和血液中 SARS 病毒、各型肝炎病毒等的检测。样品中痕量病原微生物的迅速侦检、分类及分型还可以使用 DNA 芯片技术。

基因诊断主要适用于下列情况：

（1）病原微生物的现场快速检测，确定感染源；

（2）病毒或致病菌的快速分型，明确致病性或药物敏感性；

（3）需要复杂分离培养条件，或目前尚不能体外培养的病原微生物的鉴定。分子诊断技术的特点决定了病原体的基因诊断较传统方法有更高的特异性和敏感性，有利于疾病的早期诊治隔离和人群预防。

但由于基因诊断只能判断病原体的有无和拷贝数的多少，难以检测病原体进入体内后机体的反应及其结果，因此，基因检测并不能完全取代传统的检测方法，它将与免疫学检测等传统技术互补而共存。

14.2 基 因 治 疗

基因治疗是以改变人遗传物质为基础的生物医学治疗，即通过一定方式将人正常基因或有治疗作用的 DNA 片段导入人体靶细胞以矫正或置换致病基因的治疗方法。它针对的是疾病的根源，即异常的基因本身。在此过程中，目的基因被导入靶细胞内，它们或与宿主细胞染色体整合成为宿主细胞遗传物质的一部分，或不与宿主细胞的染色体整合而独立于染色体以外，但都可以在宿主细胞内表达基因产物蛋白质，而达到治疗作用。目前基因治疗的概念也有了较大扩展，凡是采用分子生物学技术和原理，在核酸水平上展开的对疾病的治疗都可纳入基因治疗范围。基因治疗的范围也从过去的单基因遗传病扩展到恶性肿瘤、心脑血管疾病、神经系统疾病、代谢性疾病等。

14.2.1　基因治疗的主要途径

基因治疗是指将目的基因导入靶细胞，使之成为宿主细胞遗传物质的一部分，目的基因的表达产物对疾病起到治疗的作用。绝大部分疾病的发生都受到遗传因素的影响，如果用正常的健康基因替代有缺陷的基因来治疗疾病，则为这些疾病的病人提供了一个全新的治疗模式。

1990 年，科学家第一次用反转录病毒为载体，把腺苷脱氨酶（ADA）基因导入来自病人自身的 T 淋巴细胞，经扩增后输回患者体内，获得了成功。5 年后，患者体内 10% 的造血细胞呈 ADA 基因阳性，除了还须服用小剂量的 ADA 蛋白之外，其他体征都正常。这一成功标志着基因治疗时代的开始。那么，基因治疗为什么具有诱人的前景，它与基因工程究竟有什么差别呢？

基因工程是将具有应用价值的基因，即“目的基因”，装配在具有表达元件的特定载体中，导入相应的宿主如细菌、酵母或哺乳动物细胞中，在体外进行扩增，经分离、纯化后获得其表达的蛋白质产物。基因治疗是将具有治疗价值的基因，即“治疗基因”装配于带有在人体细胞中表达所必备元件的载体中，导入人体细胞，直接进行表达。进行基因治疗时无需对表达产物进行分离纯化，因为人细胞本身可以完成这个过程。

基因工程的“目的基因”主要是可分泌蛋白，如生长因子、多肽类激素、细胞因子可溶性受体等，而非分泌性蛋白。如受体、各种酶、转录因子、细胞周期调控蛋白、原癌基因及抑癌因子等，由于它们不能有效地进入细胞而不能被应用于基因工程。基因治疗却不受上述限制，几乎所有的基因，只要它具有治疗作用，理论上均可应用于基因治疗。

基因工程的操作全部在体外完成。基因治疗则必须将基因直接导入人体细胞。这不仅在技术上具有很大难度，而且在有效性与安全性方面提出了更为苛刻的要求。

基因治疗主要有：

(1) *ex vivo* 途径。*ex vivo* 途径是指将含外源基因的载体在体外导入人体自身或异体(异种)细胞，这种细胞被称为“基因工程化的细胞”，经体外细胞扩增后输回人体。这种方法易于操作，而且因为细胞扩增过程中对外源添加物质的大量稀释，不容易产生副作用。同时，治疗中用的是人体细胞，尤其是自体细胞。安全性好。但是，这种方法不易形成规模，而且必须有固定的临床基地。

(2) *in vivo* 途径。*in vivo* 途径是将外源基因装配于特定的真核细胞表达载体上，直接导入人体内。这种载体可以是病毒型或非病毒型，甚至是裸 DNA，这种方式非常有利于大规模工业化生产。但是，对这种方式导入的治疗基因以及其载体必须证明其安全性，而且导入体内之后必须能进入靶细胞，有效地表达并达到治疗目的。因此，在技术上要求很高，其难度明显高于 *ex vivo* 模式。

14.2.2　基因治疗的基本程序

基因治疗的基本过程可分为以下五个步骤：

(1) 选择治疗基因；

(2) 选择携带治疗基因的载体；

(3) 选择基因治疗的靶细胞；

(4) 在细胞和整体水平导入治疗基因；

(5) 治疗基因表达的检测。

14.2.2.1　选择治疗基因是基因治疗的关键

细胞内的基因在理论上均可作为基因治疗的选择目标，许多分泌性蛋白质如生长因子、多肽类激素、细胞因子、可溶性受体（人工构建的去除膜结合特征的受体)，以及非分泌性蛋白质如受体、酶、转录因子的正常基因都可作为治疗基因。简言之，只要清楚引起某种疾病的突变基因是什么，就可用其对应的正常基因或经改造的基因作为治疗基因。

14.2.2.2　治疗基因的载体可携带基因进入靶细胞

大分子 DNA 不能主动进入细胞，即使进入也将被细胞内的核酸酶水解。因此选定治疗基因后，需要适当的基因工程载体将治疗基因导入细胞内并表达。目前所使用的基因治疗用载体有病毒载体和非病毒载体两大类，基因治疗的临床实施一般多选用病毒载体。

因为大多数野生型病毒对机体都具有致病性，需要对其进行改造后才能被用于人体。理论上，各种类型的病毒都能被改造成病毒载体，但由于病毒的多样性及与机体之间复杂的依存关系，人们至今对许多病毒的生活周期、分子生物学、与疾病发生发展的关系等的认识还很不全面，从而限制了许多病毒发展成为具有实用性的载体。到目前为止，只有少数几种病毒如反转录病毒、腺病毒及腺病毒伴随病毒、疱疹病毒（包括单纯疱疹病毒、痘苗病毒及 EB 病毒）等被成功地改造成为基因转移载体。

A 逆转录病毒载体

逆转录病毒属于 RNA 病毒，其基因组中有编码逆转录酶和整合酶（intergrase）的基因。在感染细胞内，病毒基因组 RNA 被逆转录成双链 DNA，然后随机整合在宿主细胞的染色体 DNA 上，因此可长期存在于宿主细胞基因组中，这是逆转录病毒作为载体区别于其他病毒载体的最主要优势。将逆转录病毒复制所需要的基因除去，代之以治疗基因，即可构建成重组的逆转录病毒载体。在目前的基因治疗中，70%以上应用的是逆转录病毒载体。

逆转承病毒载体有基因转移效率高、细胞宿主范围较广泛、DNA 整合效率高等优点。缺点主要是在两个方面存在安全性问题：一是病人体内万一有逆转录病毒感染，又在体内注射了大剂量假病毒后，就会重组产生有感染性病毒的可能；二是增加了肿瘤发生机会。后者的原因是由于逆转录病毒在靶细胞基因组上的随机整合所致，这种整合可能激活原癌基因或者破坏抑癌基因的正常表达。

B 腺病毒载体

腺病毒是一种没有包膜的大分子双链 DNA 病毒，可引起人上呼吸道和眼部上皮细胞的感染。人的腺病毒共包含 50 多个血清型，其中 C 亚类的 2 型和 5 型腺病毒（Ad 2 和 Ad 5）在人体内为非致病病毒，适合作为基因治疗用载体。

腺病毒载体不会整合到染色体基因组，因此不会引起病人染色体结构的破坏，安全性高；而且对 DNA 包被量大、基因转染效率高，此外对静止或慢分裂细胞都具有感染作用，故可用细胞范围广。腺病毒载体的缺点是基因组较大，载体构建过程较复杂；由于治疗基因不整合到染色体基因组，故易随着细胞分裂或死亡而丢失，不能长期表达。此外，该病毒的免疫原性较强，注射到机体后很快会被机体的免疫系统排斥。

14.2.2.3 选择基因治疗的靶细胞通常是体细胞

基因治疗所采用的靶细胞通常是体细胞（somatic cell），包括病变组织细胞或正常的免疫功能细胞。由于人类生殖生物学极其复杂，主要机制尚未阐明，因此基因治疗的原则是仅限于患病的个体，而不能涉及下一代，为此国际上严格限制用人生殖细胞（germ line cell）进行基因治疗实验。适合作为靶细胞应具有如下特点：

（1）靶细胞要易于从人体内获取生命周期较长，以延长基因治疗的效应；

（2）应易于在体外培养及易受外源性遗传物质转化；

（3）离体细胞经转染和培养后回植体内易成活；

（4）选择的靶细胞最好具有组织特异性，或治疗基因在某种组织细胞中表达后能够以分泌小泡等形式进入靶细胞。

人类的体细胞有200多种，目前还不能对大多数体细胞进行体外培养，因此能用于基因治疗的体细胞十分有限。目前能成功用于基因治疗的靶细胞主要有造血干细胞、淋巴细胞、成纤维细胞、肌细胞和肿瘤细胞等。

A　造血干细胞

造血干细胞（hematopoietic stem cell，HSC）是骨髓中具有高度自我更新能力的细胞，能进一步分化为其他血细胞并能保持基因组DNA的稳定。HSC已成为基因治疗最有前途的靶细胞之一。由于造血干细胞在骨髓中含量很低，难以获得足够的数量用于基因治疗。人脐带血细胞是造血干细胞的丰富来源，其在体外增殖能力强，移植后抗宿主反应发生率低，是替代骨髓造血干细胞的理想靶细胞。目前已有脐带血基因治疗的成功病例。

B　淋巴细胞

淋巴细胞参与机体的免疫反应，有较长的寿命及容易从血液中分离和回输，且对目前常用的基因转移方法都有一定的敏感性，适合作为基因治疗的靶细胞。目前，已将一些细胞因子、功能蛋白的编码基因导入外周血淋巴细胞并获得稳定高效的表达，应用于黑色素瘤、免疫缺陷性疾病、血液系统单基因遗传病的基因治疗。

C　皮肤成纤维细胞

皮肤成纤维细胞具有易采集、可在体外扩增培养、易于移植等优点，是基因治疗有发展前途的靶细胞。逆转录病毒载体能高效感染原代培养的成纤维细胞，将它再移植回受体动物时，治疗基因可以稳定表达一段时间，并通过血液循环将表达的蛋白质送到其他组织。

D　肌细胞

肌细胞有特殊的T管系统与细胞外直接相通，利于注射的质粒DNA经内吞作用进入。而且肌细胞内的溶酶体和DNA酶含量很低，环状质粒在胞质中存在而不整合入基因组DNA，在肌细胞内较长时间保留，因此骨骼肌细胞是基因治疗的很好靶细胞。将裸露的质粒DNA注射入肌组织，重组在质粒上的基因可表达几个月甚至1年之久。

E　肿瘤细胞

肿瘤细胞是肿瘤基因治疗中极为重要的靶细胞。由于肿瘤细胞分裂旺盛，对大多数的基因转移方法都比较敏感，可进行高效的外源性基因转移。因此，无论采用哪一种基因治疗方案，肿瘤细胞都是首选的靶细胞。

此外，也可研究采用骨髓基质细胞、角质细胞、胶质细胞、心肌细胞以及脾细胞作为靶向细胞，但由于受到取材及导入外源基因困难等因素影响，还仅用于实验研究。

14.2.2.4　将治疗基因导入人体有生物学和非生物学法

基因导入细胞的方法有生物学和非生物学法两类。生物学方法指的是病毒载体所介导的基因导入，是通过病毒感染细胞实现的，其特点是基因转移效率高，但安全问题需要重视。非生物学法是用物理或化学法，将治疗基因表达载体导入细胞内或直接导入人体内，操作简单、安全，但是转移效率低。常用的基因治疗用基因导入方法见表14-2。

表 14-2 常用基因治疗用基因导入方法

名 称	操作方法	用途及优缺点
直接注射法	将携带有治疗基因的非病毒真核表达载体（多为质粒）溶液直接注射入肌组织，亦称为裸 DNA 注射法	无毒无害，操作简便，目的基因表达时间可长达至 1 年以上；仅限于在肌组织中表达，导入效率低，需要注射大量 DNA
基因枪法	采用微粒加速装置，使携带治疗基因的微米级金或钨颗粒获得足够能量，直接进入靶细胞或组织。又被称为生物弹道技术（biolistic technology）或微粒轰击技术（particle bom-bardment technology）	操作简便、DNA 用量少、效率高、无痛苦、适宜在体操作，尤其适于将 DNA 疫苗导入表皮细胞，获得理想的免疫反应；但目前不宜用于内脏器官的在体操作
电穿孔法	在直流脉冲电场下细胞膜出现 105~115nm 的微孔，这种通道能维持几毫秒到几秒，在此期间质粒 DNA 通过通道进入细胞，然后胞膜结构自行恢复	可将外源基因选择性地导入靶组织或器官，效率较高，但外源基因表达持续时间短
脂质体（liposome）	利用人工合成的兼性脂质膜包裹极性大分子 DNA 或 RNA，形成的微囊泡穿透细胞膜，进入细胞	脂质体可被降解，对细胞无毒，可反复给药；DNA 或 RNA 可得到有效保护，不易被核酸酶降解；操作简单快速、重复性好。但体内基因转染效率低，表达时间短，易被血液中的网状内皮细胞吞噬

表 14-2 中列举的方法均不具备细胞的靶向性，能够实现靶向性的方法是受体介导的基因转移。利用细胞表面受体能特异性识别相应配体并将其内吞的机制，将外面基因与配体结合后转移至特定类型的细胞。无论是遗传性疾病还是恶性肿瘤的基因治疗靶向性是非常重要的，特别是应用到体内时，既要考虑对靶细胞的治疗，又要注意对正常细胞的保护。受体介导的基因转移在基因治疗中有较好的优势和发展前景。

知识链接

基因编辑婴儿事件

2018 年 11 月 26 日，南方科技大学副教授贺建奎宣布一对名为露露和娜娜的基因编辑婴儿于 11 月在中国健康诞生，由于这对双胞胎的一个基因（CCR5）经过修改，她们出生后即能天然抵抗艾滋病病毒 HIV。这一消息迅速激起轩然大波，震动了世界。

2018 年 11 月 26 日，国家卫健委回应“基因编辑婴儿”事件，依法依规处理。11 月 27 日，科技部副部长徐南平表示，本次“基因编辑婴儿”如果确认已出生，属于被明令禁止的，将按照中国有关法律和条例进行处理；中国科协生命科学学会联合体发表声明，坚决反对有违科学精神和伦理道德的所谓科学研究与生物技术应用。11 月 28 日，国家卫生健康委员会、科学技术部发布了关于“免疫艾滋病基因编辑婴儿”有关信息的回应：对违法违规行为坚决予以查处。

2019 年 1 月 21 日，从广东省“基因编辑婴儿事件”调查组获悉，现已初步查明，该事件系南方科技大学副教授贺建奎为追逐个人名利，自筹资金，蓄意逃避监管，私自组织有关人员，实施国家明令禁止的以生殖为目的的人类胚胎基因编辑活动。12 月 30 日，“基因编辑婴儿”案在深圳市南山区人民法院一审公开宣判。贺建奎、张仁礼、覃金洲等 3 名被告人因共同非法实施以生殖为目的的人类胚胎基因编辑和生殖医疗活动，构成非法行医罪，分别被依法追究刑事责任。

14.2.3 基因治疗的医学应用

基因治疗作为一门新兴学科，在很短的时间内就从实验室过渡到临床，已被批准的基因治疗方案有两百种以上，包括肿瘤、艾滋病、遗传病和其他疾病等。在我国，血管内皮生长因子（Vascular Endothelial Growth Factor，VEGF）、血友病Ⅸ因子、抑癌基因 TP53 等基因治疗的临床方案已进入市场成临床试验。

遗传病的基本特征是由遗传基因改变所引起的。只受一对等位基因影响而发生的疾病属于单基因遗传病，设计基因治行方案相对容易，例如镰状细胞贫血、α-地中海贫血、血友病等。高血压、动脉粥样硬化、糖尿病的发生是多个基因相互作用的结果，并受环境因素影响，基因治疗的效果还有待于基础研究的突破。

随着人类对其他疾病分子机制的深入了解、对许多疾病相关基因的分离和功能的研究，人们逐渐将基因治疗的策略用于如恶性肿瘤、心血管疾病、糖尿病及艾滋病等，尤其是对恶性肿瘤的基因治疗寄予极大的希望。目前已被克隆的恶性肿瘤相关基因很多，动物模型比较成熟，病人及亲属易接受，所以，恶性肿瘤的基因治疗研究日趋活跃，并取得了显著的成果。到目前为止世界各国已经批准开展进行的基因治疗方案中，70%以上是针对恶性肿瘤的。

恶性肿瘤的基因治疗包括针对癌基因表达的各种基因沉默、针对抑癌基因的基因增补、针对肿瘤免疫反应的细胞因子基因导入和针对肿瘤血管生成的基因失活等。其他的基因治疗方案包括利用过表达 VEGF 基因促进血管生成治疗冠心病、针对病毒复制基因的基因沉默治疗艾滋病等。

14.2.4 基因治疗的前景与问题

经过 20 多年的努力，科学家们在基因治疗领域取得了很大的进步，获得了一些成功，但是仍然存在一些亟待解决的问题。这些问题包括：

（1）缺乏高效、靶向性的基因转移系统；

（2）对于多种疾病的相关基因认识有限，因而缺乏切实有效的治疗靶基因；

（3）对真核生物基因表达调控机制理解有限，因此对治疗基因的表达还无法做到精确调控，也无法保证其安全性；

（4）缺乏准确的疗效评价。

目前的基因治疗临床试验中，限于伦理问题，多选择常规治疗失败或晚期肿瘤病人，尚难以客观地评价治疗效果。

将基因治疗方案用于人体必须经过严格的审批程序，需要专门机构的审批与监督。在我国，任何基因治疗方案都要经国家食品药品监督管理总局审批。1999 年 6 月颁布的《人基因治疗申报临床试验指导原则》详细规定了基因治疗所用生物制剂的研制、生产工艺制剂的质量控制、临床实验和临床疗效评价的各个环节中应该遵守的原则。所有基因治疗的临床使用必须严格遵守这些法律法规。

近年来国家对基因诊断与基因治疗领域非常重视，虽然没有新出台专门的规范性文件法规，但在国家大的规划方面均有涉及。在《“十三五”卫生与健康规划》(国发〔2016〕77 号）中提出在加强行业规范的基础上，推动基因检测、细胞治疗等新技术的发展。在

《“十三五”国家战略性新兴产业发展规划》（国发〔2016〕67号）中提出发展专业化诊疗机构，培育符合规范的液体活检、基因诊断等新型技术诊疗服务机构。推动基因检测和诊断等新兴技术在各领域应用转化。建立具有自主知识产权的基因编辑技术体系，开发针对重大遗传性疾病、感染性疾病、恶性肿瘤等的基因治疗新技术。在《“十三五”国家科技创新规划》（国发〔2016〕43号）中提出开展重大疫苗、抗体研制、免疫治疗、基因治疗、细胞治疗、干细胞与再生医学、人体微生物组解析及调控等关键技术研究，研发一批创新医药生物制品，构建具有国际竞争力的医药生物技术产业体系。在《中国防治慢性病中长期规划（2017—2025年）》（国办发〔2017〕12号）提出支持基因检测等新技术、新产品在慢性病防治领域推广应用。

本章小结

基因诊断主要是针对DNA分子的遗传分析技术，包含定性和定量两类分析方法。PCR扩增和分子杂交是现代基因诊断的基本技术。基因诊断的特异性强、敏感度高，已成为临床实验医学的一个重要组成部分。

基因诊断已成功应用于人类遗传病，尤其是单基因病的确诊及其症状前诊断。未来在多基因常见病的发病风险预测，个体化用药指导和疗效评价等方面也将显示出巨大的应用潜力。

基因治疗是以改变人的遗传物质为基础的生物医学治疗，即将人正常基因或有治疗作用的DNA片段导入人体靶细胞的治疗方法。它针对的是异常基因本身，可以进行基因矫正、基因置换、基因增补、基因沉默等。

将治疗基因导入人体的主要方式有DNA质粒直接注射、病毒载体感染等。目前基因治疗已用于遗传病，如血友病等的治疗；在恶性肿瘤治疗方面的应用也已开始尝试。

思考题

14-1 基因诊断常用技术方法分别是什么？

14-2 简述基因诊断的特点。

14-3 什么是基因治疗？简述基因治疗的方法。

14-4 简述基因治疗的基本程序。

参 考 文 献

[1] 查锡良，药立波．生物化学与分子生物学［M］．8 版．北京：人民卫生出版社，2013.
[2] 周春燕，药立波．生物化学与分子生物学［M］．9 版．北京：人民卫生出版社，2018.
[3] 孙厚良，徐世明．生物化学［M］. 武汉：华中科技大学出版社，2018.
[4] 黄纯．生物化学［M］. 3 版．北京：科学出版社，2016.
[5] 张申，黄泽智，庄景凡．生物化学［M］. 3 版．北京：北京大学医学出版社，2015.
[6] 付达华，孙厚良．医学生物化学［M］. 5 版．北京：北京大学医学出版社，2019.
[7] 朱玉贤．现代分子生物学［M］. 5 版．北京：高等教育出版社，2019.
[8] 朱圣庚，徐长法．生物化学［M］. 北京：高等教育出版社，2017.
[9] 卜友泉．生物化学与分子生物学［M］. 2 版．北京：科学出版社，2020.
[10] 魏文祥，王明华，何凤田．医学生物化学与分子生物学［M］. 北京：科学出版社，2017.
[11] 陈娟，孙军．医学生物化学与分子生物学［M］. 3 版．北京：科学出版社，2016.
[12] 钱晖，侯筱宇．生物化学与分子生物学［M］. 北京：科学出版社，2017.
[13] 李荷．生物化学与分子生物学［M］. 北京：人民卫生出版社，2020.